Das A und O im Zoo

Europas führende zoologische Gärten 2010 - 2020

Anthony Sheridan

Danksagung

Ich schulde zahlreichen Personen meinen Dank für ihre Hilfe bei der Erstellung dieses Buches. Die meisten sind im Anhang des Buches aufgeführt.

Vor allen anderen danke ich meiner Frau Jane, die besonders im vergangenen Herbst und Winter sehr viel Zeit damit verbracht hat, mir am Computer zu helfen, meine Texte zu verbessern und meinen großen zeitlichen Einsatz für dieses Projekt zu unterstützen.

Ebenfalls danke ich meiner jüngeren Tochter Rachel, einer begeisterten Naturfotografin, und meinem Verleger Dr. Klaus Schüling für seine unermüdliche Unterstützung.

Anthony D. Sheridan,
Radlett, England
März 2011

ISBN 978-3-86523-184-0

SCHÜLING VERLAG

Münster 2011

Inhalt

	Vorwort	4
Kapitel 1	Einleitung	5
Kapitel 2	Auswahl der zoologischen Gärten	7
Kapitel 3	Die Rolle des Zoodirektors	13
Kapitel 4	Landschaftsarchitektur und Design	18
Kapitel 5	Bildung	25
Kapitel 6	Ex-situ-Artenschutz Allgemeines, Giraffen-EEP, Orang-Utan-EEP	31
Kapitel 7	In-situ-Artenschutz Allgemeines, Costa Rica, Kenia	42
Kapitel 8	Im Blickpunkt: Elefanten	57
Kapitel 9	Finanzierungs- und Marketingstrategie Allgemeines, Zoo Osnabrück, Chester Zoo	63
Kapitel 10	Zoos im Wandel – was erreicht werden kann Tiergarten Schönbrunn (Wien), Zoo Leipzig, Burgers' Zoo (Arnheim), Colchester Zoo	71
Kapitel 11	Interessante Zoo-Fakten Besucherzahlen, Größe des Zoos, Gründungsdatum, Ownership, Zoofreunde, Jahreskarten, beliebteste Säugetiere, größte Sammlungen	87
Kapitel 12	Rating: Die "Stars" unter den Tierarten	95
Kapitel 13	Ranglisten	101
Kapitel 14	Wie werden diese Zoos im Jahr 2020 aussehen?	113
Kapitel 15	Andere europäische Zoos von besonderer Bedeutung	133
Kapitel 16	Zoo-Verbände	137
Kapitel 17	Zoo-Steckbriefe	143
Kapitel 18	Fazit	387
Kapitel 19	Danksagung	391
Kapitel 20	Abkürzungen	393

Vorwort

Noch vor einem halben Jahrhundert waren unsere Kenntnisse über Wildtiere begrenzt und die Zoo- und Wildtiermedizin steckte in ihren Kinderschuhen. Die Art der Haltung entsprach vielfach nicht den Bedürfnissen der Tiere, sondern diese wurden als reine Schauobjekte in sparsam eingerichteten Käfigen gezeigt. Entsprechend waren langfristige Haltungs- und Zuchterfolge im Zoo bei vielen Arten selten und im Bedarfsfall wurden neue Tiere ohne größere Probleme aus der Wildbahn beschafft. Eine Zoopädagogik gab es damals noch kaum, Naturschutz war etwas, womit die meisten Zoos nichts zu tun hatten, und auch das gesetzliche Umfeld, in dem die Zoos operierten, war einfach – es gab kein Artenschutz-Übereinkommen, keine Tierschutzvorschriften und nur minimale veterinärpolizeiliche Regelungen.

Dies alles hat sich geändert. Die Zoos befinden sich in einer rasanten Entwicklung „von der Menagerie zum Naturschutzzentrum", wie dies die Welt-Zoo-Naturschutzstrategie von 1993 postulierte. Die Haltung der Tiere erfolgt zumeist in einer natürlich wirkenden Umgebung, in die auch die Besucher einbezogen werden, und anstatt Kaffeekränzchen für Schimpansen gibt es heute Programme zur Verhaltensanreicherung bei allen möglichen Tierarten. Zootiere haben eine Lebenserwartung, die weit über der ihrer wilden Vettern liegt, und die zahlreichen Zuchtprogramme sind so erfolgreich, dass vielfach Maßnahmen zur Beschränkung der Nachzucht getroffen werden müssen. Zoopädagogik ist fester Bestandteil der Zoos, wobei es nicht mehr nur um Wissensvermittlung, sondern auch um die Sensibilisierung der Öffentlichkeit für Umweltanliegen geht.

Zoos nehmen eine Aufgabe wahr, die das Übereinkommen über die biologische Vielfalt den Staaten überbunden hat und die angesichts der fortschreitenden Umweltzerstörung und des sich anbahnenden Klimawandels nötiger ist denn je. Entsprechend investiert die öffentliche Hand Millionenbeträge in den Ausbau der Zoos, gleichzeitig macht aber eine zunehmende Flut staatlicher Vorschriften ihren Betrieb immer schwieriger. In dieser Situation ist eine Standortbestimmung, wie sie nun vorliegt, welche die gegenwärtige Situation der Zoos unter vielen Gesichtspunkten analysiert und sich Gedanken über ihre Zukunft macht, äußerst wertvoll und wird zweifellos die Diskussionen über das Thema Zoo innerhalb und außerhalb der Zoowelt beflügeln. Ich wünsche dem Buch von Anthony Sheridan deshalb eine weite Verbreitung.

Liebefeld-Bern, 30. März 2011

Dr. Peter Dollinger
Geschäftsführer des Verbandes Deutscher Zoodirektoren
und des Vereins der wissenschaftlichen Zoos der Schweiz

Einführung

„Das A und O im Zoo“ ist in der Absicht entstanden, die großen zoologischen Gärten im Jahr 2010 im Rahmen einer nicht-technischen, verständlichen Studie darzustellen und eine Prognose über ihre Entwicklung in den kommenden zehn Jahren zu wagen.
Die Informationen wurden bei ausgiebigen Besuchen der 80 ausgewählten zoologischen Gärten in 21 europäischen Ländern zwischen 2008 und 2010 gesammelt. Viele Zoos wurden mehrfach besucht, ihre Direktoren und Manager interviewt und die zusammengestellten Daten ausgewertet.
In diesem Buch habe ich versucht, jeden dieser Zoos zu begutachten, zu analysieren und zu verstehen – seine Stärken, seine Schwächen und seine Möglichkeiten. Innerhalb Europas sind die Zoos das Schaufenster für die Artenvielfalt der Tiere auf dieser Welt. Sie müssen nicht nur die beliebtesten, meistbesuchten, reizvollsten und erholsamsten Besucherattraktionen ihrer Region sein, sondern auch eine Quelle der Inspiration, Aufklärung und Motivation. Sie müssen Europas Bürger anspornen, individuell und kollektiv zu handeln – durch ihre Politiker, Sponsoren, Förderer und andere Unterstützer – um Natur- und Artenschutzfragen ganz oben auf die politische Agenda zu setzen. Sie müssen ihre Besucher dazu bringen, dem Artenschutz zu helfen, indem sie sich seiner Problematik bewusst sind und in ihren persönlichen Kaufentscheidungen und im Gespräch mit ihren Familien und Freunden entsprechend reagieren.
Unter Europas großen zoologischen Gärten befindet sich die Mehrheit der ältesten und wohl besten Zoos der Welt. Sie arbeiten eng zusammen, um die bestmögliche Tierhaltung und die Zucht seltener Arten innerhalb Europas (Ex-situ-Artenschutz) zu gewährleisten, um Artenschutzprojekte in ihrer natürlichen Umgebung zu fördern (In-situ-Artenschutz) und um ihre Forschungsergebnisse über ihre aktive und mitgliedsstarke Vereinigung EAZA (European Association of Zoos and Aquariums) für die Zoowelt und die breite Öffentlichkeit zugänglich zu machen.
Europas ca. 3000 Zoos und Aquarien haben jährlich schätzungsweise 160 Millionen Besucher; ihre weiterhin steigende Anzahl liegt höher als die jeder anderen kostenpflichtigen Besucherattraktion. Die Mehrheit der Schulkinder war während eines Schulausflugs mindestens einmal in einem Zoo; die meisten Erwachsenen haben innerhalb der letzten Jahre einen europäischen Zoo besucht.
Zoologische Gärten sind von großer Bedeutung. Sie stellen oft die Hauptattraktion einer Stadt dar. Sie sind häufig in den Medien. Sie verbrauchen große Summen privater und öffentlicher Finanzen. Sie müssen die hohen Standards der europäischen und nationalen Gesetzgebung einhalten und den Ansprüchen der Besucher gerecht werden.
Dieses Buch bemüht sich, diese Themen zu erörtern sowie detaillierte Informationen über jeden der 80 ausgewählten zoologischen Gärten zu geben. Es soll für alle, die Zoos besuchen, Zoos finanziell unterstützen und diejenigen, die in und für Zoos arbeiten, von Nutzen sein. Es enthält eine Fülle vergleichender Daten und Materialien über die großen zoologische Gärten Europas, die noch nicht an anderer Stelle veröffentlicht sind. Die Investitionen, die zurzeit in diesen Zoos getätigt werden und sich während der Jahre 2010 - 2015 auf über 750 Millionen Euro belaufen, sollten wesentlich zu weiteren Maßnahmen beitragen, die dringend notwendig sind, um aktuelle Standards und Erwartungen zu erfüllen.
Es war mir ein Vergnügen, so viele Zoodirektoren kennenzulernen und ihre wunderbaren Zoos zu besuchen. Ich habe viel gelernt und werde weiterhin viel Neues erfahren. Ich bin begeistert

von dem Fortschritt, der in den letzten Jahren stattgefunden hat, und der Zielstrebigkeit dieser Zoos, weiterhin in neue und bessere Anlagen zu investieren. Nur dadurch können unsere großen Zoos in Europa weiterhin mehr Besucher anziehen und positiv auf die Forderungen des Tierschutzes reagieren.

Mit Intensität, Interesse und viel Eigeninitiative habe ich mein Vorhaben umgesetzt, dieses Buch zu schreiben. Meine Hoffnung ist es, Besucher zu informieren, Investoren anzuregen und das Verständnis für die Bedeutung guter Zoos zu fördern, in einer Welt, in der immer mehr natürliche Lebensräume in alarmierender Weise bedroht sind.

Carl Hagenbeck, Gründervater des Zoos des 21. Jahrhunderts

KAPITEL 2

Auswahl der zoologischen Gärten

In Europa gibt es schätzungsweise 3 000 Zoos, Aquarien, Safariparks und andere Einrichtungen mit Tierbeständen; 300 von ihnen sind EAZA-Mitglieder. Diese Studie berücksichtigt nur zoologische Gärten und diejenigen Tierparks, die man wirklich zu den zoologischen Gärten zählen kann. Es ist schwierig, hier Grenzen zu ziehen; jeder Grenzfall ist im Einzelnen geprüft worden.

Zoologische Gärten

Die große Mehrheit der Besucher geht eher in zoologische Gärten als in Safariparks, Vogelparks, Delfinarien oder vergleichbare Naturparks. Die meisten Schulausflüge und Universitätsprojekte sind in ähnlicher Weise auf zoologischen Gärten im engeren Sinne fokussiert.
Ein echter zoologischer Garten enthält einen umfangreichen Tierbestand, der sich hauptsächlich auf Säugetiere, Vögel und Reptilien konzentriert, und attraktive und vielseitige Gartenlandschaften mit schönen Wasser-Elementen in einem hügeligen Gelände. Er hat einen alten und artenreichen Baumbestand und ein attraktives Angebot an Pflanzen. Die Bauwerke sollten ansprechend, sauber, attraktiv und gut strukturiert sein und der Standort, falls innerhalb oder nahe bei einer Stadt gelegen, eine wirkliche Oase darstellen.

Auswahl

Die ausgewählten zoologischen Gärten umfassen die meistbesuchten, umfangreichsten und wichtigsten Bestände von Säugetieren, Vögeln und Reptilien in Europa. 80 Zoos aus 21 europäischen Ländern sind berücksichtigt. Alle habe ich persönlich besucht, viele von ihnen mehrmals, und meist fand ein Treffen und Interview mit dem Zoodirektor in Verbindung mit einem detaillierten Fragebogen statt, der für jeden Zoo ergänzt worden ist. Alle dieser Zoos sind "gute" Zoos; jeder hat seine eigenen Stärken und Schwächen. Jeder Zoo ist anders, aber alle sind einen Besuch wert. Ich hatte das Glück, die Zoodirektoren zu treffen und in vielen Fällen näher kennenzulernen, was sehr hilfreich war, jeden Zoo – und wie er im Jahr 2020 aussehen mag - zu verstehen.

Länderstandorte

Ich habe Europa in seinem ursprünglichen, geografischen Sinne definiert und dann entschieden, eine Grenze zu ziehen, die alle EU- und EEA-Länder mit einschließt; dies schließt dann natürlich Russland, die Ukraine, Weißrussland und fast alle Balkanländer aus.
Unter Berücksichtigung anderer, unten erwähnter Kriterien (umfangreicher Artenbestand, Besucherzahlen, EAZA-Mitgliedschaft und allgemeine Qualitätsstandards) hat sich gezeigt, dass es innerhalb des geografisch definierten Bereichs in den folgenden Ländern keine Zoos im eigentlichen Sinne gibt: Bulgarien, Zypern, Griechenland, Island, Litauen, Luxemburg, Malta, Norwegen und Rumänien. Die verbleibenden 21 Länder sind vertreten.

EAZA-Mitgliedschaft

Alle ausgewählten Zoos mussten am 31. 12. 2009 Vollmitglied der EAZA sein. Diese wichtige Organisation wurde 1988 gegründet. Ihre Aufgaben sind die Förderung der Kooperation im Natur- und Artenschutz, insbesondere durch international koordinierte Wildtier-Zuchtprogramme, die Förderung der Bildung, vor allem hinsichtlich der Artenvielfalt und Umwelt, die Förderung der Wissenschaft und die Interessenvertretung ihrer Mitglieder, vorrangig in supranationalen Behörden. Es gibt Mindestanforderungen für eine Mitgliedschaft, wenn man auch sagen muss, dass die ersten Mitglieder ohne die strengen Tests und Bewertungen aufgenommen worden sind, die heute von den Bewerbern gefordert werden! Folglich gibt es bei den Standards der Mitgliedszoos wesentliche Unterschiede; inzwischen wird innerhalb der EAZA Wert auf Qualitätssicherung gelegt und die Mindeststandards werden sich in den nächsten Jahren einander annähern.

Umfangreicher Artenbestand

Um meine Untersuchungen einzugrenzen und um die klaren Prioritäten der Zoobesucher in Bezug auf ihre favorisierten Tierarten zu berücksichtigen, habe ich entschieden, meine Analysen und Berichte auf Säugetiere, Vögel und Reptilien zu beschränken. Jeder ausgewählte Zoo muss einen umfangreichen Tierbestand in jeder dieser drei Gruppen besitzen. Innerhalb dieser drei Gruppen habe ich die Schlüsselarten ermittelt und aufgelistet: diejenigen, die bei den Zoobesuchern am beliebtesten sind und die man allgemeinhin in einem Zoo vorzufinden erwartet. Diesen Schlüsselarten wird große Aufmerksamkeit geschenkt, und sie sollen in diesem Buch gesondert untersucht werden.

La Palmyre

Ich erkenne die Wichtigkeit der Amphibien, Fische und Wirbellosen an sowie die Tatsache, dass auch sie Teil der Tierwelt und der Artenvielfalt sind. Was die Fische betrifft, ziehen spezialisierte Aquarien und Meeres-Themenparks viele Besucher an, die sich in besonderem Maße für diese Tierarten interessieren.

Besucherzahlen

Die Besucherzahlen sind für jeden Zoo von großer Bedeutung, denn sie sind normalerweise die Haupteinnahmequelle. Sie sind entscheidend für die lokale und nationale Bedeutung des Zoos und damit auch für die Beziehungen zu Politik, Medien, Werbetreibenden, Spendern und anderen Unterstützern, wie auch für die Zufriedenheit und Qualität der eigenen Mitarbeiter und des weiteren Zoo-Umfelds.

Aktuelle Besucherzahlen sollten leicht verständlich sein, aber dies ist in der Praxis nicht der Fall! Nur wenige Zoos kennen ihre exakten Besucherzahlen unter Berücksichtigung von freien Eintritten (in erster Linie kleiner Kinder) und der aktuellen Nutzung von Jahres- (oder Saison-) karten. In diesem Buch wird näher auf das Thema eingegangen. Ich habe Besucherzahlen aus dem Zeitraum von 2004 - 2010 untersucht und Trends und anzunehmende Entwicklungen berücksichtigt.

Die großen zoologischen Gärten (Gruppe A) werden mehr als 1 Million Besucher jährlich haben oder doch sehr nah an diese Zahl herankommen; die übrigen (Gruppe B) werden mehr als 500 000 Besucher zählen – mit einigen Ausnahmen von Zoos aus kleineren Ländern, die aber alle anderen Kriterien erfüllen, in diese Studie mit aufgenommen zu werden. Zwangsläufig gibt es einige marginale Entscheidungen oder Ausschlüsse, aber in meiner Endauswahl wurde mit größter Sorgfalt auf eine faire und unparteiische Auswahl geachtet.

Der Zoo als Arbeitgeber

Aus ähnlichen Gründen wie den zuvor erwähnten ist die Personalsituation von großer Bedeutung. Zoos mit einem größeren Beschäftigungspotenzial eröffnen bessere Karrieremöglichkeiten für ambitioniertes Personal und ermöglichen die Einrichtung zusätzlicher leitender Positionen. Stellenangebote für Zoodirektoren und weitere Führungspositionen ziehen wahrscheinlich eine größere Anzahl Bewerber in diese Zoos mit größerem Stellenangebot.

Um faire Vergleiche anstellen zu können und die Gesamtbeschäftigungszahlen vor Ort zu begreifen, enthalten die Gesamtzahlen nicht nur das direkt im Zoo beschäftigte Personal, sondern auch ausgelagerte Dienstleistungen, wie Gastronomie und Einzelhandel, sowie kommunale Dienstleistungen, wie z. B. Instandhaltungs-, Putz- oder Gartenpflegepersonal. Auch Teilzeit- und Saisonarbeit wurden berücksichtigt.

In den Zoos der Gruppe A werden mindestens 100 Angestellte tätig sein, in Zoos der Gruppe B mehr als 50. Viele der sehr großen Zoos sind direkt oder indirekt für weit mehr Beschäftigte verantwortlich.

Auswahl der zoologischen Gärten

Gruppe A			
Belgien	Antwerpen	Deutschland	Wilhelma (Stuttgart)
Dänemark	Kopenhagen	Irland	Dublin
Deutschland	Berlin Tierpark	Niederlande	Artis (Amsterdam)
Deutschland	Berlin Zoo	Niederlande	Burgers' (Arnheim)
Deutschland	Duisburg	Niederlande	Emmen
Deutschland	Frankfurt	Niederlande	Rotterdam
Deutschland	Gelsenkirchen	Österreich	Schönbrunn (Wien)
Deutschland	Hagenbeck (Hamburg)	Spanien	Barcelona
Deutschland	Hannover	Spanien	Madrid
Deutschland	Karlsruhe	Schweiz	Basel
Deutschland	Köln	Schweiz	Zürich
Deutschland	Leipzig	Tschechien	Prag
Deutschland	Hellabrunn (München)	UK	Chester
Deutschland	Münster	UK	ZSL London
Deutschland	Nürnberg	Ungarn	Budapest

Standorte der ausgewählten zoologischen Gärten

Die Karte auf der Innenseite des Umschlags zeigt die Lage der in diesem Buch untersuchten Zoos. Es ist bemerkenswert, dass nur 6 von 80 südlich der Alpen liegen, nämlich Bussolengo und Rom in Italien, Lissabon in Portugal und Barcelona, Madrid und Valencia in Spanien. Dies resultiert nicht aus einer Voreingenommenheit zugunsten der nordeuropäischen Länder, sondern spiegelt eine Zweiteilung Europas in Bezug auf das Interesse und die Einstellung gegenüber Tierwelt und Natur wider. Hinsichtlich der Geschichte der Zoos, der Pionierarbeit von Zoologen, der Besucherzahlen und der öffentlichen und privaten Förderung von Zoos gibt es in Europa eine klare Nord-Süd-Trennlinie. Es gab und gibt heute noch einen realen kulturellen Unterschied im Verhältnis zu Tierwelt und Natur. Hoffentlich werden die jüngeren Generationen in Südeuropa nach und nach ihre Haltung gegenüber der globalen Bedrohung der Artenvielfalt in all ihren Formen ändern.

Von allen Zoobesuchern (und den Besuchern von Safariparks etc.) in Europa entfallen auf die 80 gelisteten Zoos 50 %. Mehr als 60 % der europäischen Zoobesucher sind aus Deutschland, Großbritannien und den Niederlanden; die deutschen Besucher machen allein fast 40 % aus.

Die außergewöhnliche Stellung zoologischer Gärten im deutschsprachigen Raum hat ihren Ursprung in der deutschen Kleinstaaterei des 19. Jahrhunderts - jeder Staat hatte seinen eigenen Zoo -, dem langjährigen zoologischen Interesse, den hohen Summen, die in den letzten Jahren (besonders in den vergangenen 15 Jahren) in die Zoos investiert wurden und dem enormen Medieninteresse der letzten Jahre. Die historische Dimension des 19. Jahrhunderts griff auch auf die früher von Deutschland kontrollierten oder beeinflussten Gebiete über, sodass in Städten wie Königsberg/Kaliningrad, Reval/Tallinn, Riga, Breslau/Wroclaw, Posen/Poznan and Mühlhausen/ Mulhouse ebenfalls schon früh Zoos erbaut wurden. Der VDZ (Verband Deutscher Zoodirektoren) war der erste Dachverband; er wurde 1887 gegründet und umfasst die wichtigsten Zoos in Deutschland, Österreich und der Schweiz.

Gruppe B			
Belgien	Pairi Daiza	Italien	Rom
Belgien	Planckendael (Mechelen)	Lettland	Riga
Dänemark	Odense	Niederlande	Amersfoort
Deutschland	Augsburg	Niederlande	Rhenen
Deutschland	Dortmund	Polen	Warschau
Deutschland	Dresden	Polen	Wroclaw
Deutschland	Erfurt	Portugal	Lissabon
Deutschland	Halle	Slowakei	Bojnice
Deutschland	Heidelberg	Slowakei	Bratislava
Deutschland	Krefeld	Slowenien	Ljubljana
Deutschland	Opel-Zoo (Kronberg)	Schweden	Eskilstuna
Deutschland	Magdeburg	Schweden	Kolmården
Deutschland	Osnabrück	Spanien	Valencia
Deutschland	Rostock	Tschechien	Dvur Králové
Deutschland	Wuppertal	Tschechien	Pilsen
Estland	Tallinn	Tschechien	Zlin
Finnland	Helsinki	UK	Belfast
Frankreich	Amnéville	UK	Bristol
Frankreich	Beauval	UK	Colchester
Frankreich	Doué la Fontaine	UK	Edinburgh
Frankreich	La Flèche	UK	Marwell
Frankreich	La Palmyre	UK	Paignton
Frankreich	Mulhouse	UK	Twycross
Frankreich	Ménagerie (Paris)	UK	ZSL Whipsnade
Italien	Bussolengo	Ungarn	Sosto

Die zweite wichtige Gruppe von Zoos auf nationaler Ebene ist auf den Britischen Inseln beheimatet und wird von einem sehr aktiven und gut organisierten Verband vertreten, der BIAZA (British + Irish Association of Zoos and Aquariums). Einige der ältesten Zoos aus dem 19. Jahrhundert, wie London, Dublin und Bristol, liegen in diesen Ländern. Heute sind die führenden britischen Zoos besonders für ihre Natur- und Artenschutz- sowie für ihre Forschungsaktivitäten berühmt. Das zweite Jahrzehnt dieses Jahrhunderts wird eine wachsende Anzahl guter zoologischer Gärten in Europa erleben. Mit der schrittweisen Umsetzung der EU-Richtlinie 1999/22, der Gesetzgebung auf lokaler und nationaler Ebene in der EU und mit dem gezielten Einsatz finanzieller Mittel, wie in Rumänien, ist vorauszusehen, dass viel mehr Zoos EAZA-Mitglieder werden. Man kann mit Recht erwarten, dass bedeutende Verbesserungen der Zoos in Rumänien, Bulgarien, Kroatien, Serbien, Litauen und anderen Ländern die zweite Hälfte dieses Jahrzehnts kennzeichnen werden. Dies sollte zu einem wesentlichen Anstieg der Besucherzahlen und des Interesses für Artenvielfalt, Natur- und Artenschutz und die auf diese Themen bezogenen Bildungsaktivitäten führen.

Zur Gruppe B gehören 16 Zoos, die derzeit weniger als 500 000 Besucher jährlich haben, aber ansonsten meine Auswahlkriterien erfüllen. Dies sind die folgenden:		
Dänemark	Odense	Dieser Zoo hat beträchtliche Erweiterungspläne und wird voraussichtlich bald 500 000 Besucher haben.
Estland	Tallinn	Der Nationalzoo in einem dünn besiedelten Land.
Finnland	Helsinki	Der Nationalzoo in einem dünn besiedelten Land.
Frankreich	Doué la Fontaine La Flèche Mulhouse	Obwohl Zoos mit freiem Eintritt von meiner Studie ausgeschlossen sind, sind diese drei Zoos weithin bekannt und bilden eine faire Ergänzung zu den französischen zoologischen Gärten.
Deutsch-land	Erfurt Halle Krefeld Magdeburg	Diese vier Zoos waren in der Kategorie große Zoos in "Der große Zoo-Test" (STERN, Nr. 27, 26. 6. 2008) enthalten. In Erfurt sind größere Entwicklungsprogramme im Gange; der Zoo wird voraussichtlich bald 500 000 Besucher haben.
Lettland	Riga	Der Nationalzoo in einem dünn besiedelten Land.
Slovenien	Ljubljana	Der Nationalzoo in einem dünn besiedelten Land.
Slowakei	Bojnice	Der Nationalzoo in einem dünn besiedelten Land.
Slowakei	Bratislava	Der Hauptstadtzoo.
Schweden	Eskilstuna	Offiziell werden mindestens 500 000 Besucher für den kompletten Freizeit-, Sport- und Zookomplex gezählt. Auf den Zoo entfallen dabei mindestens 50 % und es ist zu erwarten, dass die Zahlen in Anbetracht seiner Geschichte und seiner Einwicklungspläne steigen werden.
UK	Belfast	Der Nationalzoo Nordirlands in in einem dünn besiedelten Land im U.K.

Nürnberg

KAPITEL 3

Die Rolle des Zoodirektors

Die Bedeutung des Zoodirektors kann bei der erfolgreichen Weiterentwicklung eines großen europäischen Zoos im 21. Jahrhundert nicht hoch genug eingeschätzt werden. Die Zeiten, in denen diese Position von jemandem besetzt war, der sich allein durch seine Erfahrung im Zoo und einen entsprechenden pädagogischen Hintergrund qualifiziert hatte, sind längst vorbei. In der heutigen von Wettbewerb und Medien geprägten Welt kann ein Zoodirektor damit rechnen, zu einer überregional bekannten Persönlichkeit zu werden, die mit einer Vielzahl von Aufgaben und Möglichkeiten konfrontiert ist.

Diese Veränderung hat aus vielerlei Gründen stattgefunden, nicht zuletzt wegen der viel höheren Investitionssummen (üblicherweise 100 Mio. EUR über einen Zeitraum von etwa 10 Jahren), die für die Anpassung an moderne Zoo-Standards benötigt werden, die Notwendigkeit, sich in der öffentlichen Diskussion über die Haltung bestimmter großer Tierarten im Zoo zu engagieren, und das zunehmende öffentliche Bewusstsein für Artenvielfalt und Umweltfragen, das sich in zunehmendem Medieninteresse widerspiegelt. Die Erwartungen der Besucher sind durch die wachsende Konkurrenz durch die Freizeitindustrie heute weit höher als in der Vergangenheit.

Folglich ist die Rolle des heutigen Zoodirektors noch anspruchsvoller und erfordert die Nominierung einer hoch qualifizierten, intelligenten, engagierten und vielseitigen Persönlichkeit. Der Beruf des Zoodirektors setzt ständige Verfügbarkeit voraus; Zoobewohner sind das ganze Jahr über und rund um die Uhr für Überraschungen gut, die sofortiger Aufmerksamkeit bedürfen. Die Medien sind immer auf spannende Geschichten aus, und umstrittene Ereignisse fordern vom Zoodirektor bisweilen Diplomatie und eine umsichtige Art der Präsentation.
Die richtige Personalwahl ist für den künftigen Erfolg des Zoos absolut entscheidend; somit trägt das Auswahlgremium eine sehr hohe Verantwortung. Der Stellenwert des Zoodirektors kann mit der des Geschäftsführers oder Generaldirektors in mittelständischen Betrieben oder anderen Organisationen verglichen werden; normalerweise ist er/sie für mindestens 200 direkt oder indirekt beim Zoo Beschäftigte verantwortlich. Größere Zoos sind in ihrem Umfeld zu bedeutenden Wirtschaftsfaktoren geworden: Moderne Zoodirektoren müssen dazu in der Lage sein, eine hochkarätige Organisation zu leiten und personelle und finanzpolitische Entscheidungen zu treffen. Risikoanalyse, Risikomanagement und die Wahrung von Rechtssicherheit gehören zu den Anforderungen an diese Position.

Bei meinen Begegnungen mit den Zoodirektoren nahezu aller 80 Zoos aus meiner Untersuchung war ich beeindruckt von ihrem Engagement, ihrem Format und dem breiten Spektrum von Qualitäten, die sie in diese Position einbringen. Es ist ermutigend, von einem regen und steigenden Interesse der gut qualifizierten Kandidaten für diese Position zu erfahren; dies verheißt für die Zoos eine gute Zukunft.

In einigen der größeren Zoos haben die Besitzer entschieden, die Rolle des Zoodirektors zwischen zwei Direktoren zu teilen, einem zoologischen und einem kaufmännischen Leiter, wie in Köln oder München, um dem größeren Aufgabenbereich des heutigen Zoodirektors Rechnung zu tragen. Der Erfolg einer solchen Konstellation hängt unvermeidlich von den beiden betreffenden Personen ab. Sie kann erfolgreicher und effizienter sein, wenn einer der beiden eine letzte Entscheidungsbefugnis besitzt; dann dürfte es aber der zoologische Direktor mit seinem Wissen und Background sein, der die letzte Verantwortung für ethische Entscheidungen übernehmen wird, die im Zoo getroffen werden müssen.

Andere Managementmodelle mögen einen Generaldirektor und einen Zoodirektor vorsehen, wie im ZSL London oder Whipsnade. Aber die große Mehrheit der Zoos in meiner Studie wird von einem Zoodirektor geleitet, der von vielen unterschiedlichen Management-Organisationsformen unterstützt wird.

Background der Zoodirektoren

Traditionsgemäß waren Zoodirektoren Tierärzte, Zoologen oder Biologen. Heute bringt die Mehrheit der Zoodirektoren immer noch eine dieser Qualifikationen mit, aber ein zunehmender Anteil rekrutiert sich aus anderen Sparten. Dies spiegelt die stärkeren finanziellen, kommerziellen und medienbezogenen Komponenten des Berufs wider.
Zum jetzigen Zeitpunkt sind die Zoodirektoren der 80 in meiner Studie berücksichtigten Zoos:

Beruf	Zoos Gruppe A	Zoos Gruppe B	Zoos gesamt
Veterinärmedizin	8	10	18
Zoologie/Biologie	15	20	35
Betriebswirtschaftslehre	5	11	16
Andere	2	9	11

Anmerkung: Zoos in der EU müssen in der oberen Führungsebene eine/n Veterinärmediziner/in oder Zoologen/in haben.

Zunehmend sind in dieser früher ausschließlich männlichen Domäne auch Frauen anzutreffen, wenn auch weniger als in vielen andern hoch qualifizierten Berufen. Ende 2009 war das Verhältnis folgendermaßen:

Geschlecht	Zoos Gruppe A	Zoos Gruppe B	Zoos gesamt
Männlich	27	43	70
Weiblich	3	7	10

Interessanterweise haben zufällig sowohl der am besten bewertete Zoo in meiner Gruppe A, Wien, als auch der beste in der Gruppe B, Beauval, Zoodirektorinnen!

Zooleitung und Trägerschaft

Die Mehrheit der befragten Zoos ist im Besitz oder stehet unter Kontrolle von staatlichen, regionalen oder kommunalen öffentlichen Verwaltungen; einige gehören Gesellschaften. Die

Betrachtet man die Zoodirektoren in Bezug auf die Zoo-Trägerschaft, ergeben sich folgende Gruppen:

- Eigentümer privater Zoos (z. B. Arnheim, Beauval)
- Angestellte in einem Privatzoo (z. B. Kronberg)
- Angestellte bei einer Gesellschaft, der der Zoo gehört (z. B. Kolmården, Madrid)
- Angestellte bei gemeinnützigen Gesellschaften (z. B. London, Edinburgh, Dublin)
- Angestellte bei staatseigenen oder staatlich kontrollierten Zoos (z. B. Wien, Bojnice)
- Angestellte bei Zoos in kommunaler Trägerschaft (z. B. Augsburg, Belfast)
- Angestellte bei Zoos in Trägerschaft des Bundeslandes oder der Region (z. B. Stuttgart, Dvur Kralove)
- Angestellte bei kommunalen oder kommunal kontrollierten Gesellschaften (z. B. Berlin, München)

Situation des Zoodirektors und seine Beziehung zum Zoo-Eigentümer sind unterschiedlich, je nachdem, ob die Zoos öffentliche oder private Einrichtungen sind.

Familie van Hooff, Arnheim

Dresden

Direktoren von Zoos in öffentlicher Trägerschaft werden komplexere und zeitaufwendigere Beziehungen pflegen; Politiker unterschiedlicher Parteien wie auch der Bürgermeister sind involviert oder persönlich beteiligt, da der Zoo oft die wichtigste kostenpflichtige Besucherattraktion der Region ist. Der Zoodirektor muss gute Beziehungen zu denjenigen Lokalpolitikern pflegen, die für den Zoo zuständig sind. Strittige Punkte könnten Ausgaben für den Natur- und Artenschutz vom Einnahmebudget sein, höhere Investitionen um bestehende Anlagen neuen, höheren Standards anzupassen, Eintrittspreise, öffentliche und politische Bedenken (z. B. der Grünen), bestimmte Tierarten in Zoos zu halten, die Bereitstellung von zusätzlichem öffentlichem Bauland sowie von Transport- und Parkmöglichkeiten für den Zoo.

Für Privatzoos sind diese Belange ebenfalls von Bedeutung, wenn auch nicht im politischen Kontext. Für einen Zoo-Eigentümer ist die Situation viel unkomplizierter, da nur selten ein Gremium beteiligt ist und Entscheidungen einfach und schnell getroffen werden können. Was die anderen angeht, ganz gleich, ob gemeinnützige oder andere Gesellschaften, ist die Beziehung zwischen dem Zoodirektor und den Aufsichtsgremien – und insbesondere deren Vorsitzenden – sehr wichtig. Die Hauptprobleme eines Privatzoos werden wahrscheinlich eher finanzieller als politischer Art sein. Der Zoodirektor wird normalerweise viel weniger Zeit mit Meetings und dem Schreiben von Berichten verbringen als seine Kollegen in nicht-privaten Zoos.

Dennoch hat ein Zoo in öffentlicher Trägerschaft bedeutende Vorteile dadurch, dass er für Investitionsprojekte größere Summen und Zuschüsse für Einnahmen erhält, um die Eintrittspreise gering zu halten; dies führt zu höheren Besucherzahlen, die wiederum für die Akquise von Sponsoren hilfreich sind und das Interesse der Medien wecken. Öffentliche Förderung, ob von der EU, vom Staat, der Region oder der Stadt, konzentriert sich auf die Zoos des öffentlichen Sektors. Die Finanzkrise hat sich jedoch negativ auf einige dieser Zoos ausgewirkt.

Nichtsdestotrotz kann der einzelne Zoodirektor viel dabei bewirken, öffentliche Zuschüsse für Großprojekte zu erhalten, ganz gleich, ob der Zoo öffentlich oder privat geführt wird.

Einige interessante Beispiele der letzten 10 Jahre:

- der Dublin Zoo: über mehrere Jahre hohe Zuschüsse zu neuen Kapitalprojekten (40 Millionen EUR) dank dem Zoodirektor und Ministerpräsidenten Bertie Ahern
- Hagenbeck in Hamburg: hohe staatliche Beteiligung am 20-Millionen-Euro-"Eismeer"-Projekt für Eisbären, Walrösser, Pinguine und andere Tierarten
- der Tiergarten Schönbrunn in Wien: Gründung einer GmbH und anschließend sehr hohe Investitionen in neue Anlagen dank dem Zoodirektor und Bundeskanzler Dr. Wolfgang Schüssel.

Diese Beispiele und viele andere sind das Ergebnis des persönlichen Engagements des Zoodirektors und wertvoller Beziehungen zu Spitzenpolitikern.

Managementmodell

Wie in anderen Organisationen des öffentlichen und privaten Sektors mögen Managementmodell und Organisationsplan stark variieren; der Zoodirektor wird darauf den größten Einfluss haben, muss aber berücksichtigen, was er vorfindet, bevor er Veränderungen vornimmt und seine zukünftige Politik darauf ausrichtet. Der Zoodirektor muss die für Führungspositionen geeignetsten Kandidaten finden und an den Zoo binden und er muss, soweit möglich, Verantwortung delegieren. In vielen Bereichen gibt es Überschneidungen, wie im Falle von Bildung, Natur-/Artenschutz und Forschung oder Marketing, PR und Werbung. Alle Bereiche gehen den Direktor an, der an schwierigen Entscheidungen bezüglich des Führungspersonals beteiligt ist. Zoodirektoren müssen entscheiden, welche Bereiche sie selbst übernehmen, und ein Gesamtkonzept mit einer klaren Vision und Strategie entwerfen, das für den Zoo große Sponsoren, gute Beziehungen zu den Medien einschließlich TV-Interviews und den direkten Kontakt mit führenden Politikern und Beamten bringen kann.

Fazit

Heute ist die wichtigste Entscheidung, die der Träger eines Zoos treffen muss, die Ernennung des Zoodirektors, unabhängig davon, ob der Zoo sich in öffentlicher oder privater Hand befindet. Die Erfahrungen der letzten Jahre zeigen, dass die führenden europäischen zoologischen Gärten ihre Erfolgsgeschichten den herausragenden und engagierten Zoodirektoren verdanken.

KAPITEL 4

Landschaftsarchitektur und Design

Jeder zoologische Garten ist anders: Jede einzigartige Zoo-Landschaft ist bei einem Zoobesuch ein besonderes Vergnügen. Unterschiedliche Standorte werden ihre topografischen, geologischen und klimatischen Besonderheiten mit jeweils eigenen Vor- und Nachteilen haben. Ziel eines jeden Zoos muss es daher sein, seine natürlichen Vorzüge zu maximieren und seine Nachteile auszugleichen. Der optimale Standort wird einen beträchtlichen Laub- und Nadelbaumbestand vorzuweisen haben, einen Fluss, Seen und genügend Wasser, ein hügeliges oder gewelltes Gelände, möglichst mit natürlichen Felspartien und unterschiedlichen Bodenbeschaffenheiten, die eine vielfältige Vegetation und ein gutes Pflanzenwachstum ermöglichen. Gewässer werden Vögel, Amphibien und andere Teichbewohner anlocken, und eine gute Vegetation mit seltenen Wildblumen wird mit Vögeln, Schmetterlingen und Insekten der Zoo-Tierwelt eine wichtige zusätzliche Dimension verleihen. Einen solchen Ort findet man selten!

Allgemeine Anforderungen

Allgemeine Anforderungen an Landschaftsarchitektur und Design sind im Hinblick auf das gesamte Gelände und die einzelnen Gehege sowohl aus der Sicht ihrer Bewohner als auch aus der Perspektive der Besucher zu berücksichtigen.

Lissabon

Die topografischen und klimatischen Grenzen des Standorts werden zwangsläufig den Ausgangspunkt bilden. Was wirtschaftlich machbar ist, wird ein weiteres Hauptkriterium sein.
Zu den wichtigsten Verbesserungen zählt das Anlegen von Felsen, was häufig erforderlich ist, wenn sie nicht schon von vornherein - oder nicht an der richtigen Stelle - vorhanden sind; künstliche Felsen von spezialisierten Anbietern finden zunehmend Verwendung. Noch teurer ist für viele Zoos der steigende Wasserbedarf und - wo immer möglich – die Anlage geeigneter Wasserflächen.
Die erfolgreichsten zoologischen Gärten räumen Investitionen in Landschaftsarchitektur und Design eine hohe Priorität ein. Einige neue Zoos (z. B. die ZOOM Erlebniswelt Gelsenkirchen, Bioparc Valencia) haben mit einem wenig Erfolg versprechenden flachen Gelände begonnen und massiv in Elemente investiert, die sie gern von Beginn an dort vorgefunden hätten. Die meisten älteren Zoos haben nach und nach ihre Standorte verbessert; die meisten befinden sich in Gebieten mit altem Baumbestand. Viele Stadtzoos liegen in Stadtteilen mit Wald- und Parklandschaften.

Allgemeine Anforderungen an die Gehege

Die Besucher sehen Tiere am liebsten in einer natürlichen Umgebung, möglichst ohne Gitter oder Käfige. Das Konzept der gitterlosen Freianlagen mit Wassergräben begann mit Carl Hagenbeck in Hamburg vor mehr als einem Jahrhundert. Hagenbecks Name bleibt ein Synonym für dieses universale Gestaltungskonzept, das allgemeinhin als die wünschenswerteste Art der Tierhaltung gilt, und es dem Besucher leicht macht, sich in die Welt der Tiere hineinzuversetzen. Der Tierpark Hagenbeck in Hamburg bleibt weiterhin ein führender Vertreter dieser Philosophie.
In der Praxis kann dieses Konzept nicht immer umgesetzt werden; viele Tierarten müssen in irgendeiner Form von sichtbarer Umzäunung oder in einem Käfig gehalten werden. Heckenpflanzen und andere Naturmaterialien können in vielen Fällen eine gute Besucherbarriere bilden und haben zudem den Vorteil, Vögel und Insekten anzuziehen.

Baumbestand

Eine Vielfalt von Laub- und Nadelbäumen sollte Tieren und Besuchern Schatten spenden und den frei lebenden Tieren Nistplätze bieten, wie es bei den charismatischen Grünpapageien in Bussolengo, den Weißstörchen in Münster oder den Graureihern in Berlin oder Amsterdam der Fall ist. Verschiedene Zoos inventarisieren ihre Bäume; sie fertigen Pflegeberichte zu jedem einzelnen Baum an und stellen Besucherinformationen bereit.
In Nordeuropa wächst das Bedürfnis, sowohl das Zoogelände als auch das in den Zoos vorhandene Fachwissen zu nutzen, um die Gesundheit der Baum- und Straucharten zu fördern. In den letzten Jahren haben Krankheiten die Rosskastanie (Miniermotte), die Ulme (Ulmensterben) und Viburnum-Arten befallen. Die Landschaftsbau-Abteilung des Zoos kann dies in ihren Pflanzentscheidungen berücksichtigen. Das bei Gärtnerarbeiten anfallende Baum- und Strauchmaterial kann nicht nur zu Futterzwecken genutzt werden, sondern auch als Laubhügel für Igel, Insekten und andere Tiere dienen.

Gut gestaltete Gehege müssen Folgendes berücksichtigen:

- den typischen natürlichen Lebensraum der Tierart;

- dass die Tiere sich normal bewegen und gegebenenfalls fortpflanzen können;

- dass die Besucher die Tiere sehen und möglichst auch fotografieren können. In vielen Fällen möchten die Besucher länger – und möglichst komfortabel – verweilen, um die Tiere zu beobachten. Sie können wirklich nicht erwarten, plötzlich so scheue Tiere zu sehen wie ein in der Nachmittagssonne ruhendes Okapi aus der Familie der Katzen - oder Tierarten, die in Höhlen leben!

- das Wohlergehen der Tiere in Bezug auf Wasserversorgung, Schutz und Schatten, eine abwechslungsreiche Vegetation, Bäume, Sträucher und ein artgerechtes Gelände. Für Baumbewohner müssen Bäume oder ein geeigneter Ersatz mit entsprechenden Höhenunterschieden verfügbar sein.

- artgerechte und dem lokalen Klima angemessene Innengehege oder Unterstände.

- Die Größe der Außenanlage wird häufig ein Kompromiss zwischen den Vorlieben der Zoobewohner und Zoobesucher sein. Sehr große Gehege sind selbst für Elefanten nicht immer zwingend, wenn alle anderen Voraussetzungen für das Wohlergehen der Tiere vorhanden sind (einschließlich der Beziehung zu und der Betreuung durch den Tierpfleger). Auf der anderen Seite gibt es noch viel zu viele inakzeptabel kleine Anlagen.

- Die schönsten und interessantesten Außengehege werden einen Bach – und idealerweise einen Wasserfall –, Felsen, alten Baumbestand, eine vielfältige Vegetation und unterschiedliche Bodenoberflächen haben. Falls umzäunt, sollten sie (saubere!) und nach Möglichkeit entspiegelte Panoramafenster haben, um die Tiere in einer unvergesslichen Umgebung und möglichst aus unterschiedlichen Perspektiven und auf mehreren Ebenen zu zeigen; die Besucher werden sich dann gern länger in diesen Bereichen aufhalten und die dazugehörigen zoopädagogischen und Naturschutz-Informationen begeistert aufnehmen.

Bepflanzung

Bambus und andere subtropische oder tropische Vegetationsformen sind in allen Zoos, die in meiner Studie berücksichtigt sind, gepflanzt; dies ist in den letzten Jahren ein deutlicher Trend und zugleich ein erheblicher Kostenfaktor. Überraschenderweise ist diese Art der Bepflanzung auch im raueren Klima der nördlichen Hälfte Europas gelungen. Die größten Investitionen wurden jedoch für die in den vergangenen zwei Jahrzehnten entstandenen Tropenhäuser getätigt, wie Bush in Arnheim und Masaola in Zürich – beide mit ca. 14 000 qm Bodenfläche. All diese Häuser beherbergen eine große Vielfalt an tropischen Pflanzen. Während ein Großteil der Pflanzen importiert wird, gibt es Zoos (z. B. Wilhelma in Stuttgart) mit bedeutenden botanischen Häusern, die andere Zoos mit versorgen können.

Botanische Gärten

Verschiedene Zoos aus meiner Studie sind zoologisch-botanische Gärten (z. B. Wilhelma in Stuttgart, Bristol, Rotterdam); andere haben einen erheblichen botanischen Schwerpunkt. Alle sind sich über den Vorteil der Investition in eine breite Palette von Pflanzen und in ein angenehmes Besucherambiente im Klaren, die schließlich auch denjenigen zugutekommt, die im Zoo leben und arbeiten. Die meisten Zoos haben eine eigene Gärtnerei; einige sind in kommunaler Trägerschaft, die die entsprechenden Arbeiten an mehreren Standorten koordiniert.
Die Zoos können ihren Besuchern beeindruckende Gartenausstellungen bieten, wie z. B. die Dahlienschau in Rostock; sie haben zudem die Möglichkeiten und das Know-how, geeignete Bereiche des Zoos für den Anbau heimischer Wildpflanzen zu nutzen, die für den europäischen Schmetterlingsbestand überlebenswichtig sind. Als hervorragendes Beispiel für dieses Konzept kann der hintere Teil der neuen Himalaya-Anlage in Twycross gesehen werden.

Ambiente

Die Größe des Zoogeländes ist nicht der entscheidende Faktor bei der Auswahl des besten Zoo-Ambientes für die Tiere und Besucher. Es sind das Design und die Landschaftsarchitektur, die wesentlich zum Gewinn eines Zoobesuchs beitragen: das emotionale Wohlbefinden und die Entspannung, die durch gut geplante natürliche Grünflächen hervorgerufen werden können.

Basel

Dies kommt besonders gut im Zoo Basel zum Ausdruck, dessen renommierter Landschaftsgärtner Kurt Brägger (1953 – 1988 im Zoo tätig) ein wirklich genussvolles Zoo-Erlebnis auf engem Raum mitten in der Stadt geschaffen hat.

Kurt Bräggers Gartengestaltungsprinzipien[1] definieren den ganzen sichtbaren Raum von der Gestaltung der Fußwege durch die umgebende Naturlandschaft. Die grünen Lungen des Zoos sind die Lebensgrundlage menschlichen und tierischen Lebens. Die Liebe zum Detail ist in jedem Pfad und jedem Freigehege, jedem Haus, in der Bepflanzung, bei der Anlage der Gewässer und in der Wahl des Materials sichtbar. Die Tiere sollen in einer natürlichen Umgebung, durch fast unsichtbare Gräben gesichert, gezeigt werden. Die Vegetation ist subtil geplant und maßstabsgetreu, kleine Sträucher sind in der Nähe und hohe Bäume weiter entfernt gepflanzt, wodurch ein Eindruck von Räumlichkeit entsteht. Die Besucher erleben eine Landschaft mit kleinen Teichen und Bächen, die sie zu weiteren Entdeckungen einladen. Die verschlungenen Pfade, die Landschaftsmuster und die abwechslungsreiche Vegetation versetzen den Besucher in einen glücklichen Gemütszustand, in dem er fähig und willens ist, die Fülle der Tiergehege und die Begleitinformationen des Zoos aufzunehmen. Komplexe künstliche Konstruktionen sollten nach Möglichkeit kaschiert werden, manchmal sind sie unterirdisch, manchmal mit Vegetation bedeckt. Das Vivarium im Zoo Basel (2 500 qm) ist zu zwei Dritteln unterirdisch und der Rest fast komplett mit Pflanzen überdeckt. Gräben sind häufig in Wasserläufe mit

[1] Zoo Basel 1953 – 88 Kurt Brägger Gartenstaltung von Werner Blaser, Friedrich Reinhart Verlag, ISBN 3-7245-1222-8

Basel

Hamburg

natürlicher Bepflanzung verwandelt. Dies sind nur einige der Details, die aber in Bezug auf die Attraktivität des Zoos in den Augen seiner Besucher, Bewohner und derer, die dort arbeiten, einen großen Unterschied machen.
Ähnliche Garten- und Landschaftsbau-Ideen werden von den meisten Stadtzoos aus meiner Studie befolgt und viele dieser Grundsätze gelten für alle Zoos.

Wasser

Das Plätschern von Wasser ist für Mensch und Tier ein Genuss und fördert ihr psychisches Wohlbefinden. Es ist ein großer Vorteil für einen Zoo, reichlich natürliches Wasser und ein Gelände zu haben, das für Seen, Flüsse, Teiche und Wasserfälle geeignet ist. Die meisten Zoos leiden an Wassermangel, dies ist in zu vielen Außenanlagen offensichtlich. Viele Zoos müssen mehr in die Wasserversorgung und in die Wiederaufbereitungsmöglichkeiten dieser wertvollen natürlichen Ressource investieren.
Viele tolle Anlagen haben fließende Gewässer, während die enttäuschendsten durch einen Mangel an Wasser gekennzeichnet sind.

Tierhäuser

Das Klima entscheidet über Bedeutung und Umfang der Tierhäuser in Europas Zoos; die Zoos im wärmeren Teil des Kontinents müssen viel weniger investieren als die Zoos in den nördlicheren Ländern.
Nichtsdestotrotz erwarten die Besucher, dass die Tiere gut untergebracht und die Innenanlagen ansprechend gestaltet und groß genug sind. Abgesehen von den Tropenhäusern sind die wichtigsten und teuersten Häuser die der größeren Säugetiere, besonders der Elefanten, Giraffen, Nashörner, Flusspferde und Affen. In den letzten Jahren wurden riesige Investitionen getätigt und beherrschen weiterhin die Investitionsplanungen der Zoos. Heute erwarten die Besucher viel bessere Haltungsbedingungen für die Tiere, z. B. viel Tageslicht, Bade- und Trinkwasser, unterschiedliche Beschäftigungsmöglichkeiten und eine attraktiv gestaltete und ausgestattete Anlage. Genügend Platz für die Tiere zu haben, ist wirklich wichtig; in den vergangenen Jahren hatten viele Häuser einen zu großen Besucherraum auf Kosten der Tiere. Die Tierhäuser bieten mit ihren großen Wänden zudem eine ausgezeichnete Gelegenheit, zoopädagogische und Natur- und Artenschutz-Informationen zu präsentieren, wie z. B. im Elefantenhaus im Kölner Zoo und im großen Affenhaus im Zoo Bratislava. Die Außenwände dieser Häuser müssen mit Pflanzen verdeckt werden und es ist erfreulich, dass zunehmend Gründächer, wie beim neuen Südamerikahaus im Tiergarten Schönbrunn in Wien, Verwendung finden.

Inseln

Eine weitere relativ neue Entwicklung sind die Insel-Anlagen für Gibbons, Klammeraffen und andere Affenarten. Die Gestaltung und Bepflanzung sowie der Baumbestand dieser Inseln sind von besonderer Wichtigkeit und können den großen Unterschied zwischen einem sicheren und einem unsicheren Gehege und zwischen einem begeisternden und einem durchschnittlichen Besuchererlebnis ausmachen.
Für viele Affenarten sind lebende Bäume wichtig (viele Affen gehen in der Natur auf die Suche nach frischen grünen Blättern). Dies ist ein schwieriges Landschaftsproblem, aber es gibt erfolgreiche Beispiele in Nürnberg, wo die Totenkopfäffchen durch einen Drahttunnel einen Zugang von ihrem Haus zu einem Bereich mit Laubbäumen und Büschen haben. Dieses Konzept wird in anderen Zoos wie Chester, Whipsnade und Arnheim ebenso erfolgreich eingesetzt.

Fazit

Landschaftsarchitektur und Design sind von immer größerer Bedeutung, wenn es darum geht, einen erfolgreichen zoologischen Garten zu etablieren. Die wirklich gelungenen werden immer mehr Jahreskartenbesitzer und regelmäßige Besucher anziehen und wahrscheinlich in der Zucht von Tierarten und in der Personalbeschaffung und -bindung erfolgreich sein. Einige Zoos haben betriebseigenes Know-how, aber die meisten erkennen die Notwendigkeit, diese Arbeit einer wachsenden Zahl von Spezialfirmen zu überlassen, die über eine beneidenswerte Erfolgsbilanz in puncto Zoodesign verfügen.

KAPITEL 5

Bildung

Bildung im weitesten Sinne ist die wahrscheinlich wichtigste Aufgabe eines modernden Zoos. Wenn ein wirklicher Fortschritt stattfinden soll, der auf Herausforderungen wie den Verlust der Artenvielfalt, die Zerstörung von Lebensräumen, die Erschöpfung der natürlichen Ressourcen, den Klimawandel und das Bevölkerungswachstum reagiert, müssen die Menschen vom Ernst der gegenwärtigen Lage und der zu erwartenden zukünftigen Entwicklung überzeugt werden. Gute zoologische Gärten haben dabei eine besondere Stellung: Sie können ihre Besucher beeinflussen und anregen, bei der Umkehr der derzeitigen Tendenzen und beim Schutz der Artenvielfalt unterstützend tätig zu werden.
Die reizvolle Atmosphäre eines guten zoologischen Gartens ist ein idealer Rahmen, Besucher aller Altersgruppen anzusprechen. Während die Mehrheit der Besucher darauf eingerichtet ist, einen erholsamen und abwechslungsreichen Tag zu verbringen, gibt es viele Wege, sie für den Themenbereich des Arten- und Naturschutzes zu sensibilisieren. In den letzten Jahren gab es in unseren großen zoologischen Gärten einen beträchtlichen Fortschritt mit der Investition in Gebäude, Personal und Ausstattung, in Kombination mit einer höheren Priorität für die Bildung. Die meisten dieser Investitionen wurden eher in Zooschulen oder Bildungszentren getätigt als im weiteren Kontext der Erwachsenenbildung.

Die pädagogischen Ziele gemäß der WAZA/EAZA-Strategie:

- Menschen für die natürliche Umwelt zu interessieren und zu begeistern,
- ein Verständnis für Natur- und Artenschutz-Belange und die individuelle Rolle des Besuchers in diesem Zusammenhang zu fördern,
- öffentliche Unterstützung und Maßnahmen zum Natur- und Artenschutz zu entwickeln,
- ein Bewusstsein für die Stellung des Menschen in der Natur und die Bedeutung des Natur- und Artenschutzes im alltäglichen Leben zu entwickeln,
- eine Reihe von Informationen, Materialien und Mitteln bereitzustellen, um den Besucher in die Lage zu versetzen, im Alltag eine informierte und umweltbewusste Wahl zu treffen.

Der Umfang, in dem die in dieser Studie berücksichtigten Zoos die genannten Ziele realisieren, variiert beträchtlich.

Pädagogische Ziele der Zoos

Zooschulen sind vornehmlich in den Stadtzoos anzutreffen. Häufig von den kommunalen Schulbehörden gefördert, haben die Zooschulen ihre eigenen Gebäude oder Räumlichkeiten sowie ihr eigenes Personal und kümmern sich in erster Linie um Schulkinder, die in organisierten Gruppen mit ihren Lehrern kommen. Sehr viele Kinder lernen den Zoo in ihrer Stadt durch die Zooschule oder bei einem Schulausflug kennen.

Meine Schätzungen der typischen Besucherzahlen von Schulkindern in Gruppen für die 80 Zoos, die meine Studie umfasst:	
mehr als 100 000	7 Zoos (5 Gruppe A und 2 Gruppe B)
mehr als 75 000	5 Zoos (4 Gruppe A und 1 Gruppe B)
mehr als 50 000	10 Zoos (7 Group A und 3 Gruppe B)
mehr als 25 000	16 Zoos (3 Group A und 13 Gruppe B)
mehr als 10 000	17 Zoos (3 Group A und 14 Gruppe B)
mehr als 5 000	13 Zoos (5 Group A und 8 Gruppe B)
Die Gesamtzahl der Zoobesuche von Schulkindern beträgt ungefähr 2,8 Millionen oder durchschnittlich 35 000 pro Zoo (53 000 in Zoos der Gruppe A and 24 000 in Zoos der Gruppe B).	
Die Zoos, die von mehr als 100 000 Kindern besucht werden, sind Amsterdam, London, München, Paradisio (heute Pairi Daiza), Prag, Valencia and Zürich.	
Diese Zahlen umfassen sowohl Kinder, die die Zooschulen besuchen, als auch Schulklassen, die unabhängig von den Zooschulen mit ihren eigenen Lehrern in den Zoo kommen.	

Nicht alle Schulen im Einzugsbereich des Zoos können Zoobesuche für ihre Schüler veranstalten; es kann Transport- und finanzielle Probleme, personelle und andere Schwierigkeiten geben. Die Zooschule muss sich an Outreach-Programmen beteiligen, die es ihrem Lehrperso-

Lissabon

Um erfolgreich zu sein, erfordern diese Schulbesuche

- gutes Lehrpersonal unter der Leitung der Zoopädagogen. Die Qualität des Lehrpersonals ist von größter Bedeutung. Einige Zooschulen haben ihr eigenes Vollzeit-Lehrpersonal, während andere auf Teilzeitlehrer und/oder Lehrer von der örtlichen Schulbehörde angewiesen sein können.
- gute Ausstattung. Die Qualität, Attraktivität und Lage des Gebäudes und der Unterrichtsräume sind sowohl für die Lehrer als auch für die Schüler wichtig. Die Räume sollten den typischen Schulräumen nicht allzu sehr ähneln; sie sollten fantasievoll, spannend und einer Zooschule angemessen sein.
- Einrichtung und Beschilderung. Um wirklich effektiv zu sein, benötigt die Schule verschiedene audiovisuelle Medien und Computer ebenso wie die traditionellen Beschilderungen, Modelle, Poster und Informationen.
- Tiervorführungen. Diese sind wichtig, um die natürlichen Verhaltensweisen der Tiere, Natur- und Artenschutz-Themen und Tierpflege im Zoo zu erklären und den Kindern ein Erlebnis mit lebenden Tieren zu vermitteln.
- Projektmaterial und Zooführungen. Gut aufbereitetes Projektmaterial mit Fragebögen, die den Altersgruppen der Schüler entsprechen, ergänzt durch engagiertes Personal – freiwillige Helfer eingeschlossen – an verschiedenen Standorten im Zoo sind wichtige Elemente eines Schulausflugs. Der Zoo muss auf seine Stärken setzen und dafür sorgen, dass die Kinder das äußere Erscheinungsbild, Geruch, Stimme und Bewegung vieler verschiedener Tierarten erfahren können.

nal erlauben, in die Schulen zu gehen und weitestgehend das wiederzugeben, was bei einem Zoobesuch der Schüler stattgefunden hätte. Einige der Zooschulen sind gut aufgestellt für eine solche Aufgabe; die Mehrheit muss sich mehr an Outreach-Programmen beteiligen, um der pädagogischen Botschaft eine möglichst hohe Aufmerksamkeit zu sichern.

Lehrerfortbildung

Einige Zoos haben ihre pädagogischen Programme um Lehrerfortbildungen erweitert. Für Lehrer, die mit ihren Schülern einen Ausflug in den Zoo unternehmen, werden Kurse und Lehrmaterialien angeboten. Der Vorteil dieser Programme ist, dass viele Klassen davon profitieren können und dass der Zoo so sicherstellen kann, dass der Besuch einer Klasse auch ohne eine Zooführung durch zooeigenes Personal den Bildungszielen des Zoos gerecht wird.
Wenn ein Zoo es schafft, sein eigenes Programm in den Lehrplan der Schulen vor Ort einzubringen, ist dies ein weiterer Anlass für Lehrer, in den Zoo zu kommen und ihn als Bildungszentrum zu nutzen.

Erwachsenenbildung

Die wichtigste pädagogische Aufgabe des Zoos ist es, seine Besucher von der immensen Bedeutung von Arten- und Naturschutz in der heutigen Welt zu überzeugen. Dies erfordert für jede Anlage eine gut gestaltete Beschilderung.

Anforderungen an eine gut gestaltete Beschilderung:

- präzise und attraktiv präsentierte Informationen in geeigneten Sprachen,
- Beschreibung des Lebensraums,
- Informationen über das Verhalten der Tiere,
- Informationen zur Fortpflanzungsbiologie
- Bedrohung der Tierart in ihrem natürlichen Lebensraum (Rote Liste der IUCN),
- Informationen über Ex-situ-Zuchtprogramme (EEP),
- In-situ-Artenschutz,
- Lebenserwartung in freier Natur und im Zoo,
- wie man einen Beitrag zum Erhalt der Tierart leisten kann.

Allerdings muss für ein wirklich umfassendes Angebot in der Erwachsenenbildung noch einiges getan werden; dies wäre ein Bereich, der sich für eine EU-Förderung qualifizieren könnte, einen wesentlichen Beitrag zu einer Bildungskampagne für die Bedeutung der Artenvielfalt zu leisten.
Die Beschilderung an jeder Anlage sollte durch ein Zentrum für Artenvielfalt und Artenschutz ergänzt werden, das möglichst in einem separaten Gebäude untergebracht ist, in dem gut informierte ehrenamtliche Helfer oder Studenten zur Verfügung stehen. Es kann sich auf eher allgemeine Natur- und Artenschutzprobleme konzentrieren, die die größten Gefahren für die Tierwelt erläutern, wie Bushmeat, Wilderei, die traditionelle chinesische Medizin sowie das Bevölkerungswachstum und seine nachteilige Auswirkung auf die Lebensräume der Tiere durch vergrößerte Agrarflächen, Bergbau und Explorationskonzessionen. Die Themen müssen sorgfältig und ausgewogen behandelt werden: Das afrikanische Bushmeat-Problem und die europäische Überfischung der Meere sind beispielsweise in ihrer Problematik ähnlich und verdienen dieselbe Aufmerksamkeit. Viele Zoos, wie z. B. Münster, richten Zentren für die Artenvielfalt ein und veranschaulichen deutlich die negativen Auswirkungen auf Natur und Tierwelt durch zunehmenden Konsum von Produkten wie Palmöl; andere Zoos müssen es ihnen gleichtun.
Besucher sind offen für Informationen über Tiere, und sie sind häufig über informelle Zugänge erreichbar. Dies kann in Form eines Gesprächs mit dem Tierpfleger geschehen, in Begegnungen mit und im Berühren von Tieren, mit begehbaren Gehegen und Zooführungen durch fachkundige Ehrenamtliche oder Studenten. Die Angebote der Zoos haben in diesen Bereichen, zum Beispiel mit Abendbesuchen und Vorträgen, zugenommen. Das Personal muss dafür entsprechend geschult und dazu in der Lage sein vor einem Publikum zu präsentieren.

Universitäten und Hochschulen

Glücklicherweise gibt es unter den Studenten deutliche Anzeichen für ein steigendes Interesse an Artenvielfalt, Artenschutz, Klimawandel und verwandten Themen; dieser Trend dürfte sich angesichts der zunehmenden Zerstörung unseres Planeten fortsetzen. Die jüngeren Generationen sind mehr als ihre Eltern und Großeltern von den möglichen Auswirkungen betroffen, sollte die gegenwärtige Entwicklung anhalten.

Zoos unterstützen Studenten zunehmend bei ihren Abschlussarbeiten; idealerweise sollte ein qualifizierter Mitarbeiter des Zoos als Ansprechpartner zur Verfügung stehen. Viele Universitätsprojekte sind hilfreich für die Zoos und ihr weiteres Umfeld.
Viele der großen Zoos aus meiner Studie haben Forschungs- bzw. Natur- und Artenschutzabteilungen; qualifizierte Absolventen werden in die Grundlagenforschung sowie in In-situ- und Ex-situ-Projekte eingebunden. Dies ergänzt unsere Kenntnis einzelner Arten und verbessert unsere Fähigkeit, in der Gefangenschaft für sie zu sorgen und ihnen in ihrem natürlichen Lebensraum zu helfen. Zwei führende europäische Zoos, London und Frankfurt, haben mit ihren zoologischen Gesellschaften sehr große Forschungsabteilungen und sind jeweils an fast 100

Bussolengo

Wien

In-situ-Artenschutzprojekten beteiligt. Die meist in Verbindung mit Universitäten geleistete Forschungsarbeit, wie im Falle der Zoologischen Gesellschaft London (ZSL) mit der Universität Cambridge, bedeutet für die Natur und Tierwelt ebenso viel wie die medizinische Forschung für die menschliche Bevölkerung.

Bewertung der Leistungen der Zoopädagogik

Über die tatsächlichen Auswirkungen der Zoopädagogik ist noch relativ wenig bekannt. Eine bessere Evaluation der Effektivität ist wünschenswert und wäre ein ideales Forschungsprojekt für Studenten.

Fazit

Die Erkenntnis von der dringenden Notwendigkeit, unsere Bürger in Europa über den Erhalt der Artenvielfalt zu unterrichten, kennzeichnet zunehmend unsere zoologischen Gärten; jedoch gibt es viel mehr, was getan werden müsste. In den hohen Besucherzahlen dieser Zoos ist das Potenzial für eine Verbesserung des Umweltbewusstseins, des Natur- und Artenschutzes und die Umsetzung von Maßnahmen für eine nachhaltige Zukunft. Die Finanzmittel der Zoos sind zurzeit unter großem Druck, aber diese Arbeitsschwerpunkte werden hoffentlich in Zukunft von der EU finanziell unterstützt.
Große Fortschritte sind in Bezug auf die Gebäude und Einrichtungen, das Personal und bei den informellen Gesprächen mit Tierpflegern und Ehrenamtlichen gemacht worden; vieles bleibt noch zu tun, um alle in dieser Studie erfassten Zoos auf den höchsten Standard zu bringen.

KAPITEL 6

Ex-situ-Artenschutz

Allgemeine Grundsätze - Einführung

In den letzten 50 Jahren wurden in den europäischen Zoos gewaltige Fortschritte bei der erfolgreichen Zucht großer Säugetiere aus tropischen Ländern gemacht. War es vor 50 Jahren eher eine Seltenheit, wenn Elefanten und Affen in den Zoos Nachwuchs bekamen, ist dies heute bei allen wichtigen und beliebten Tierarten alltäglich. In vielen unserer Zoos werden Name, Datum und Geburtsort der Tiere veröffentlicht. Europäische Zoos möchten und müssen so autark wie möglich sein, den Import wild lebender Tiere vermeiden und sich auf ihre eigenen Zuchtprogramme innerhalb Europas stützen. Der Import von wild lebenden Tieren ist nicht wünschenswert, wegen der hohen Transportkosten teuer und kann zu einer Verletzung oder gar zum Tod des betreffenden Tieres führen. Jedoch gibt es auch die Situation, dass ein Überschuss wild lebender Tiere besteht, wie im Falle der Elefanten in Südafrika; wild lebende Tiere müssten getötet werden, sollte kein neues Zuhause für sie gefunden werden.

Ex-situ-Artenschutz bezieht sich auf die Erhaltung der Arten in Gefangenschaft außerhalb ihrer natürlichen Umgebung. In der Praxis bezieht sich dies hauptsächlich auf Zuchtprogramme und Haltungsaspekte in Zoos mit Blick auf die Erhaltung und Erhöhung der in Gefangenschaft lebenden Tierpopulation.

Beauval

EAZA (European Association of Zoos and Aquaria)

Einer der Hauptgründe für die Gründung der EAZA war die Notwendigkeit, die Zuchtpolitik innerhalb der wichtigsten Zoos in Europa zu koordinieren sowie innerhalb Europas zunehmend autark zu werden. Diese Zielsetzung wurde entwickelt und mit den EEP (Europäische Erhaltungszuchtprogramme) für bedrohte Tierarten und ESB (European Studbooks) umgesetzt. EAZA-Mitgliedszoos – und diejenigen, die Mitglied werden wollen – sind verpflichtet, an diesen Programmen teilzunehmen und ihre relevanten Tiere zentral zu registrieren. Die wichtigsten bedrohten Tierarten sind nun durch EEP abgedeckt – insgesamt mehr als 150 Arten.

EEP (Europäisches Erhaltungszuchtprogramm)

Dies ist die intensivste Form der Populationsplanung von Tierarten, die in EAZA-Zoos gehalten werden. Jedes EEP hat einen Koordinator und häufig ein Gremium, das den Koordinator unterstützt. Der Koordinator hat ein besonderes Interesse für und Fachwissen über die betreffende Tierart, und er ist Angestellter in einem EAZA-Mitgliedszoo.

Der EEP-Koordinator

- sammelt alle Informationen aller Tiere der betreffenden Art in den Mitgliedszoos,
- erstellt ein Zuchtbuch,
- führt demografische und genetische Analysen durch,
- erstellt Haltungsrichtlinien für die Tierart, die in einem Handbuch festgehalten werden,
- veröffentlicht und übermittelt Forschungsprojekte,
- empfiehlt in Verbindung mit dem Gremium, welche Tiere Nachwuchs bekommen sollten oder nicht, und welche Tiere von einem Zoo in einen anderen transferiert werden sollten.

ESB (European Studbooks)

Der Zuchtbuchführer, der für ein bestimmtes ESB verantwortlich ist, sammelt alle Geburts-, Todes- und Transferdaten einer Tierart aus den entsprechenden Mitgliedszoos. Die Daten werden in spezielle Computerprogramme, wie ZIMS, eingegeben; sie sind zentral erfasst und ermöglichen komplette Analysen. ESB-Zuchtbuchführer sind ebenso an Zucht- und/oder Transferempfehlungen beteiligt.
Bei einigen Tierarten sind EEP-Koordinator and ESB-Zuchtbuchführer identisch.

Probleme in der Praxis

Die EAZA-Politik leidet in der Praxis zwangsläufig - was im Prinzip nur logisch und nachvollziehbar ist - unter verschiedenen Problemen:

- **Ehrenamtliche Tätigkeit**. Sowohl die Position des EEP-Koordinators als auch die des Zuchtbuchführers sind ehrenamtlich. Die entsprechende Arbeit wird zusätzlich zu den normalen Aufgaben der betreffenden Person geleistet. Zwangsläufig liegt die Priorität bei derjenigen Aufgabe, für die die betreffende Person im Zoo angestellt ist. Dies erfordert oft zusätzliche Arbeitsstunden in der Freizeit. Bei wichtigen Arten mit einer großen Anzahl von Tieren in vielen verschiedenen Zoos ist der Arbeitsaufwand für den EEP-Koordinator erheblich und kann im Durchschnitt über 8 Stunden in der Woche betragen.
- **Kommunikationsprobleme**. Nicht jeder spricht fließend oder nur gut Englisch; mehr als 30 Länder sind über EAZA-Mitgliedszoos beteiligt. Die fremdsprachliche Kommunikation kann ein Problem darstellen und Missverständnisse mit sich bringen. Die Koordinatoren können unter Umständen nicht so schnell wie nötig auf dringende Angelegenheiten reagieren.
- **Zuchtpolitik**. Zoobesucher und Medien lieben Tierbabys in besonderem Maße. Zoodirektoren müssen dem Rechnung tragen und werden nicht immer dazu bereit sein, auf die Zucht bestimmter Tierarten in ihrem Zoo zu verzichten.
- **Transferpolitik.** Es mag Fälle geben, in denen ein spezielles Tier im Zoo besonders beliebt ist – vielleicht bei der Frau des Zoodirektors oder bei einem langjährigen Tierpfleger – und die Empfehlung, das Tier zu transferieren, wird nur schwer zu akzeptieren sein.
- **Der Koordinator**. Dies kann eine wirklich anspruchsvolle Aufgabe sein, die zusätzlich zu den Grundanforderungen für diese Position diplomatisches Geschick, Sprach- und Computerkenntnisse erfordern. Personen mit entsprechender Qualifikation sind Mangelware und wahrscheinlich für den Zoobetrieb, in dem sie beschäftigt sind, unentbehrlich.

Ich würde mir wünschen, dass zumindest für die EEP-Koordinatoren der anspruchsvollsten Tierarten Sonderfördermittel – evtl. von der EU - zur Verfügung gestellt werden, sodass zusätzliche Lohnkosten für den Zoo abgedeckt wären, die z. B. durch den zusätzlichen Arbeitsaufwand und die Kosten für die Besuche anderer Zoos und Gremien entstehen. Die EEP-Koordination ist eine wichtige Tätigkeit, die für die Umsetzung des Ex-situ-Artenschutzes ganz wesentlich ist.

Beispiele für EEP

Um die Bedeutung der EEP zu veranschaulichen, habe ich zwei der beliebtesten Arten - die auch zu meinen eigenen Favoriten gehören – ausgewählt: die Giraffe und den Orang-Utan. Es handelt sich zudem um zwei der umfangreichsten EEP, da beide Tierarten in vielen europäischen Zoos gehalten werden. Zur Entstehungszeit dieses Buches befindet sich der EEP-Koordinator für die Giraffe im Zoo von Chester und der Koordinator für den Orang-Utan im Zoo Karlsruhe.

Giraffen-EEP

In den mehr als 140 europäischen EAZA-Mitgliedszoos werden ca. 800 Giraffen gehalten. Die EEP- und ESB-Aufgaben entfallen auf dieselbe Person. Es gibt ein großes Gremium mit 17 Mitgliedern, davon 14 in Zoos, die in der Studie berücksichtigt sind.
In den 80 untersuchten Zoos halten 29 von den 30 Zoos der Gruppe A und 37 von den 50 Zoos der Gruppe B Giraffen. Zürich, die Ausnahme in Gruppe A, plant, vor dem Jahr 2020 Giraffen anzuschaffen. In allen Befragungen ist die Giraffe eine der 5 beliebtesten Tierarten bei den Besuchern dieser Zoos.

Warschau

In den Steppengebieten im südlich der Sahara gelegenen Teil Afrikas beheimatet, hat die Tierart sechs anerkannte Unterarten, nämlich:

Unterart	EEP Untergruppe
Masaigiraffe	Netzgiraffe
Netzgiraffe	Netzgiraffe
Rothschild-Giraffe	Baringo
Kapgiraffe	Baringo
Kordofan-Giraffe	Baringo
Thornicroft-Giraffe	-

Das EEP umfasst wirksam alle außer der Thornicroft-Giraffe, die in diesen Zoos nicht gehalten wird, schließt aber auch Mischlinge ein, die bei der Zucht in europäischen Zoos entstanden sind. Das EEP ist in 2 Untergruppen unterteilt (Netzgiraffen mit Massaigiraffen und "Baringo"; alle anderen Arten und Mischlinge). In Afrika gibt es weniger als 65 000 Giraffen, das sind 30 % weniger als noch vor 10 Jahren. Die verbleibenden Populationen von Rothschild-Giraffen (weniger als 650) und Kordofan-Giraffen (weniger als 150) sind stark gefährdet.

Europäische Zoos versuchen eher die reinen Unterarten zu behalten und zu züchten als die Mischlinge; bei den meisten handelt es sich um Netz- oder Rothschildgiraffen.

In der Natur überleben 50 – 75 % aller Giraffen nicht ihr erstes Lebensjahr. Zum Vergleich: In den europäischen Zoos starben im Jahr 2008 nur 23 % innerhalb des ersten Lebensjahrs. Die allgemeine Lebenserwartung beträgt 25 Jahre. Giraffenherden bestehen normalerweise immer aus 6 - 12 Tieren beliebigen Geschlechts oder Alters; diese sozialen Einheiten sind nicht dauerhaft. Sie leben Seite an Seite mit den anderen Pflanzenfressern der afrikanischen Savannen. Normalerweise ignorieren sie andere Tierarten, fressen aber gemeinsam mit Zebras, Impalas und einigen anderen Antilopenarten; Madenhacker leben oft mit Giraffen zusammen. Sie halten sich hauptsächlich in Trockensavannen und in offenen Waldlandschaften mit vereinzeltem Akazienbewuchs auf.

Haltung von Giraffen in Zoos

Hauptziel des EEP ist es, Mitgliedszoos zu beraten und dabei zu unterstützen, die besten Haltungsbedingungen für ihre Giraffen unter Berücksichtigung ihrer natürlichen Lebensbedingungen zu bieten. Obwohl es nicht möglich ist, letztere vollständig zu kopieren, kann viel getan werden, um die wichtigsten Aspekte zu simulieren. Viel Forschung wurde und wird weiterhin betrieben, alle Aspekte, die das Wohlergehen der Giraffen betreffen, zu berücksichtigen; die Zoos informieren sich gegenseitig über die Ergebnisse solcher Forschungen und es gibt deutliche Anzeichen dafür, dass sich die Haltung der in Gefangenschaft lebenden Tiere in den letzten Jahren stark verbessert hat. Die Lebenserwartung in Europas führenden Zoos wächst weiterhin; das gegenwärtige Ziel von durchschnittlich mehr als 20 Jahren ist jetzt in Sicht (einige Giraffen sind 30 Jahre alt geworden).

Die hervorragende Arbeit der EEP und die Empfehlungen für die Mitgliedszoos umfassen Folgendes:

- Eine Kerngruppe von mindestens 3 Giraffen sollte gehalten werden.
- Eines von 3 Modellen sollte befolgt werden: eine kleine Zuchtherde mit einem Bullen und 2 - 3 Kühen mit Kälbern; oder eine große Zuchtherde mit mehr als 2 Bullen und mehr als 4 Kühen mit Kälbern; oder gleichgeschlechtliche Gruppen von entweder Bullen oder Kühen.
- Ein geeignetes Tierhaus muss in Bezug auf die Mindestgröße, geeignete Absperrmöglichkeiten, Materialien, Bodenbeschaffenheit (meist mit nachgiebiger Oberfläche), Liegeplätze (mindestens 50 % der Oberfläche sollten mit weichem Material bedeckt sein), Wasserversorgung, Futterangebot, Temperatur (mind. 20° C), natürliches Tageslicht (zum Beispiel ein Glasdach), Besucherzugang und Beobachtungsmöglichkeiten mit Liebe zum Detail ausgestattet sein. All diese Punkte sind ausführlich erklärt und berücksichtigen Erfahrung und Forschung.
- Bei den Außengehegen gibt es Richtlinien hinsichtlich ihrer Mindestgröße und -breite, der Umzäunung, unterschiedlicher Bodenbeschaffenheiten, unterschiedlicher Futterstationen, genügend frischen Wassers, Sonnen- und Windschutz und Vegetation.
- Nahrungs- und Futterangebot. Normalerweise frisst eine Giraffe durchschnittlich 12 kg am Tag und der Nährstoffbedarf der Giraffen, Gegenstand umfangreicher Untersuchungen, ist anspruchsvoll! In der Natur liegt die Zeit für die Nahrungssuche und -Aufnahme zwischen 10 und 12 Stunden am Tag und das, was die Tiere in der Natur zu sich nehmen, bestimmt ihre Diät in der Gefangenschaft.
- Soziale Arrangements. Der individuelle Charakter jeder Giraffe muss berücksichtigt werden. Jeder Neuankömmling muss im Innen- und Außengehege sorgfältig überwacht und beobachtet werden.
- Zucht. Zuchtempfehlungen werden von EEP und ESB ausgesprochen, um die Zukunft der Giraffenpopulation in den Zoos durchgehend zu sichern. Dies umfasst die Vermeidung von zusätzlichen Mischlingen. Alle Zoos mit Zuchtherden begrüßen die Ankunft eines Giraffenbabys. In manchen Fällen kann die Mutter sich nicht um ihren Nachwuchs kümmern, dann wird die Handaufzucht zu einer denkbaren Option, die in einigen Fällen praktiziert wird und den Einsatz von mindestens einem Giraffenpfleger erfordert!
- Transport. Giraffen sind bekanntermaßen sehr sensibel und schwer zu transportieren. Empfehlungen werden für geeignete Transportgesellschaften ausgesprochen; de facto gibt es in Europa nur etwa zwei wirkliche Spezialisten für den Transport von Giraffen.
- Gemeinschaftshaltung. Grundsätzlich bevorzugen sowohl die Tiere als auch die Zoobesucher Anlagen, in denen Giraffen mit anderen Tierarten in Savannengehegen gehalten werden. Obwohl dies in der Praxis nicht einfach ist und vom individuellen Charakter der Giraffen und den mit ihnen vergesellschafteten Tieren abhängt, gibt es nun in vielen Zoos eine Gemeinschaftshaltung. Über die entsprechenden Anlagen wurde viel geforscht, z. B. von Dr. Gabriele Hammer (Universität Salzburg). Die Haltungsempfehlungen gehen von der Verträglichkeit von Giraffen mit Steppenzebras, Breitmaulnashörnern und Impalas aus. Im Zoo Leipzig, der eine der

besten Savannen mit unterschiedlichen Tierarten unterhält, sind außerdem Säbelantilopen und Gazellen sowie Strauße, Marabus und Kronenkraniche präsent. Zur Vergesellschaftung werden nur Arten aus afrikanischen Savannenlandschaften empfohlen.

- In neuen Institutionen ist die Sterblichkeitsrate von Giraffen erheblich höher. Zu unerfahrene Tierpfleger und eine Ausstattung, die nicht komplett für die Giraffenhaltung getestet wurde, sind die Gründe für die höhere Sterblichkeitsrate. Infolgedessen müssen Zoos, für die die Giraffenhaltung neu ist, zunächst mit gleichgeschlechtlichen Gruppen beginnen.

Orang-Utan-EEP

Zur Entstehungszeit dieses Buches liegen die Funktionen des EEP-Koordinators und des ESB-Zuchtbuchführers in einer Hand. Es gibt ein großes Gremium mit 15 Mitgliedern, davon 13 aus Zoos, die im Rahmen der Studie untersucht wurden, und 7 aus VDZ (Verband Deutscher Zoodirektoren)-Mitgliedszoos.
In 64 europäischen EAZA-Mitgliedszoos werden ca. 320 Orang-Utans gehalten. In den 80 Zoos der Studie leben Orang-Utans in 20 von den 30 Zoos der Gruppe A und 22 in den 50 Zoos der Gruppe B. Der Orang-Utan gehört zu den 10 beliebtesten Tierarten der Besucher.

Der Orang-Utan ("Waldmensch" in der Sprache seines Herkunftslandes), der in den Regenwäldern Borneos und des nördlichen Sumatra in Indonesien und Malaysia beheimatet ist, hat zwei anerkannte Unterarten mit signifikant unterschiedlichen physischen Charakteristika, nämlich

- den Borneo-Orang-Utan (*Pongo pygmaeus*)
- und den Sumatra-Orang-Utan (*Pongo abelii*)

In der Zoowelt hat sich ein dritter Typus entwickelt, nämlich

- der Orang-Utan-Mischling (*Pongo HYBRID*)

In den europäischen Zoos sind 48 % Borneo-, 45 % Sumatra-Orang-Utans und 7 % Mischlinge. Von den Borneo-Orang-Utans sind 15 % freilandgeboren und der Rest in Gefangenschaft, vorwiegend in europäischen Zoos; von den Sumatra-Orang-Utans wurde seit mehr als 20 Jahren kein freilandgeborenes Tier mehr eingeführt und über 90 % sind in Gefangenschaft geboren. Die durchschnittliche Geburtenrate in den Zoos beträgt 16; im Jahr 2009 waren es 21, von denen 16 überlebt haben. Die Lebenserwartung in Gefangenschaft beträgt bis zu 52 Jahre.

Situation im natürlichen Lebensraum

Die Rote Liste 2007 der IUCN (International Union for Conservation of Nature) konstatiert, dass

- der Sumatra-Orang-Utan "stark gefährdet" ist und
- der Borneo-Orang-Utan "gefährdet" ist.

Die Anzahl der wild lebenden Tiere nimmt schnell ab. Nur 5 000 oder weniger leben noch in Sumatra und weniger als 40 000 – die sich auf 3 Unterarten verteilen - auf der riesigen Insel Borneo, die durch die Bundesstaaten Sabah und Sarawak in Malaysia und Kalimantan in Indonesien unterteilt ist.

Beide Arten sind besonders vom Aussterben bedroht durch

- weiträumige und konstante Zerstörung des Regenwalds, die teilweise auf die schnelle Ausbreitung der Palmöl-Industrie zurückzuführen ist (Indonesien und Malaysia haben einen Anteil von 80 % an der weltweiten Produktion). Indonesien hat eine der weltweit höchsten Abholzungsraten. Von 1990 bis 2005 ist die Waldfläche um 24 % verringert worden. Jüngeren Schätzungen zufolge werden 98 % des natürlichen Regenwalds in Indonesien im Jahr 2022 verschwunden sein[1].

- Abholzung, die zur Zerstörung und Fragmentierung der Wälder führt: Schätzungsweise 73 - 88 % aller Rodungen in Indonesien sind illegal[2].

- Wilderei und den Verzehr von Bushmeat als Ergebnis einer schnell wachsenden menschlichen Bevölkerung,

- Wilderei für den Tierhandel,

- Mängel bei der Durchsetzung von Gesetzen,

- die Körpergröße des Tiers,

- die lange Zeitspanne zwischen Geburten (6 bis 9 Jahre),

- Leben in geringen Bevölkerungsdichten in großen Streifgebieten,

- Begrenzung auf Regenwaldflächen und immer kleinere Waldfragmente.

1, 2 Statistik: Orangutan Foundation Indonesia Forest Facts (Januar 2010)

Dresden

Es liegen Erkenntnisse vor, dass 250 Individuen das Minimum für eine überlebensfähige Gruppe sind. Im Jahr 2007 gab es nur noch 6 solcher Populationen in Sumatra und 32 in ganz Borneo; es ist sicher, dass diese Zahlen heute noch niedriger liegen.

In der Natur leben Orang-Utans ausschließlich auf Bäumen und sind oft Einzelgänger. Erwachsene verbringen die meiste Zeit ihres Lebens allein. Als das größte und schwerste in Bäumen lebende Säugetier ist der Orang-Utan nicht dazu imstande, weite Entfernungen in seinem Lebensraum zu überbrücken, zugleich benötigt er eine große Menge an Nahrung.

Orang-Utans haben eine komplexe Sozialstruktur. Meist tun sich ein männliches und ein weibliches Tier in einem sogenannten "consortship" zusammen, das durch regelmäßigen Sex gekennzeichnet ist; ein Paar kann tage- oder wochenlang gemeinsam unterwegs sein. Es gibt zwei Arten von geschlechtsreifen Männchen - "flanged" und "unflanged". Erstere sind große Erwachsene mit voll entwickelten sekundären Geschlechtsmerkmalen (Haarkleid, Wangenwülste, Kehlsäcke): Sie leben meist allein, haben Territorien, die sich mit den Streifgebieten mehrerer Weibchen überschneiden, und sind sexuell aktiv; sie tolerieren keine anderen "flanged" Männchen, sind aber gegenüber "unflanged" in ihren Streifgebieten tolerant. Letztere, deren sekundäre Geschlechtsmerkmale noch nicht ausgebildet sind, ähneln in ihrer Größe eher Weibchen und sind gegenüber anderen Männchen toleranter und sozialer. Der Wechsel von "unflanged" zu "flanged" ist durch soziale Faktoren beeinflusst und kann bei fast erwachsenen Männchen oder auch erst später schnell (innerhalb von Monaten) erfolgen. Die Weibchen bevorzugen vollständig erwachsene Männchen und wählen "flanged" für ihre "consortships", während Paarungen mit "unflanged" Männchen meist außerhalb dieser engeren Beziehungsformen stattfinden.

Haltung von Orang-Utans in Zoos

Wie bei den Giraffen empfiehlt das EEP das Leben der Orang-Utans in ihrem natürlichen Umfeld voll zu berücksichtigen und, soweit möglich, vergleichbare Bedingungen zu schaffen.
Die sehr niedrige bzw. kaum vorhandene Wachstumsrate in der Orang-Utan-Population der europäischen Zoos ist besorgniserregend, obwohl die gegenwärtige Population gesund und stabil ist.

Die Konsequenzen für die Haltung, die Pflege und das Gehegedesign beinhalten folgende Entwicklungen:

- Weibchen sollten zwischen verschiedenen (getrennten) Männchen wählen und die Zeit des Zusammenseins selbst bestimmen können.
- Größere und flexiblere Anlagen mit unterschiedlichen Innen- und Außengehegen müssen gebaut werden.
- Eine enge Kooperation benachbarter Zoos, die Orang-Utans halten, soll für die Weibchen eine größere Auswahl ermöglichen.

Im ersten Jahrzehnt dieses Jahrhunderts wurden, was die Zoos aus dieser Studie angeht, größere Investitionen in neue Orang-Utan-Häuser und -Gehege in folgenden Zoos getätigt: Amnéville, Beauval, Chester, Colchester, Frankfurt, Hamburg, La Palmyre, Leipzig, München, Münster, Sosto und Wien. Der Nutzen für ein Wachstum der Populationen dieser Zoos und derjenigen, die gerade gebaut werden, sind bald erkennbar.

Ein herausragendes Beispiel für eine Vergesellschaftung, die das natürliche Umfeld, in dem Orang-Utans sich wohlfühlen, berücksichtigt, ist in Hamburg zu finden: Eine sehr glückliche

Die letzten Jahre zeigen einen Zuwachs an Vergesellschaftungen – Orang-Utans mit anderen südostasiatischen Säugetieren:

- Zwergotter (Amnéville, Chester, Gelsenkirchen, Hamburg, Münster),
- Gibbons (hauptsächlich Weißhandgibbons) (Beauval, Leipzig, Lissabon, Madrid, Paignton, Prag),
- Siamangs (Sosto, Berlin),
- Schabrackentapir (Dortmund),
- Binturong (Frankfurt),
- Hulman-Languren (Beauval).

Hamburg

soziale Gruppe von Orang-Utans kann auf unterschiedlichen Ebenen beobachtet werden und ihre gelegentliche Interaktion mit Zwergottern ist faszinierend. Die Höhe, natürliches Licht, Wärme, Vegetation und Wasser machen diese Anlage für Tier und Mensch gleichermaßen angenehm. Die Informationen über den Orang-Utan im Tierhaus (vielleicht nicht so aktuell, wie sie sein sollten: Es wäre noch alarmierender, wenn sie es wären) heben hervor, wie bedroht diese liebenswerten Tiere sind.

Seit ca. 60 Jahren (seither liegen Aufzeichnungen über Orang-Utan-Geburten vor), gab es in zehn Zoos (Duisburg, Frankfurt, Berlin, München, Chester, Dresden, Arnheim, Stuttgart, Twycross und Zürich) mehr als zwanzig erfolgreiche Orang-Utan-Geburten.

Die moderne EEP-Politik sollte ein schnelleres Wachstum der Populationen ermöglichen, eine bessere Imitation des natürlichen Sozialsystems schaffen, das psychische Wohlbefinden von Orang-Utans in Gefangenschaft erhöhen und Zoo-Besuchern zu einer angenehmeren Orang-Utan-Besuchererfahrung verhelfen.

Fazit

Die Arbeit des EEP-Koordinators und seiner Gremien ist sehr vielseitig. Dies illustrieren die gewaltigen Anstrengungen, die unternommen wurden, um das Wohlergehen der Giraffen und Orang-Utans in unseren Zoos zu verbessern. Die Populationen wachsen, die Lebenserwartung steigt und die Anlagen wurden als Ergebnis dieser Arbeit verbessert. Dies ist ebenso typisch für andere Arten, die durch EEP abgedeckt sind.

Kapitel 7

In-situ-Artenschutz

Zur Situation

Die Weltbevölkerung hat sich in den vergangenen 40 Jahren nahezu verdoppelt und wird Ende 2011 die 7-Milliarden-Grenze erreichen; viele Prognosen für das Jahr 2050 nennen Zahlen um die 9,5 Milliarden. Gleichzeitig mit dieser Bevölkerungsexplosion führen die Erwartungen und Errungenschaften eines höheren Lebensstandards zu immer größerer Nachfrage nach Rohstoffen jeglicher Art. Wie in der Einführung zur WAZA-Naturschutz-Strategie 2005 deutlich formuliert, gibt es „zu viele Menschen, die einen viel zu großen Teil der auf der Erde verfügbaren Ressourcen verbrauchen, und den nicht-menschlichen Arten nicht genug zum Überleben lassen. Der vorausgesagte Anstieg der Weltbevölkerung und das deutliche Ungleichgewicht bei der Verteilung des Wohlstands innerhalb und zwischen den verschiedenen Nationen sind zwei der Hauptprobleme, denen sich die Menschheit – und direkt oder indirekt der Schutz von Arten und Lebensräumen - gegenübersieht".

Viele Organisationen haben sich dem Naturschutz verschrieben. Dazu gehören neben der bekanntesten, dem WWF (World Wildlife Fund), weitere internationale und nationale Organisationen sowie auch einzelne Zoos. Es mangelt jedoch an einer Gesamtkoordination; möglicherweise gibt es zu viele einzelne Naturschutzprojekte. Dennoch sind sie ein ermutigender Beweis dafür, dass sich immer mehr junge Menschen, vor allem aus den Industrieländern, im Naturschutz engagieren.

Die wichtigen Entscheidungen über die am meisten betroffenen Gebiete werden durch die Finanzwirtschaft, die Großunternehmen und nationalen Regierungen diktiert, gegen die Naturschützer in allen Organisationen ankämpfen müssen. Allgemein gilt, dass die Naturschützer zwar einige Kämpfe gewinnen, aber angesichts der o. g. fundamentalen Kräfte, der Bevölkerungsexplosion und dem menschlichen Streben nach einem höheren Lebensstandard, kapitulieren müssen.

Nichtsdestotrotz versucht eine wachsende Armee von Naturschützern aus aller Welt verstärkt, die Arten und ihre Lebensräume zu schützen. Zoos sind dabei häufig an zwei Fronten beteiligt: Zunächst direkt durch ihre Teilnahme an Projekten vor Ort und indirekt dadurch, dass sie beim Zoobesucher ein Bewusstsein für den Natur- und Artenschutz schaffen und ihn dazu ermutigen, die Botschaft von der dringenden Notwendigkeit des Natur- und Artenschutzes in jeder Hinsicht, von seiner individuellen Produktwahl bis hin zu direkten Hilfsaktionen für In-situ-Projekte, zu verbreiten.

Die Rolle der europäischen Zoos

Alle Zoos in dieser Studie schließen sich der WAZA- bzw. EAZA-Politik an, In-situ-Artenschutz zu unterstützen, einige setzen hierfür einen großen Teil ihrer Finanzmittel und ihres Personals ein, während andere nicht die finanziellen Mittel oder die Zustimmung ihrer Träger besitzen. Manche Zoos, wie London, Frankfurt und Antwerpen, sind eng mit ihren berühmten Zoogesellschaften assoziiert, die finanziell gut ausgestattet sind und auf hoch qualifizierte Zoobegeisterte zählen können. Andere, dies gilt besonders für Großbritannien, kassieren zusammen mit dem Eintrittspreis eine freiwillige Spende, die in den meisten Fällen von den Besuchern akzeptiert wird. Viele Zoos haben Vereine, die sie unterstützen und Geld für In-situ-Artenschutzprojekte beschaffen.

Alle Zoos stehen unter finanziellem Druck, besonders nach der globalen Finanzkrise 2008/2009, und es wäre unrealistisch, von ihnen zu erwarten, dass sie die Prioritäten zugunsten des In-situ-Artenschutzes über das laufende Geschäft und die Weiterentwicklung ihres eigenen Zoos stellten.

Es besteht eine Notwendigkeit für eine bessere und effektivere Verwendung der In-situ-Artenschutz-Ausgaben. In diesem Bereich existieren viele NGO, zahlreiche Zoos mit Projekten in vielen Ländern, und häufig sind auch die Regierungs-Organisationen vor Ort (z. B. Kenya Wildlife Service) mit ähnlichen Arbeiten beauftragt. In den zwei Ländern, um die es im Folgenden geht, besteht jedenfalls ein Mangel an Koordination zwischen den Artenschutz-Behörden. Dieses Problem ähnelt dem anderer Hilfsaktionen, wie z. B. der Nothilfe bei Naturkatastrophen. Da niemand die Begeisterung engagierter Mitarbeiter dämpfen möchte, muss die Effektivität der Artenschutz-Bestrebungen maximiert werden.

Europas Zoos haben mit der EAZA eine Artenschutz-Projektdatenbank gestartet, in die die Mitgliedszoos ihre Artenschutz-Projekte mit Blick auf unnütze doppelte Arbeit eintragen können – doch in Bezug auf ihre Effektivität sind noch erhebliche Verbesserungen möglich.

Um erfolgreich zu sein, muss effektiver In-situ-Artenschutz den Ökotourismus, die Bildung vor Ort, die Armutsbekämpfung und in manchen Fällen die Trinkwasserversorgung berücksichtigen und die einheimische Bevölkerung von den wirtschaftlichen Vorteilen ihrer Tierwelt und dem Natur- und Artenschutz überzeugen. Eine so umfassende Arbeit kann von den meisten Zoos nicht geleistet werden. Weil sie dies erkannt haben, unterstützen manche Zoos entweder Artenschutz-Organisationen (z. B. die Stiftung Artenschutz) oder konzentrieren sich auf ein oder zwei kleine und überschaubare Projekte, mit denen sie wirklich etwas bewegen können.

Kenia

Kenia

Bevölkerungswachstum in tropischen Ländern

Die größte Artenvielfalt in Bezug auf die Tier- und Pflanzenwelt existiert in den tropischen Ländern. Die Schlüsselarten unter den in den Zoos gehaltenen Tierarten stammen meist aus diesen Ländern.

Das starke Bevölkerungswachstum in den tropischen Ländern während der vergangenen 40 Jahre wird in den kommenden 40 Jahren anhalten. Die Länder, die für die tabellarische Übersicht ausgewählt wurden, repräsentieren viele Gebiete, in denen die in unseren Zoos besonders beliebten Tierarten beheimatet sind und wo viele wild lebende Arten in den letzten Jahrzehnten stark dezimiert wurden. Dort befinden sich die meisten "Hotspots" der Artenschutzbemühungen, an denen unsere Zoos und andere Artenschutz-Organisationen beteiligt sind.

Die Tabelle illustriert das jugendliche Alter der afrikanischen Bevölkerung in den tropischen Ländern - das Durchschnittsalter liegt hier bei 18 Jahren (das weltweite Durchschnittsalter beträgt 29, in Europa über 40 Jahre). In den Jahren 1970 – 2010 wuchs die Bevölkerung Deutschlands um weniger als 5 %, während Kenias Bevölkerung um über 250 % anstieg.

Bevölkerungsentwicklung in ausgewählten tropischen Ländern								
Land	Bevölkerungswachstum 1970-2010	Bevölkerung 1970 in Millionen	Bevölkerung 2010 in Millionen	Durchschnittsalter 2009	Bevölkerungsdichte 2010	Wachstumsrate % 2010	Bevölkerung 2025 in Millionen	Bevölkerung 2050 in Millionen
Elfenbeinküste	292,9	5,6	22,0	19,4	68	2,4	30,8	47,2
Kenia	257,1	11,2	40,0	18,3	69	2,7	51,3	65,2
Uganda	248,5	9,7	33,8	15,5	140	3,4	53,4	91,3
Angola	239,3	5,6	19,0	17,3	15	2,5	27,4	42,3
Tansania	226,0	13,8	45,0	17,5	48	3,0	67,4	109,5
DR Kongo	211,0	21,8	67,8	16,5	29	2,9	101,4	166,2
Guinea	200,0	3,6	10,8	18,4	44	3,0	15,9	25,1
Kamerun	198,5	6,7	20,0	19,1	42	2,3	26,5	36,7
Madagaskar	195,6	6,8	20,1	18,3	34	2,7	28,6	42,7
Nigeria	184,7	55,6	158,3	18,5	171	2,4	217,4	326,4
Ghana	172,7	8,8	24,0	20,4	101	2,2	31,8	44,6
Costa Rica	170,6	1,7	4,6	27,8	90	1,3	5,3	6,1
Malaysia	165,1	10,9	28,9	26,0	87	1,6	34,9	41,0
Mozambik	151,6	9,3	23,4	17,9	29	2,3	31,2	44,1
Philippinen	143,5	38,6	94,0	23,0	313	2,1	117,6	140,5
Ecuador	140,7	5,9	14,2	25,2	50	1,6	16,6	18,6
Nepal	135,3	11,9	28,0	21,3	191	1,9	35,7	46,1
Peru	123,5	13,2	29,5	25,3	23	1,6	34,5	39,8
Südafrika	119,8	22,7	49,9	24,7	41	0,9	54,4	57,4
Indien	114,6	553,9	1188,8	24,7	362	1,5	1444,5	1748,0
Kolumbien	112,6	21,4	45,5	26,5	40	1,4	53,5	61,3
Vietnam	108,7	42,6	88,9	27,9	268	1,2	103,2	113,7
Brasilien	102,0	95,7	193,3	28,6	23	1,0	212,4	215,3
Morokko	100,6	15,9	31,9	25,8	71	1,5	36,6	41,2
Burma	94,9	27,4	53,4	27,6	79	0,9	61,7	70,8
Indonesien	92,6	122,3	235,5	27,9	124	1,4	273,2	309,4
Thailand	83,6	37,1	68,1	32,8	133	0,6	72,6	73,4
Sri Lanka	64,3	12,6	20,7	30,3	315	1,2	23,2	25,4
China	63,1	820,4	1338,1	33,8	140	0,5	1476,0	1437,0
Kuba	31,8	8,5	11,2	37,7	101	0,3	11,1	9,7
zum Vergleich:								
Deutschland	4,9	77,8	81,6	43,9	229	-0,2	70,7	71,5
UK	11,9	55,6	62,2	39,7	256	0,4	68,6	77,0
Türkei	105,6	35,8	73,6	28,0	94	1,2	85,0	94,7
Welt	85,6	3713,0	6892,0	28,9	51	1,2	8108,0	9485,0
Quellen:	Population Reference Bureau. The Economist "Pocket World in Figures". 2010 Edition und Wikipedia							
Anmerkungen:	Dichte = Personen pro km²; Die Prognosen 2025 und 2050 variieren je nach Quelle stark. Diese Prognosen sind relativ hoch angesetzt.							

Die Gefahren für die Tierwelt sind:

- Bevölkerungswachstum, besonders in den tropischen Ländern,
- Zerstörung von Lebensräumen für die Gewinnung von landwirtschaftlich nutzbaren Flächen,
- Abholzung zur Vergrößerung der Agrarflächen für den Export,
- Zerstörung des Regenwalds durch Rodungsarbeiten,
- "Bushmeat" als Ernährung für die lokale Bevölkerung,
- Wilderei von Tierarten mit angeblich "medizinischem" Wert,
- Wilderei von Tierarten mit großem kommerziellen Wert (z. B. Elefanten, Krokodile),
- Jagd für den Tierhandel (z. B. Papageien, Aras),
- Trophäenjagd,
- Bergbau und mineralgewinnende Industrie,
- Trockenlegen und Umleiten von Seen und Flüssen für Siedlungen,
- Krankheiten, die in manchen Fällen von Menschen und ihren Haustieren übertragen werden,
- zunehmende Versteppung durch Abholzung und Klimawandel,
- Gebrauch von giftigen Chemikalien (z. B. in der Landwirtschaft).

Die negativen Auswirkungen des Klimawandels nehmen offensichtlich zu.

El Remanso Lodge, Costa Rica

In-situ-Artenschutz: Fallstudie Costa Rica

In Costa Rica sind nahezu 5 % aller bislang identifizierten Tierarten beheimatet. Erstaunlicherweise ist das zentralamerikanische Land mit 51 000 km^2 nur geringfügig größer als die Schweiz. Klein in der Fläche, aber groß in der Artenvielfalt mit mehr als 850 Vogelarten, die 10 % der Gesamtheit ausmachen, und einem außerordentlichen Spektrum von Schmetterlingen. Costa Rica besitzt eine reiche tropische Vegetation und eine große Artenvielfalt an Säugetieren, Reptilien und Amphibien.

Als Kolumbus vor mehr als 500 Jahren in Amerika landete, war Costa Rica komplett mit Wald bedeckt; heute sind mehr als zwei Drittel zerstört, aber die erhaltenen 30 – 35 % sind geschützter Nationalpark (25 % des Landes), Reservat oder geschütztes Land in Privatbesitz. Die Lebensräume umfassen Tieflands-Regenwälder, trockene Tropenwälder und Nebelwälder – die zentrale Bergregion hat viele Gipfel über 3 000 m. Der höchste ist mit 3 820 m sogar 23 m höher als der Großglockner.

Costa Rica ist wohl einzigartig unter den tropischen Ländern, was den Natur- und Artenschutz angeht; obschon mit extremen Umweltbedrohungen konfrontiert, ist Costa Rica effektiv und erfolgreich im Hinblick auf seine Natur- und Artenschutz-Bemühungen. Das Land hat diesbezüglich seit 1970 eine lange Tradition mit strengen Artenschutzübereinkommen; es war das erste zentralamerikanisches Land, das CITES über den Handel mit gefährdeten Arten frei lebender Tiere und Pflanzen unterzeichnet hat, und stellt 25 % seiner gesamten Landesfläche in unterschiedlichen Landesteilen für Parks und Reservate mit einer gesunden Vielfalt an Ökosystemen zur Verfügung.

Trotz all dieser Vorzüge gibt es insofern Probleme, als die Natur- und Tierwelt weiterhin bedroht ist und wichtige Arten im Niedergang begriffen sind. Die Hauptbestandteile des Artenschutz-Bereichs in Costa Rica können folgendermaßen zusammengefasst werden:

Stärken

- Regierungseigene Nationalparks und Reservate bedecken noch 25 % des Landes, in den tropischen Ländern eine selten erreichte Proportion.
- Es gibt eine lange Tradition von lokalem und internationalem Interesse an Arten- und Naturschutz mit beträchtlicher Unterstützung vorwiegend vonseiten der USA. Einrichtungen wie die OTS (Organisation for Tropical Studies) sind dafür ein gutes Beispiel.
- Ökotourismus als Reise zu exotischen Zielen, um die Natur in einer relativ unberührten Landschaft zu bewundern und zu genießen, nimmt zu und ist in Costa Rica besonders verbreitet. Nach der Intel-Produktionsstätte ist Ökotourismus die zweite große Komponente des Bruttoinlandsprodukts im Land.
- Die lange politische Stabilität des Landes seit 1948 stellt einen besonders attraktiven Background für ausländische Investitionen dar, einschließlich Ökotourismus und Arten- und Naturschutz. Dies ist in tropischen Ländern sehr selten.
- Die Bevölkerung hat einen relativ hohen Bildungsstand und steht dem Naturschutz im Allgemeinen verständnisvoll und unterstützend gegenüber. Fast 25 % des Staatshaushalts werden in Bildung investiert; dies ist durch die Neutralität des Landes und den Verzicht auf Streitkräfte und Militärausgaben gesichert.

- Ein ungewöhnlich hoher Prozentsatz von Studenten und anderer junger Menschen beschäftigt sich mit Artenschutz und verwandten Themen. Es gibt ein ungewöhnlich ausgeprägtes Naturschutzbewusstsein in der gebildeten jungen Generation, das sich bei den Führern in Reservaten und Nationalparks manifestiert.
- 40 % der Bevölkerung lebt im Einzugsbereich der Hauptstadt San José; dadurch herrscht in den abgelegenen und artenreichen Gebieten weniger Bevölkerungsdruck.
- Indigene Völker, die historisch eine enge Verbindung zur Jagd haben, machen nur ca. 0,8 % der Landesbevölkerung aus.

Schwächen

- Die Bevölkerung wächst in alarmierendem Maße; sie ist in den letzten 30 Jahren um das 2,5-fache angewachsen und wird Prognosen zufolge innerhalb der nächsten 15 Jahre 7 Millionen erreichen; dies geschieht aufgrund einer starken Zuwanderung aus dem benachbarten Nicaragua.
- Der Mangel an finanzieller Unterstützung durch die Regierung für die Nationalparks und Reservate betrifft vor allem die Anwerbung und Ausbildung von Nationalpark-Rangern sowie die Kompensation von Landbesitzern für die vereinbarten Grundstücksübertragungen zu Naturschutzgebieten.
- Ungenügende Maßnahmen der Regierung gegen illegale Abholzungen durch Holzgesellschaften, Landwirte und Bauunternehmer bleiben weiterhin ein signifikantes Problem.
- Korruption auf vielen Ebenen führt zu Wilderei, Jagd und Abholzung.
- Gegen Wilderer und illegale Jäger kann man nur vorgehen, wenn die betreffende Person mit dem von ihr getöteten Tier ergriffen wird, was selten gelingt.
- Kritische Daten zu Anzahl, Verbreitung und Populationsentwicklung von wichtigen, in CITES Anh. 1 und 2 erfassten Tierarten scheinen nicht vorzuliegen.

Chancen

- Die Regierung könnte ihre finanzielle Unterstützung für die Nationalparks und Reservate aufstocken und damit das Wirkungspotenzial ihrer Artenschutzpolitik erhöhen.
- Die Regierung sollte außerdem die Kooperation zwischen Grundbesitzern unterstützen, um größere Naturschutzgebiete zu schaffen. Ein erfolgreiches Beispiel für diese Art Privatreservat gibt es auf der Halbinsel Osa, wo ein bereits existierendes Reservat in Privatbesitz von 1 670 ha um weitere 900 ha vergrößert werden soll.
- Die Regierung sollte Natur- und Artenschutzorganisationen sowie relevante Forschungsorganisationen, wie die OTS (OET), finanziell unterstützen.
- Durch die o. g. Maßnahmen ermutigt, könnten sich mehr einheimische und internationale Ehrenamtliche im Artenschutz-Bereich engagieren.

- Bessere Einrichtungen für Ökotouristen sollten in einigen Nationalparks und Reservaten, wie in Corcovado, vorhanden, aber begrenzt sein, um die einheimische Tierwelt möglichst wenig zu stören.
- Die Regierung sollte erwägen, eine Führungsrolle im Natur- und Artenschutz in Zentralamerika zu übernehmen; grenzübergreifende Nationalparks sollten ebenfalls anvisiert werden.

Risiken

- Aufgrund des Bevölkerungswachstums und steigender Ansprüche wird mehr landwirtschaftlich nutzbare Fläche benötigt.
- Eine weitere Zerstörung von Lebensräumen resultiert aus der wirtschaftlichen Entwicklung, z. B. dem Bau von Hotels, Golfanlagen und anderen nicht ökologischen Bauvorhaben.
- Zusätzliche große Bananen-, Ananas- und andere kommerzielle Obstplantagen ziehen die Zerstörung von Lebensräumen und Bodenbelastungen nach sich.
- Wenn die Staatsfinanzen unter Druck geraten, kann die Folge eine weitere Abholzung und die Reduzierung der Nationalpark- und Reservatsflächen zugunsten von mehr Bergbau, Landwirtschaft und anderer großflächiger kommerzieller Entwicklungen sein.
- Bestechung und Korruption nehmen als Folge niedriger Löhne für Rangers und andere Angestellte zu, zugleich werden höhere Preise für Jäger und Wilderer geboten.
- Mit der weltweiten Reduzierung der meisten großen Säugetiere steigen die Preise für die Felle großer Raubkatzen, wie Jaguar und Ozelot, und für Tiere, die als Bushmeat verzehrt werden, wie Tapir und Pekari.
- Der Klimawandel kann in Kombination mit großen Naturkatastrophen wie Erdbeben und Vulkanausbrüchen – Costa Rica hat sieben aktive Vulkane – schwerwiegende Auswirkungen auf die Artenvielfalt des Landes haben.
- Neue Entdeckungen von Öl- oder Goldvorkommen oder anderen wertvollen Mineralressourcen können zulasten der Naturschutzgebiete gehen.

Fazit

Costa Rica ist das wohl erfolgreichste tropische Land im Erhalt wesentlicher Artenvielfalt, in der Entwicklung von Nationalparks und in der Verordnung von Artenschutz-Richtlinien. Es hat gegenüber anderen tropischen Ländern einige große Vorteile und ist berühmt für seine Tierwelt und seinen erfolgreichen Ökotourismus. Costa Rica leidet zum Glück nicht unter so gravierenden Problemen wie der chinesischen Nachfrage nach Elfenbein, Rhinozeros-Horn und Körperteilen von Tigern, noch unter einer Versteppung des Landes. Dennoch erlebt es eine fortschreitende Abholzung, die Reduktion der bereits sehr geringen Säugetierbestände, wie des Jaguars, und andauernde Umwelt-Bedrohungen, die durch ein großes Bevölkerungswachstum verschärft werden. Es scheint außerdem ein zunehmendes Interesse für die Tourismusentwicklung außerhalb des Ökotourismus zu geben.

El Remanso Lodge, Costa Rica

Es ist sehr wichtig, dass der bestehende Waldlebensraum, der ca. ein Drittel des Landes ausmacht, erhalten und effektiv geschützt wird.
Es scheint sich so zu verhalten, dass, falls der In-situ-Artenschutz auf lange Sicht in Costa Rica scheitert, sein Gelingen in anderen tropischen Ländern unwahrscheinlich ist.

In-situ-Artenschutz: Fallstudie Kenia

Die ehemalige britische Kolonie ist seit 1963 unabhängig. Seit der Unabhängigkeit bis zum Jahr 2010 ist die Bevölkerung von 6 auf 40 Millionen Menschen gewachsen, die Prognose für das Jahr 2050 liegt bei 65 Millionen. Dieses Bevölkerungswachstum ist typisch für Afrika südlich der Sahara. Kenia liegt auf dem Äquator; es hat nur zwei große Flüsse. Trockengebiete mit halbwüstenartigen Bedingungen bedecken zwei Drittel des Landes und konzentrieren sich in der nördlichen Hälfte. Diese gehören zu sogenannten “Rangelands”, die wiederum 85 % der Gesamtfläche des Landes bedecken. Nationalparks und andere geschützte Gebiete machen ca. 11 % der Gesamtfläche aus. Geschützte Gebiete gehören der Regierung oder anderen öffentlichen Körperschaften und unterliegen damit dem Gesetz. Die nicht geschützten Gebiete unterscheiden sich von ihnen dadurch, dass der Schutz durch andere Maßnahmen gewährleistet werden muss, wie z. B. durch finanzielle Anreize. In der Praxis sind solche Maßnahmen häufig effektiver. Obwohl Kenia unter schweren politischen Krisen (wie der im Jahr 2008) litt, hat das Land eine demokratisch gewählte Regierung und damit eine bessere und stabilere Regierungssituation als die meisten anderen afrikanischen Länder südlich der Sahara. Die aufstrebende Wirtschaft hat ausländische Investoren angezogen, obwohl Bergbau und Mineralien in Kenia eine viel kleinere und landwirtschaftliche Exportprodukte eine größere Rolle spielen als in vielen anderen afrikanischen Ländern.

Tourismus und Natur

Kenia ist sowohl seiner Tierwelt als auch seiner Strände wegen ein beliebtes Tourismusziel. Die Hauptstadt Nairobi ist eine Großstadt mit Flughafen-Drehkreuz. Kenia ist für seine

Nationalparks und Reservate berühmt, besonders Tsavos, Masai-Mara und Amboseli, sowie für Mount Kenya, die Aberdares und den Lake Naivasha, mit vielen naturbegeisterten Touristen als regelmäßige Besucher. Kenia sollte also in einer besseren Position als die meisten anderen tropischen Länder sein, wenn es darum geht, die einheimische Natur und Tierwelt zu schützen.

Nationale Naturschutz-Politik

Der Kenya Wildlife Service (KWS) ist mit der Entwicklung und Realisierung der Naturschutzpolitik beauftragt. Es gibt 23 Nationalparks, 10 Nationalreservate und 4 weitere geschützte Gebiete; alle zusammengenommen machen insgesamt 11 % der Gesamtfläche Kenias aus. Ein Großteil von ihnen befindet sich in öffentlicher Hand; daneben gibt es einige kleine Privatreservate.

Der KWS wurde 1990 gegründet und befasst sich mit der Artenvielfalt des Landes und dem Schutz der Pflanzen- und Tierwelt. Er ist für die Nationalparks und Reservate zuständig. Zudem beteiligt er sich an der Bildung und Ausbildung sowie an Veterinärdiensten in Unterstützung seiner Aufgaben und Ziele. In den vergangenen Jahren wurden mehrere Workshops abgehalten mit dem Ziel, nationale Strategien für besonders wichtige Tierarten zu entwickeln. Viel sorgfältige und gute Arbeit wurde und wird hier geleistet. Dennoch leidet der KWS unter unzureichender Finanzierung und anderen institutionellen Schwächen.

Die Vision des KWS für das Jahr 2030 ist es, 2 500 Nashörner, 5 000 Löwen und eine "optimale" Anzahl Elefanten in Kenia zu beherbergen. Dies wird angesichts der gegenwärtigen Zahlen und der zunehmenden Bedrohung allerdings ein optimistisches Ziel bleiben.

Entwicklungen in der Natur und Tierwelt

Man schätzt, dass 70 % von Kenias Natur und Tierwelt in den letzten 30 Jahren zerstört worden sind und wahrscheinlich bis zu 90 % in den letzten 50 Jahren. In ihrer vor 10 Jah-

Kenia

ren publizierten Studie schätzten Western, Russell und Cuthill, dass die Tierpopulationen in einer Zeitspanne von 20 Jahren bis 1997 um 58 % im Mara-Nationalreservat, um 63 % im Tsavo-Nationalpark und um 78 % im Meru-Nationalpark zurückgegangen seien.[1] Ein extremes Beispiel ist die Dezimierung und fast komplette Ausrottung der Spitzmaulnashörner im Tsavo, dem größten Nationalpark in Kenia, von mehr als 12 000 Tieren im Jahr 1960 bis zu weniger als 100 nur 50 Jahre später. Alle wichtigen Tierarten, wie Elefanten, Giraffen, Löwen, Zebras und Bongos sind in dieser Zeit stark dezimiert worden.
In derselben Zeit hat Kenia viel Waldfläche verloren und die Versteppung hat zugenommen.

[1] The Status of Wildlife in Protected Areas Compared to Non- Protected Areas of Kenya, David Western, Samantha Russell, Innes Cuthill - Plus One July 2009, Vol. 4 Issue 7 e6140.

Beispiele für die aktuellen Entwicklungen wichtiger Tierarten in Kenia sind:

Elefanten: Kenia hat eine der größten Elefantenpopulationen und dieser Tierart wurde besondere Aufmerksamkeit gewidmet. 1973 wurde die Elefantenpopulation in Kenia auf 167 000 Tiere geschätzt. Unkontrollierte Wilderei dezimierte die Anzahl auf möglicherweise unterschätzte 16 000 im Jahr 1989. Dieser tragische Rückgang gab den Anstoß für die Gründung des Kenya Wildlife Service im selben Jahr. 1999 war die geschätzte Elefantenpopulation auf 27 000[2] angewachsen und blieb in den letzten Jahren bei ungefähr 30 000, von denen zwei Drittel im Tsavo- und im Laikipea/Samburu-Gebiet leben. Die Tiere sind weiterhin durch Wilderei, vor allem nördlich von Somalia, und durch extreme Dürreperioden bedroht. Dennoch: Dies ist eine relativ aktuelle Erfolgsgeschichte!

Nashörner: Die Hauptpopulation des ostafrikanischen Spitzmaulnashorns ist heute in Kenia beheimatet. Die Anzahl der Tiere wurde von ca. 15 000 im Jahr 1970 auf nur 430 im Jahr 2001[3] dezimiert. In den letzten Jahren sind die Zahlen jedoch wieder auf ca. 600 im Jahr 2008 gestiegen, wegen der starken Wilderei aber immer noch besorgniserregend; die verbleibenden kleinen Populationen bedürfen ständiger Bewachung.

Große Raubtiere: Die zunehmende Anzahl von Nutztierhaltern betrachtet Löwen und Leoparden als Feinde, die man töten muss; besonders in Dürreperioden jagen diese großen Raubtiere das Nutzvieh, was zu großen Konflikten zwischen Mensch und Wildtier führt. Man bemühte sich, diese Probleme zu bewältigen, aber die Maßnahmen sind lückenhaft. Heute gibt es nur noch drei verbleibende lebensfähige Löwenpopulationen in Kenia, und zwar im Maasai Mara, Tsavo und Laikipia; außerhalb der Nationalparks könnten die Löwen innerhalb weniger Jahre ausgerottet sein. Der KWS entwickelt nationale Strategien für Kenias sechs große Raubtiere: Löwen, Geparden, Leoparden, Tüpfelhyänen, Streifenhyänen und den afrikanischen Wildhund. In den letzten Jahren sind die Populationen dieser Arten dramatisch zurückgegangen.

Ein Workshop des KWS zu Löwen und Tüpfelhyänen kam zu folgendem Ergebnis:

- Die Löwenpopulation wurde auf 2 010 im Jahr 2008 geschätzt (nachdem sie 2004 bei 2 280 lag) und liegt heute unter 2 000. Die Gesamtzahlen sind gleichmäßig auf geschützte und nicht geschützte Gebiete verteilt.
- Die Population der Tüpfelhyäne ist viel weniger bekannt. 1998 ging man von 2 000 – 4 000 Tieren aus (Mills und Hofer). Seither hat eine starke Dezimierung stattgefunden, vor allem in den nicht geschützten Gebieten. In den geschützten zählte man im Jahr 2008 785 Tiere.

- Löwen und Tüpfelhyänen stellen einen wichtigen Bestandteil von Kenias Ökosystem dar. Sie sind zudem wichtig für die Tourismusindustrie. Ihre Präsenz in einem Gebiet wird als Hinweis auf die Unversehrtheit des ökologischen Gleichgewichts betrachtet. (KWS Workshop 2010)

Giraffen: Kenia ist das einzige Land, in dem drei Giraffenarten anzutreffen sind: die Massai-Giraffe, die Netzgiraffe und die Rothschildgiraffe. In Kenias Giraffenpopulation gab es, wie in anderen afrikanischen Ländern, einen dramatischen Rückgang: Die Gesamtpopulation in Afrika sank in den letzten 10 Jahren um 30 %.

Die Rothschildgiraffe ist von den 9 bekannten Unterarten die zweitgefährdetste mit weniger als 650 wild lebenden Tieren, von denen 60 % in Kenias Naturschutzgebieten leben; nur im Ruma-Nationalpark gibt es mehr als 100 Tiere. Die meisten Populationen leben isoliert und vermehren sich nicht untereinander.

Netzgiraffen kommen in Nordkenia häufig vor. Die Populationsdaten sind nicht komplett, werden aber auf 3 000 – 5 000 geschätzt – im Vergleich dazu ging eine Schätzung nur zehn Jahre zuvor von 28 000 Tieren aus. Der Massai-Giraffe, die im südlichen Kenia lebt, geht es relativ gesehen besser, doch auch hier gab es einen Rückgang, die Zahlen werden zurzeit geschätzt.

Der vom KWS organisierte Workshop entwickelt zurzeit die Basis für eine nationale Strategie.

Antilopen: Die größte Antilopenart Kenias ist der Bongo, der in Waldgebieten lebt und früher recht verbreitet war. Vor 30 – 40 Jahren schätzte man die Population in Kenia auf mehr als 1 000; heute liegt die Zahl bei nur ca. 100[4], die sich hauptsächlich in der Aberdares-Region (Lyndon Estes) aufhalten. Der Bongo mag ein extremes, wenn auch sehr wichtiges Beispiel sein; andere große Antilopenarten sind um mindestens 70 % während der letzten 30 – 40 Jahre in Kenia zurückgegangen.

[2] Daten aus The Status of Kenya's Elephants 1990-2002, C. Thouless, P. Omondi, P. Kahumbu and I. Douglas Hamilton
[3] Daten des Rhino Resource Center von Dr. Kees Rookmaker
[4] Dr. Lyndon Estes, Bongo-Experte

Gefahren für Natur und Tierwelt

Wie schon erwähnt, ist der wichtigste Faktor der dramatische Anstieg der menschlichen Bevölkerung, zusätzlich erhöht durch die Einwanderung aus Nachbarländern, vor allem Somalia. Die große Mehrheit der Bevölkerung bleibt sehr arm und von der Subsistenzwirtschaft abhängig. Der zweite Schlüsselfaktor ist die in Kenia fast überall herrschende Wasserknappheit; schwere Dürreperioden verschlimmerten die Situation in den letzten Jahren noch weiter.

Gründe für die Abnahme der Wildtier-Population:

- Abholzung,
- Handel mit Bushmeat,
- Wilderei,
- Eindringen von Rindern und anderen landwirtschaftlichen Nutztieren in Nationalparks und Reservate,
- Trinkwassergewinnung (z. B. Lake Naivasha),
- Verschmutzung durch Bergbau,
- Gemüse- und Blumenproduktion für den Export,

- wirtschaftliche Großprojekten (z. B. Qatari Zuckerrohr-Projekt im Tana-Flussdelta),
- unkontrollierter Gebrauch toxischer Pestizide (z. B. Carbofuran, das in Furadan enthalten ist),
- großer Anstieg des Weltpreises für Rhinozeros-Horn und Elfenbein,
- große Zuwanderung chinesischer Arbeitskräfte in Afrika (von 72 000 im Jahr 2001 bis zu 500 000 im Jahr 2006), die zur weiteren Zunahme der Wilderei von Elefanten und Nashörnern führt,
- Erderwärmung und Klimawandel, die zu anhaltenden Dürreperioden führen (z. B. im Amboseli-Nationalpark 2009 – 10).

Wichtigste Herausforderung zur Vernichtung des Bushmeat-Handels

Die East African Wildlife Society berichtete in ihrer vierteljährlich erscheinenden Zeitschrift "SWARA" Ende 2008, dass die Hauptprobleme folgendermaßen zusammengefasst werden können:

- Bushmeat ist billiger als Rindfleisch und damit eine billigere Proteinquelle für die arme Stadt- und Landbevölkerung. 2008 war ein Spitzenjahr für die weltweiten Nahrungsmittelpreise, aber 2011 begann mit noch höheren Preisen. Dies bleibt die größte konkrete Bedrohung für viele Säugetiere.
- Zunehmende Armut und landlose Bauern in den Gesellschaften, die nahe an Gebieten mit reicher Tierwelt leben.
- Zunehmende Vorfälle von Mensch-Wildtier-Konflikten und mangelnde Kompensation.
- Unzulängliche Umweltschutzgesetze, die nicht von Bushmeat-Wilderei abhalten.
- Wenig Kenntnis der Umweltschutzgesetze führt zu Verstößen, die als Ordnungswidrigkeiten kategorisiert werden.
- Ein schwacher Gesetzesvollzug ermöglicht es den Kartellen, Erfolg zu haben.
- Die Polizei verfolgt anstatt der Naturschutzbehörden Verbrechen im Natur- und Tierschutz.
- Wilddiebe werden bei Naturschutzverbrechen als Erststraftäter behandelt; die meisten von ihnen können die kleinen Geldbußen bezahlen und machen weiterhin schnelles Geld mit illegalem Handel.
- Der KWS hat Gesellschaften und private Landbesitzer außerhalb der geschützten Gebiete vernachlässigt, was zu Ressentiment und Ablehnung führt.

Es ist jetzt normal, Bushmeat in den Dörfern und Siedlungen zu finden, die an den Tsavo-Nationalpark und andere geschützte Gebiete angrenzen.

Weitere negative Faktoren

Weitere negative Faktoren für den Natur- und Artenschutz in Kenia:

- Konzessionserteilung für kommerzielle landwirtschaftliche Expansion und Exploration und Abbau der Rohstoffe,

- Trinkwassergewinnung und Umweltverschmutzung,
- Legale und illegale Eingriffe in Nationalparks und Reservate, u. a. die Verkleinerung von Gebieten,
- Unfähigkeit, finanziell mit Wilderern in Konkurrenz zu treten, die dazu in der Lage sind, Geldstrafen zu bezahlen und Ranger und andere Beamte zu bestechen – besonders im Zusammenhang mit Elefanten und Nashörnern,
- Kenia hat zumindest zurzeit den Nachteil, an Somalia zu grenzen, von woher viele der Wildererbanden kommen. Der Übertragungskanal für illegales Elfenbein und Rhinozeros-Horn ist ebenfalls ein großes Problem für die Kontrolle der Wilderei.

Kenias Natur- und Artenschutz-Politik – Idealisten gegen Pragmatiker

In einer idealen Welt würden viele von uns – mich selbst eingeschlossen – die Natur und Tierwelt komplett geschützt sehen, in der die Trophäenjagd verboten und andere Formen der Ausbeutung der Tierwelt illegal seien.

In der realen Welt mag dies jedoch nicht nur unmöglich umzusetzen und zu kontrollieren sein, sondern auch nicht den realistischen Interessen des Artenschutzes entsprechen. Unser Artenschutz-Auftrag muss sich auf den maximalen Artenschutz in der Praxis fokussieren.

Seit 1977 hat Kenia die Ausbeutung von Wildtieren mit einigen kleinen Ausnahmen verboten. Trotz dieser scheinbaren Pro-Naturschutz-Politik ging die kenianische Tierwelt seit 1977 um 70 % zurück und wird weiterhin um mindestens 3 % jährlich zurückgehen. Die große Mehrheit (ca. 70 %) der Tierpopulationen lebt noch in den Weidegebieten außerhalb der formal geschützten Gebiete; hier in diesen Weidegebieten gibt es einen Kampf zwischen den Naturschutz-Idealisten und den Pragmatikern, der von NGO zumeist außerhalb Kenias geführt wird. Es gibt, was wenig überrascht, eine stark finanzielle Dimension, die den Verlust der Tierwelt in den Weidegebieten betrifft. Reduktionen des Tierbestands sind geringer, wo zahlende Touristen sind, wo es eine transparente Aufteilung der Einnahmen zwischen den geschützten Gebieten und dem angrenzenden Umfeld gibt, und die Tierbestände wachsen sogar, wenn Landbesitzer ihre eigenen Tourismusunternehmen führen, anstatt sich auf auswärtige Reisevermittler oder Reiseveranstalter zu verlassen.

Häufig gehen 90 – 95 % der Tourismuseinnahmen an Dienstleistungsanbieter zulasten der einheimischen Bevölkerung in den betreffenden Naturschutzgebieten. Es ist kaum verwunderlich, dass sich die finanziellen Erträge, die sich mit Wildtieren erwirtschaften lassen, kaum mit denen der Landwirtschaft vergleichen lassen.

Von den 500 000 km^2 Weideland werden nur 5 % für Foto-Tourismus genutzt. Durch das Verbot der Ausbeutung von Wildtieren ist der Anreiz klein, den landwirtschaftlichen Gebrauch solchen Landes zu vermeiden und die Wildtiere zu beseitigen, die den landwirtschaftlichen Profit um 50 % schmälern können.

Diese Probleme waren und sind ein viel diskutiertes Thema in Kenia, besonders seit 2004, als die Regierung ein unabhängiges Team einsetzte, die National Taskforce on Wildlife Policy, die im Jahr 2007 einen Entwurf zur Wildlife (Conservation and Management) Policy vorlegte. Die-

ser empfahl eine grundsätzliche Änderung des Verbots von 1977 und erkannte die Notwendigkeit eines Anreizes für die Landbesitzer, im Artenschutzbereich zu wirtschaften und zu investieren. Dies würde die Ausbeutung von Wildtieren unter strengen Kontrollen wieder einführen. An diesem Punkt haben sich die internationalen NGO, darunter der International Fund for Animal Welfare (IFAW), ActionAid und Humane Society aus den USA, die jede Ausbeutung von Wildtieren – v. a. vermögender Sport-Jäger - ablehnen, intensiv beim Präsidenten und der Regierung dafür eingesetzt, den Entwurf zur Wildlife (Conservation and Management) Policy nicht weiter fortzuführen. Sie hatten damit Erfolg und die National Taskforce wurde ersetzt durch eine andere, die den Sichtweisen dieser NGO wohlgesonnen war. Die letzten 10 Jahre haben den wachsenden Einfluss dieser NGO miterlebt.
Viele Natur- und Artenschützer ziehen heute in Betracht, dass nur die Wiedereinführung einer beschränkten Ausbeutung von Wildtieren dem verhängnisvoll zunehmenden Verlust von Kenias Wildtieren entgegenwirken kann.[5]

Europas Zoos and In-situ-Artenschutz in Kenia

Mehrere Zoos sind in Kenia an Projekten beteiligt. Beispiele sind das Grévyzebra, das Spitzmaul- und Breitmaulnashorn und die Rothschildgiraffe. Wiederansiedlungen von verschiedenen Arten, wie dem Spitzmaulnashorn, sind durchaus erfolgreich, vorausgesetzt, es gibt genügend Ranger. Dies ist in privaten Naturschutzgebieten besser realisierbar, die häufig eingezäunt sind, und in denen Park Ranger regelmäßig patrouillieren. Die Unterstützung der Zoos geschieht in Form von Finanzhilfen, Forschungsprojekten, Wiederansiedlungen von Tierarten und professionellen europäischen Mitarbeitern, die die vielen gut ausgebildeten und begeisterten Kenianer, die hart für den einheimischen Artenschutz arbeiten, unterstützen.
Viele Zoos haben ihre Informationen für die erwachsenen Besucher stark optimiert, indem sie die Bedrohung der Natur und Tierwelt, wie sie in Kenia stattfindet, darstellen und deutlich zeigen, was der einzelne europäische Konsument tun kann und sollte, um die Artenschutz-Bemühungen durch ein sorgfältiges und selektives Einkaufsverhalten zu unterstützen.

Fazit

Es scheint zu viele nationale und internationale NGO zu geben, die in Kenias Natur- und Artenschutz involviert sind; die Regierungsorganisationen können offenbar nicht die Bemühungen all dieser wohlmeinenden Gruppen und Personen koordinieren.
Dies wurde durchaus von den Organisationen erkannt, und man bemüht sich, dieses Problem zu bewältigen, nicht zuletzt wegen der zunehmenden Besorgnis über die Trinkwasserversorgung, die zunehmend in den Mittelpunkt der Naturschutzprobleme gerückt ist.
Der letztliche Erfolg der wichtigen und verdienstvollen Bemühungen des KWS hängt von Entscheidungen der Regierung und der Politiker ab, die sich, wie in so vielen afrikanischen Ländern, von Zeit zu Zeit schnell ändern können. Im Hinblick auf das erbarmungslose Bevölkerungswachstum wird dies eine große Herausforderung und ein harter Kampf werden.

[5] Ich bin den akademischen Schriften und der Website von Dr. Mike Norton-Griffiths für die wirtschaftlichen Daten und Informationen dieses Abschnitts zu Dank verpflichtet.

KAPITEL 8

Im Blickpunkt: Elefanten

Nach meinen Besuchen der 80 ausgewählten Zoos und der Auswertung der Fragebögen ist eindeutig der Elefant das bei den Zoobesuchern beliebteste Säugetier. Er hat im Zoo eine ganz besondere Stellung. Zoodirektoren sind persönlich involviert, wenn es um die Elefanten geht, Kuratoren und Tierpfleger betrachten die Elefantenhaltung als die angesehendste Position, die mehr Ausbildung erfordert als für jedes andere Tier im Zoo.

Die charismatische Tierart begeistert Besucher aller Altersgruppen. Kinder sind fasziniert von der Größe der Elefanten, ihrem bemerkenswert beweglichen Rüssel, dessen sinnvoller Einsatz für junge Elefanten einige Übung erfordert. Sie müssen den Gebrauch seiner 40 000 Muskeln von älteren Herdenmitgliedern lernen. Die soziale Dimension einer Elefantenherde appelliert an unsere eigenen Fürsorge- und sozialen Instinkte: Die gesamte Elefantengruppe ist an der Aufzucht von Kälbern beteiligt; sie zeigt Loyalität und soziale Achtsamkeit. "Ein Elefant vergisst nie" ist eine oft zitierte Redensart. Die Leitkühe erinnern sich an Wasser- und Futterstellen und bemerken sogar in einer 80-köpfigen Herde ein fehlendes Mitglied. Asiatische Elefanten sind bekannt für ihre Bereitschaft, von Menschen ausgebildet zu werden und mit ihnen zu arbeiten. Diese intelligenten Tiere sprechen besonders gut auf Beschäftigungsmaßnahmen an und faszinieren uns mit ihrer Fähigkeit, sich mit einer überraschenden Präzision und Vorsicht zu bewegen, mit ihrer Kommunikationsfähigkeit sowohl gegenüber ihrer Herde als auch mit den Tierpflegern.

So überrascht es wenig, dass riesige Summen in neue und verbesserte Elefanten-Innen- und -Außengehege investiert wurden; keine andere Tierart erhält so viel Geld und Aufmerksamkeit wie die Elefanten. Die Verbesserungen seit dem Jahr 2000 resultieren aus der europäischen und nationalen Gesetzgebung und/oder Richtlinien sowie dem Druck von Tierrechts- und Tierschutzorganisationen.

Basel

Im Blickpunkt: Elefanten

Ein paar grundlegende Fakten

• Zoos aus meiner Studie, die im Jahr 2010 Elefanten halten:	Zoos der Gruppe A: 26 von 30
	Zoos der Gruppe B: 35 von 50
• Der Elefant als beliebtestes Säugetier im Zoo:	31 von 61 Zoos
• Der Elefant als eines der 5 beliebtesten Säugetiere im Zoo:	58 von 61 Zoos
• Anzahl Afrikanischer Elefanten in den Umfragezoos:	107 in 28 Zoos
• Anzahl Asiatischer Elefanten in den Umfragezoos:	223 in 40 Zoos
• durchschnittliche Anzahl von Elefanten in Zoos:	zwischen 5 und 6
• höchste Einzelinvestition in neue Anlage:	37 Mio. EUR (Kopenhagen)
• Investition in neue Anlagen 2000 – 2010:	mehr als 150 Mio. EUR
• Investitionspläne 2011 – 2015:	mehr als 100 Mio. EUR
• Zoos mit 10 oder mehr Elefanten im Jahr 2010:	Tierpark Berlin, Chester, Emmen, Hamburg, Hannover, Köln.

Große neue Elefantenhäuser sind in den Jahren 2005 - 2010 in Amersfoort, Kopenhagen, Dublin, Hamburg, Heidelberg, Köln und Leipzig erbaut und eröffnet worden. Der Zoo Posen, der nicht in meiner Studie berücksichtigt ist, hat ebenfalls ein großes neues Elefantenhaus eröffnet.
Meine Schätzung zukünftiger Investitionen in neue Elefantenanlagen für die Jahre 2016 - 2020 liegt bei mindestens 100 Mio. für die gegenwärtig bekannten Projekte. Zu den bisherigen 61 Zoos mit Elefanten gesellen sich dann Nürnberg, Planckendael und Riga.

Mindeststandards

Die EU-Richtlinie 1999/22/EC vom 29. 03. 1999 über die Haltung von Wildtieren in Zoos erwartet von den Mitgliedsstaaten bezüglich der Tierhaltung in Zoos verschiedene wichtige Maßnahmen, u.a. die folgende: "Sie halten ihre Tiere unter Bedingungen, mit denen den biologischen und den Erhaltungsbedürfnissen der jeweiligen Art Rechnung getragen werden soll, wozu unter anderem eine artgerechte Ausgestaltung der Gehege gehört, und sie sorgen mit einem gut durchdachten Programm der tiermedizinischen Vorbeugung und Behandlung sowie der Ernährung dafür, daß die Tierhaltung stets hohen Anforderungen genügt."
Diese Richtlinie wurde in der nationalen und in manchen Ländern in der regionalen Gesetzgebung verankert, was einen Handlungsbedarf aller zugelassenen Zoos innerhalb unterschiedlicher Zeitrahmen erfordert. Dies ist die Antriebskraft für die massiven Investitionen der letzten Jahre und spiegelt die zunehmend öffentliche Relevanz der Tierhaltung.

Die Umsetzung der EU-Richtlinie in den nationalen Gesetzgebungen variiert stark innerhalb der EU-Mitgliedstaaten - sowohl im Detail als auch in ihren Fristen für die Einhaltung. In Deutschland z. B. wurde die "Haltungsrichtlinie für Elefanten" unter der Verordnung (EG) 338/97 am 24. 10. 2000 verabschiedet. Sie enthält detaillierte Angaben zu Mindestgrößen von Innen- und Außengehegen für männliche und weibliche Elefanten, Badebecken, Ernährung und Fütterung, klimatische Bedingungen, Gruppengröße und -strukturen.
Diese Mindeststandards, die jetzt in den meisten großen Zoos übererfüllt sind, werden zurzeit als Antwort auf die neueren Erfahrungen in der Elefantenhaltung und auf Druck von Tierschutz- und Tierrechtsorganisationen nach oben korrigiert.

Elefantenhaltung

Ebenso wichtig wie die Investition in größere und bessere Elefantenhäuser und Außengehege ist der Blick auf die Elefantenhaltung. Sie erfordert eine angemessene Ausbildung der Pfleger sowie die Einbindung von auf Elefanten spezialisierten Beratern. Ausgehend von der EU-Richtlinie hat dies durch die beiden EEP (Afrikanische und Asiatische Elefanten) zu einer sehr engen Zusammenarbeit zwischen denjenigen EAZA-Mitgliedern, die Elefanten halten, und zu einer zunehmend spezialisierten Elefantenhaltung und Tierpflegeausbildung geführt.
Die beiden Elefanten-EEP – Afrikanische und Asiatische Elefanten – organisieren in unterschiedlichen europäischen Zoos seit einigen Jahren Workshops zur Elefantenhaltung. Die künstliche Befruchtung von Elefanten, vor allem Afrikanischer, ist das Thema spezieller Programme; der Wiener Zoo war einer der Vorreiter und im Zooparc Beauval ist eine Samenbank eingerichtet worden.

Dresden

Die jährlich stattfindende 9-tägige First European Elephant Management School begann im Jahr 2003 im Hamburger Tierpark Hagenbeck. Dieser Lehrgang, der von Tierpflegern vieler europäischer und amerikanischer Zoos, die Elefanten halten, besucht wird, lädt Dozenten aus aller Welt zu Themenbereichen wie Populationsgenetik, Sozialstruktur und Herdendynamik, Gesundheits- und Pflegefragen, Zucht und Geburt, Transport, Gehegedesign, Beschäftigungsmaßnahmen und Hands-on- contra Protected-Contact-Haltung ein. Außerdem werden In-situ- und Ex-situ-Probleme erörtert und mit Fachleuten aus den Herkunftsgebieten diskutiert. Praktische Seminare in Hagenbecks Elefantenhaus gehören ebenfalls dazu ...
Der neue, kürzere "Executive Elephant Management and Facility Design Course" in Hamburg behandelt Gehegedesign zum Wohl der Tiere und Besucher, Tierhaltung und Mitarbeiterschulung, Werbewirkung, Freizeitarchitektur und Masterplanung, Machbarkeitsstudien und Konzeptentwicklung, Philosophieentwicklung für ein erfolgreiches Elefantenhaltungsprogramm und In-situ- und Ex-situ-Themen.
In dieser Branche sind auch Berater aktiv, die europäische Zoos in der Elefantenhaltung unterstützen. Alan Roocroft ist einer dieser Berater. Er hat große Zoos in Europa und den USA beraten und ist Autor vieler Artikel und Abhandlungen über die Elefantenhaltung in Zoos. Sein Rat basiert auf einer neuen Denkweise, die Zoo-Elefanten ein besseres und längeres Leben ermöglichen soll und einige traditionelle Methoden verwirft, die nur darauf abzielten, Zoodirektoren und Tierpflegern das Leben zu erleichtern! Alan Roocroft empfiehlt für den Innenbereich natürliche Substrate, normalerweise metertiefen Sandboden, 24-Stunden-Fütterungsstrategien, den Einsatz von Elementen, die zu natürlichen Körperbewegungen wie Knien, Strecken und Klettern animieren und die optimale Gestaltung des Innenraums unter Vermeidung langweiliger Sichtbetonflächen. Außengehege, betont er, sollten so gestaltet sein, dass sie variiert werden können und zu einer 24-Stunden-Aktivität anregen.
Die Versorgung mit Bademöglichkeiten und ein feuchtes Klima sind sehr wichtig für Asiatische Elefanten; Schlammflächen werden sowohl für Asiatische als auch für Afrikanische Elefanten empfohlen. Die Frage der Hands-on- oder Protected-Contact-Haltung ist nach wie vor die individuelle Entscheidung des Zoodirektors und seiner Tierpfleger, die den Charakter ihrer Elefanten kennen - obwohl die Tendenz zunehmend und nicht zuletzt aufgrund von Gesundheits- und Sicherheitsproblemen und der absoluten Notwendigkeit, Unfallrisiken zu vermeiden, in Richtung des Protected Contact geht.
Die Gemeinschaftshaltung von Tierarten ist bei den Zoobesuchern sehr beliebt und bietet eine gute Beschäftigung für die Tiere. Mit einer Ausnahme - im Borås Djurpark in Schweden - sind Elefanten in Europa bislang selten in Gemeinschaftshaltung mit anderen Säugetieren und Vögeln anzutreffen. Ein großer US-Zoo experimentiert derzeit mit der Vergesellschaftung Afrikanischer Elefanten mit Giraffen, Zebras, Straußen und Impalas, was zu ähnlichen Experimenten in Europa führen könnte.

Bildung und Natur- und Artenschutz

Zusätzlich zu den vielen positiven Entwicklungen in Elefantenanlagen und -haltung hat eine zunehmende Ausrichtung auf Bildung und In-Situ-Artenschutzprogramme stattgefunden. Bedeutende neue Elefantenhäuser, wie im Kopenhagener Zoo, integrieren erhebliche Bildungsaktivitäten und Besucherinformationen. Die großen Zoos fördern gezielt In-situ-Elefantenprogramme in direktem Zusammenhang mit den aktuell im Zoo lebenden Elefanten.

Kopenhagen

Die besondere Rolle im Zoo

Obwohl Elefantenritte für Kinder der Vergangenheit angehören, belegt diese Tierart einen ganz besonderen Platz im Zoo. Elefanten haben ausnahmslos Namen, die den Besuchern mitgeteilt werden, ihre Geburtstage und Geburtsorte und andere persönliche Details sind auf der Beschilderung vermerkt; nur wenige Tierarten werden so behandelt. In verschiedenen Zoos können die Besucher unter Aufsicht der Tierpfleger die Elefanten füttern, wie in Colchester und Münster. Auch in Hamburg ist die Elefantenfütterung eine besondere Attraktion für die Besucher; sie bietet auch Unterhaltung für die Elefanten.
Im Zoo Kopenhagen ist die Abstammung der (königlichen) Elefanten sehr ausführlich dokumentiert, mit allen Umsiedlungen von und Beziehungen zu anderen Zoos - Chester, Rotterdam, Twycross, Plock und anderen. Bestimmte Zoos, wie Ljubljana and Rostock, haben alleinlebende alte Elefanten, die in ihren Zoos das Sagen haben. In Ljubljana legt ein 44 Jahre alter Asiatischer Elefant, der die Gesellschaft anderer Elefanten verweigert, großen Wert darauf, nur männliche Pfleger zu haben, und duldet in den Nachbargehegen bestimmte Säugetier- und Vogelarten nicht! Es gibt viele andere Beispiele für die speziellen persönlichen Vorlieben und Abneigungen von Elefanten in unseren Zoos.

Fazit

Elefanten sind von großer Bedeutung für unsere zoologischen Gärten; von den Zoos der Gruppe A halten nur Frankfurt, Gelsenkirchen und London keine Elefanten. In Nürnberg denkt man darüber nach, zur Elefantenhaltung zurückzukehren. Elefanten sind mit Abstand die bei den Besuchern beliebtesten Tiere. Während der vergangenen 10 Jahre hat ein großer Fortschritt in der Verbesserung der Anlagen und der Elefantenhaltung stattgefunden; mindestens ebenso viel ist in den nächsten zehn Jahren zu erwarten.

Diese Entwicklung ist die Reaktion der Zoos auf diejenigen, die behaupten, dass Elefanten (und andere große Säugetiere) nicht im Zoo gehalten werden sollten. Angesichts wirklich guter Innen- und Außengehege und angesichts einer vorbildlichen Elefantenhaltung gibt es keinen Grund, warum das Leben der gut gehaltenen und bewunderten Zoo-Elefanten nicht das Beste für diese wunderbaren Tiere sein sollte.

Twycross

Kapitel 9

Finanzierungs- und Marketingstrategie

Alle Zoos, die an meiner Studie teilgenommen haben, planen, in die Verbesserung ihrer Anlagen und Ausstattung zu investieren sowie ihre Programme in den Bereichen Zoopädagogik und Natur- und Artenschutz auszuweiten.

Die Finanzierung, ob aus öffentlichen oder privaten Quellen, ist ein zentrales Problem. Die gegenwärtige Finanzkrise, ausgelöst durch Bankenspekulation im Jahr 2008, hatte Auswirkungen auf alle großen zoologischen Gärten und hat ihre Schwierigkeiten, Projekte zu finanzieren, erhöht. Folglich werden Bedeutung und Effektivität der Werbe- und Marketingaktivitäten in den Zoos verstärkt unter die Lupe genommen.

Die Mehrheit der Zoos aus meiner Studie wird von einem Zoodirektor mit einer entsprechenden zoologischen Ausbildung und Erfahrung geführt; eine Minderheit hat einen Geschäftsführer mit einem kaufmännischen oder finanztechnischen Hintergrund. Einige Zoos werden von kaufmännischen Direktoren geführt, die mit den traditionell qualifizierten Zoodirektoren zusammenarbeiten. Jede Organisationsform eines Zoos wird vom jeweiligen Zoodirektor/Geschäftsführer abhängen und das aktuell beteiligte Personal und die verfügbare Finanzierung für Führungspositionen widerspiegeln.

Viele der Zoos haben in den letzten Jahren einen beträchtlichen Fortschritt durch EU-Hilfen gemacht, die häufig Kofinanzierungsmittel von den Zoos erfordern. Mehr Sponsoren und Spender haben wachsende Investitionen in den Zoos ermöglicht und es ihnen erlaubt ihre 5- bis 10-Jahres-Pläne zu erhöhen.

Die Kapitalbeschaffung deckt viele Aspekte erfolgswirksamer verfügbarer finanzieller Ressourcen ab, darunter zusätzliche Erträge von den Eintrittskarten bis zur Gastronomie, Merchandising, Sponsoren, Spender, Tierpaten, Zoofördermitgliedschaften und interne Kostensenkungen.

Gelsenkirchen

Beispiel: Zoo Osnabrück

Dieser Zoo, dessen Besucherzahlen von 400 000 in den Jahren 1996 – 1998 auf 850 000 im Jahr 2009 stetig angestiegen sind und bald die Millionengrenze erreicht haben dürften, hat systematisch über die letzten 10 Jahre hinweg eine Geschäftsstrategie entwickelt, um einen steigenden Investitionsbetrag für eine neue und bessere Ausstattung zu finanzieren, was u. a. eine Ausdehnung des Zoogeländes bedeutete. Bis 1999 waren die Besucherzahlen unverändert und die Kapitalbeschaffung minimal; der Zoo war mit steigenden Kosten und rückläufigen städtischen Zuschüssen und Anlagefonds konfrontiert. Maßnahmen wurden ergriffen, die auf strategischer Analyse basierten und Entscheidungen zu Marketing, Sponsoring, Gastronomie, Energieverbrauch und interner Finanzkontrolle zur Folge hatten, und vom Geschäftsführer

Zu Beginn lagen die Prioritäten beim kommerziellen Sponsoring. Die relevanten lokalen Informationen wurden gesammelt und analysiert:

- Warum spenden Unternehmen für lokale kulturelle Organisationen? Ist es wegen des öffentlichen Images, aus Kundenorientiertheit, zur Mitarbeitermotivation oder einfach deshalb, weil der Chef oder Geschäftsführer ein besonderes Interesse an einer bestimmten Organisation hat?
- Wo gibt es solche Sponsoren? Sind sie lokal, regional, national oder international?
- Welche Art Unternehmen ist an Sponsoring beteiligt?
- Sind Sponsoren eher Kurzzeit- oder Langzeitsponsoren?

Osnabrück

Andreas Busemann, voll unterstützt von der erfahrenen und hoch angesehenen zoologischen Leiterin Dr. Susanne Klomburg, umgesetzt wurden.
Nachdem lokale und regionale Informationen analysiert und Umfragen durchgeführt worden waren, wurde eine sorgfältig durchdachte und zielorientierte Kampagne gestartet. Dazu gehörten Meetings, Besuche und Einladungen in den Zoo. Der Geschäftsführer und sein Team haben ein Netzwerk aufgebaut, das den Sponsoren durch ihre Unterstützung für den Zoo den größtmöglichen Nutzen bietet; sie halten engen Kontakt zu den Sponsoren. Die Zoogesellschaft Osnabrück e. V. ist ebenfalls intensiv an dieser Arbeit beteiligt. Die Hauptsponsoren kommen aus den Bereichen Lebensmittel, Finanzdienstleistung, Versicherung und der verarbeitenden Industrie.
Das Ergebnis war, dass der Zoo über 7 Millionen Euro und zusätzlich Sachspenden von beträchtlichem Wert von 120 Unternehmen in den letzten 10 Jahren erhielt und zudem ein regelmäßiges Einkommen von jährlich ca. 1 Million für eine neue und verbesserte Ausstattung. Die Namen der Sponsoren sind innerhalb des Zoos gut präsentiert, alle 120 sind auf Giraffenmodellen am Eingangsbereich aufgelistet.
Als weitere Maßnahme wurden professionelle Besucherumfragen durchgeführt und analysiert. Es galt, Prioritäten festzulegen und den Zoo attraktiver für seine bisherigen und neuen Besucher zu gestalten. Das Gesamtbesucherurteil war, wie in anderen Zoos meiner Studie, überaus ermutigend mit 85 % „sehr zufriedenen" und weiteren 14 % „zufriedenen" Besuchern. Die wichtigen Informationen sind jedoch in den Antworten zu vielen Detailfragen enthalten.

Schwächen in folgenden Bereichen wurden aufgedeckt:

- Beschilderung des Rundgangs,
- Gehege und Platz für bestimmte Tierarten,
- die Möglichkeit, bestimmte Tierarten zu sehen,
- zu wenig Licht, um bestimmte Anlagen bzw. die dazugehörige Beschilderung zu sehen,
- schwieriges Gefälle für kleine Kinder,
- Auswahl und/oder Preis der Gastronomie (dies wird natürlich auch in anderen Zoos häufig beklagt),
- Sauberkeit der Toiletten

Im Hinblick auf den Platz, den bestimmte Tierarten zur Verfügung haben, wurden die Investitionsprioritäten entsprechend neu gesetzt: Die Schimpansen sind seit Mitte 2010 im neuen Takamanda untergebracht; die Bären ziehen im Jahr 2011 in die neue Taiga und der Schweinsaffe erhält im selben Jahr ein neues Zuhause. Diese drei Projekte erforderten eine Gesamtinvestition von 14 Millionen Euro, von denen 5 Millionen aus EU-Fonds stammen.
Im Hinblick auf die Gastronomie, die eine wichtige Einnahmequelle für den Zoo darstellen sollte, wurden Untersuchungen mit Stammgästen durchgeführt. Auf die Punkte, die am häufigsten bemängelt wurden, wird besonders geachtet: die Auswahl der Lebensmittel und Getränke,

Geschmack/Qualität, das Preis-Leistungs-Verhältnis, Räumlichkeiten, Sauberkeit, Freundlichkeit der Bedienung, besonders gegenüber Kindern. Die Ergebnisse der Umfragen werden in Verhandlungen mit Subunternehmern aus der Gastronomie und im hausinternen Management eingesetzt.

Eintrittsgelder sind die Haupteinnahmequelle innerhalb des Zoo-Haushalts. Zugleich sind die Besucherzahlen von großer Wichtigkeit für Sponsoren und Verwaltung, wozu auch die Stadtverwaltung zählt, die die letztendliche Entscheidungsbefugnis hat. In Osnabrück sind die Eintrittspreise von den Direktoren mit einer allgemeinen Politik der niedrigen und konkurrenzfähigen Preise festgelegt, um möglichst hohe Besucherzahlen zu erreichen. Besucherumfragen werden durchgeführt, um optimale Eintrittspreise zu ermitteln. In den letzten Jahren wurde deutlich, dass infolge der großen neuen Afrika-Anlagen, wie der Samburu-Savanne mit verschiedenen Tierarten und Takamanda mit einem neuen Tierhaus und Anlagen für Schimpansen, eine wesentlich größere Akzeptanz für Einzel- und Jahreskarten erreicht wurde.

Jahreskarten sind von spezieller Bedeutung, denn sie wirken sich vorteilhaft sowohl auf die Besucherzahlen als auch auf Gastronomie und Merchandising aus. Stadtzoos sind in einer starken Position, den Verkauf ihrer Jahreskarten zu erhöhen, müssen aber schwierige Entscheidungen treffen, was die Relation zwischen Tages- und Jahreskarten angeht. Der Zoo Osnabrück entschied, die Preisrelation langsam anzupassen, um Jahreskarten attraktiver zu machen, indem der Preis für die Jahreskarten bestehen blieb, während der Preis für die Tageskarten langsam angehoben wurde. Der Verkauf von Jahreskarten erhöhte sich kontinuierlich von 1 200 im Jahr 1996 auf 20 000 im Jahr 2009.

Die Marketingstrategie muss unbedingt einen optimalen Nutzen aus sehr begrenzten Mitteln ziehen. Wo immer möglich, werden professionelle Umfragen und Daten analysiert um die Prioritäten bei den Marketing-Ausgaben zu setzen. Dazu gehören:

- Radio und TV: Jedes Ereignis im Zoo, das von öffentlichem Interesse ist, wird den Medien bekannt gegeben und, wenn es wichtig ist, fortgeführt. Gelegentlich kann sich der Zoo – allein oder in Kooperation mit anderen Zoos - an freien TV-Programmen oder Pressenotizen beteiligen.
- Zeitungen: Regelmäßige Presseinformationen werden versandt, Interviews und offene Einladungen organisiert und die Berichterstattung analysiert.
- Werbung: Die Analyse der Städte, aus denen die Besucher kommen, und eine Marktdurchdringung in verschiedenen geografischen Bereichen mit gleichzeitiger Beachtung von Wettbewerbern kann die Zielgruppenwerbung optimieren.
- Events: Besondere Veranstaltungen im Zoo sind wichtig und werden in Bezug auf ihre Einnahmen geprüft und beobachtet.
- Jubiläums-Sponsoring: Im Jahr 2011, zum 75. Jubiläum des Zoos, werden 105 Modellbären rings um den Zoo zu 1 500 EUR jeweils für eine 6-monatige Mietdauer für Sponsoren angeboten; 50 % der Einnahmen gehen an UNICEF.

Die Frage des Energieverbrauchs und der Energieversorgung ist von zunehmender Bedeutung. Für die Entwicklung von Takamanda wurde ein neues Energiesystem eingesetzt, das nun auf alle Gebäude im Zoo erweitert wird. Dadurch können der CO_2-Ausstoß reduziert, Energie gespart und die Heizkosten gesenkt werden. Dies ist das Resultat einer umfassenden Energieverbrauchsanalyse und geänderten Prioritäten zugunsten von effizienteren und umweltfreundlicheren Energien. Diese Maßnahmen bilden die Basis der Finanz- und Marketingstrategie des Zoos. Die Zooleitung nimmt den international anerkannten NPS (Net Promoter Score) ernst, der zurzeit für den Zoo Osnabrück bei 74 % steht, verglichen mit einem Durchschnitt von 16 % für 400 Organisationen in 28 Wirtschaftszweigen. Die Umfragewerte zeigen heute eine mögliche Wiederbesuchsrate von 96 % und eine mögliche Empfehlungsrate im Rahmen von Freunden und Familie von 92 %. Dies sind beachtliche Zahlen, die für den Zoo Osnabrück sprechen.

Beispiel: Chester Zoo

Der Zoo Chester, der der North of England Zoological Society gehört, einem seit 1934 bestehenden gemeinnützigen Verein, hat sich in den letzten 10 Jahren zu Großbritanniens meistbesuchtem Zoo mit dem größten Tierbestand des Landes entwickelt. Sein Ansehen hat sich innerhalb dieser Zeit in Europa und international wesentlich vergrößert. Seine Zukunftspläne sind die ehrgeizigsten in ganz Europa, obwohl wegen der aktuellen Finanzsituation Großbritanniens Abstriche gemacht werden mussten.
Im Jahr 1931 von George Motteshead gegründet, besitzt der Zoo Chester ca. 165 ha Land, von denen gegenwärtig 50 ha vom Zoo genutzt werden. Der Gründer orientierte sich an den Gestaltungsprinzipien von Carl Hagenbeck. Der Zoo befindet sich am Stadtrand von Chester (80 000 Einwohner), etwa 35 km von Liverpool und 65 km von Manchester entfernt; diese Ballungsgebiete mit guten Autobahnverbindungen liegen somit vorteilhaft im Einzugsbereich und

Chester

machen mindestens 50 % der Zoobesucher aus. Der Zoo Chester ist die größte kostenpflichtige Besucherattraktion in seiner Region und es gibt hier keine signifikanten Zoo-Wettbewerber. Die Bevölkerung des unmittelbaren Einzugsgebiets liegt bei 3 Millionen und die des weiteren Einzugsgebiets bei 7 Millionen.

Strategische Planung seit 1995

Vor diesem Hintergrund begann Prof. Gordon McGregor Reid, seit 1995 Geschäftsführer und anschließend Generaldirektor, Möglichkeiten und Realisierbarkeit eines starken Ausbaus zu prüfen. Er erkannte den zunehmenden Wettbewerbscharakter der Freizeitindustrie und die Notwendigkeit, für Besucher attraktiv zu bleiben. Als von staatlicher Förderung unabhängiger Zoo, der relativ wenig Unterstützung von Sponsoren erhält, ist der Zoo Chester von den Besucherausgaben für Eintrittsgeld, Gastronomie und Verkauf abhängig.
Gordon Reid, der im internationalen Zoo-Umfeld sehr bekannt wurde, als er im Jahr 2007 Präsident der WAZA (World Association of Zoos and Aquaria) wurde, baute ein starkes Führungsteam und eine Verwaltung mit fast 300 Angestellten auf, Gastronomie und Einzelhandelsgeschäfte eingerechnet. Die Stelle des Entwicklungsleiters wurde auf oberster Führungsebene eingerichtet. Die Bereiche Marketing, Public Relations (PR) und Werbung wurden innerhalb der letzten 10 Jahre mit 12 Mitarbeitern (ursprünglich waren es nur 4) stark ausgeweitet. 2006 wurden die Investitionen in Marketingaktivitäten auf das Doppelte der bisherigen Ausgaben erhöht. Infolgedessen erhält der Zoo ca. 3,5 Millionen EUR aus der Werbung seiner eigenen PR-Aktivitäten. Eine deutliche Medienpräsenz, darunter die Zoo-TV-Serie mit dem Titel „Zoo Days“ (Granada Television) und Fernsehspots während der entscheidenden Ferienzeiten, hat dem Zoo ein größeres Gewicht in der Öffentlichkeit verliehen. Die Zoo-Mitgliedschaften stiegen um jährlich ca. 8 % auf 36 000 Ende 2010.
Die Besucherzahlen stiegen von 760 000 im Jahr 1995 auf 1 360 000 in dem Jahr, bevor Gordon Reid 2010 in den Ruhestand ging. Die Einnahmen stiegen extrem und das Umlaufvermögen, Sachanlagen ausgenommen, erreichte 11 Millionen GBP (13,5 Millionen EUR) im Jahr 2010. Gastronomie und Handel tragen jetzt 700 000 GBP (850 000 EUR) jährlich zu den Zooeinkünften bei.

Der Superzoo – "Natural Vision Project"

Gordon Reids sehr ambitionierte Vision war es, den größten und besten Zoo nicht nur in Großbritannien, sondern in ganz Europa zu planen und zu bauen – den "Superzoo", der darauf ausgelegt sein sollte, mindestens 2 Millionen Besucher jährlich anzuziehen. Seit 2005 sind Entwicklungsleiter Simon Mann und sein Team damit beauftragt, das "Natural Vision Project" zu entwickeln und mit einer Gesamtinvestition von mindestens 250 Millionen GBP (300 Millionen EUR) über einen ungefähren Zeitraum von 10 Jahren in bis zu 4 Bauphasen umzusetzen. Eine genaue Planungsgenehmigung für das möglicherweise größte Investitionsprojekt eines einzelnen europäischen Zoos wurde schließlich durch die lokale Genehmigungsbehörde im November 2010 erteilt. Design- und Marktforschungsberater wurden zu Beginn eingesetzt; die North West Regional Development Authority (NWDA) stellte eine erste Finanzhilfe bereit, nachdem sie von der regionalen Bedeutung des Projekts überzeugt werden konnte.

Der umfassende Forschungsaufwand im Vorfeld mit Marktforschung, -berichten und -analysen sowie die Kontakte zu Behörden und potenziellen Förderern waren eine erhebliche Belastung für ein Unternehmen dieser Größe. Das Projekt war folgendermaßen angelegt:

- 1. Phase: "Heart of Africa Biodome": Ausgehend von einem Kongo-Guinea-Regenwald geht es darum, ein einmaliges Besuchserlebnis zu vermitteln. Zu den Arten gehören Gorillas, Schimpansen, Zwergflusspferd, Okapi, Colobus und Bongos. Eine Flussfahrt und ein Hängebrückenweg sind für das wahrscheinlich größte Tropenhaus in Europa geplant.
- 2. Phase: afrikanische Savanne mit Flussfahrt und erhöhten Laufstegen, mit Giraffen, Zebras, Spitzmaulnashörnern, Warzenschweinen, Pferdeantilopen, Kleinen Kudus, Impalas und Straußen.
- 3. Phase: Inseln und Wasser. Mit Seelöwen, Pinguinen, Flamingos, Nashornvögeln, Paradiesvögeln sowie Lemuren und Fossa und einem langen Gang durch die Voliere.
- 4. Phase: Asiatische Ebenen. Terrassenförmig angelegte Weide- und Waldland-Kulissen für eine Asiatische Elefantenherde, Löwen, Geparden, Nashörner, Kamele und Asiatische Esel.

Außerdem sah das Projekt ein 3-Sterne-Themenhotel mit 90 Zimmern, Konferenz- und Freizeiteinrichtungen vor, das auf dem Gelände gebaut werden sollte. Insgesamt erhoffte man sich die Schaffung von mindestens 500 zusätzlichen Arbeitsplätzen in der Region, diejenigen im Zoo mit eingerechnet, und ein Vorzeigeprojekt für den Tourismus in Englands Nordwesten.

Ein Förderantrag wurde der NWDA über eine Summe von 40 Millionen GBP (48 Millionen EUR) vorgelegt, die 50 % der geschätzten Kosten für die 1. Bauphase darstellte; man ging

Münster

davon aus, dass 30 Millionen GBP (36 Millionen EUR) zu Ende 2010 gewährt seien (mit Unterstützung des European Regional Development Fund für die NWDA). Dies konnte jedoch infolge der britischen Finanzsituation und des Regierungswechsels im Mai 2010 nicht endgültig zugesagt werden. Zurzeit werden alle Landesbehörden (RDA) abgeschafft und Neubesetzungsmaßnahmen sind in naher Zukunft nicht zu erwarten. Infolgedessen hat der Zoo Chester seinen Förderantrag zurückgezogen und entschieden, seine Pläne zu überdenken und weiterhin seine eigenen Mittel und Kreditmöglichkeiten zu nutzen.

Es ist nun wahrscheinlich, dass ein neu entworfenes Phase-1-Projekt, das ca. 30 Millionen GBP (36 Millionen EUR) kostet und über eine längere Zeitspanne angelegt ist, im Jahre 2011 abgeschlossen und 2015 eröffnet werden könnte. Der Zoo wird weiterhin eine große Indoor-Attraktion favorisieren, um die Besucherzahl unabhängig von Schlechtwetterperioden zu steigern. Das überarbeitete Projekt wird dennoch eines der größten Zooprojekte in Europa in den kommenden Jahren bleiben. Die in den vergangenen 5 Jahren gewonnene Erfahrung wird dem Zoo dabei helfen, die überarbeiteten Pläne schnell umzusetzen. Sobald die Neubesetzungen innerhalb der NWDA abgeschlossen sind, möglicherweise im Jahr 2012, würde ich vermuten, dass eine reduzierte finanzielle Förderung aus öffentlichen, z. T. europäischen, Mitteln den Zoo Chester bei der Umsetzung des modifizierten "Natural Vision Project" unterstützen wird.

Dr. Mark Pilgrim, Direktor für den Natur- und Artenschutz und die Bildung unter der früheren Leitung von Gordon Reid und jetzt sein hoch angesehener Nachfolger als Generaldirektor, beaufsichtigt die modifizierte Strategie. Während die höchsten Standards in der Tierhaltung und Besuchererfahrung weiterhin die Prioritäten bilden, wird darauf geachtet, dass die Einnahmen über die Gastronomie und den Verkauf mit einer besseren Produktauswahl zunehmen und eine höhere Beteiligung von Sponsoren erreicht wird. Der Anstoß, den das "Natural Vision Project" gab, wird nicht verloren sein.

La Flèche

KAPITEL 10

Zoos im Wandel – was erreicht werden kann. Die Jahre 1990-2010

Die europäische Zoo-Szene hat sich in den letzten Jahrzehnten gewandelt. War ein Stadtzoo früher darauf ausgerichtet, möglichst viele Tierarten zu zeigen, was häufig zulasten einer artgerechten Tierhaltung ging, zeigt man heute weniger Tierarten in größeren, attraktiveren Innen- und Außengehegen, kombiniert mit einem Schwerpunkt auf Bildung für die Besucher sowie Natur- und Artenschutz.
Alle 80 Zoos in diesem Buch haben sich in unterschiedlichem Tempo verändert. Ich habe für dieses Kapitel vier Beispiele für hervorragende Leistungen ausgewählt, zwei von ihnen in öffentlicher, zwei in privater Trägerschaft. Weitgehende Einigkeit besteht darüber, dass Wien und Leipzig gute Beispiele für einen äußerst umfangreichen und erfolgreichen Wandel im Bereich der Zoos in öffentlicher Hand sind; Ähnliches gilt für die Privatzoos Burgers' in Arnheim und den Zoo Colchester. Vier verschiedene Länder von den 21 in der Studie untersuchten werden in diesem Kapitel behandelt; allein diese Beispiele würden genügend Material für ein weiteres Buch liefern.

Tiergarten Schönbrunn (Wien)

Ende der 90er Jahre war der Wiener Zoo in einem schlechten Zustand und kaum in der Lage, mit den Entwicklungen, die in anderen europäischen Zoos stattfanden, Schritt zu halten. Die Besucherzahlen stagnierten; um die Mitarbeitermoral war es schlecht bestellt, es gab offen-

Wien

sichtliche Mängel in der Instandhaltung und der gute Ruf des Zoos hatte gelitten. Diese Probleme wurden plötzlich verstärkt durch den Unfalltod von Madi, einem der beiden Afrikanischen Elefanten, den die Besucher sehr mochten. Madis langjährige Begleiterin, die Elefantendame Jumbo, fand sich verzweifelt und traurig allein. Trotz der Bemühungen, schnell eine neue Elefantenkuh für den Zoo Wien zu finden, hat es länger als zwei Jahre gedauert, bis endlich Kiwu aus dem Zoo Halle eintraf. Die Kombination mehrerer Fehler des Zoos und des für den Zoo verantwortlichen Ministeriums wuchs sich zu einem öffentlichen Skandal aus, der durch die Medien noch verstärkt wurde. Schließlich entstand der Druck, entweder den Zoo zu schließen oder zumindest die größeren Tiere in den Donaupark in einen anderen Stadtteil umzusiedeln. Zum Glück für den Tiergarten Schönbrunn war und ist ein wichtiger Politiker ein begeisterter Freund des Zoos: der spätere Bundeskanzler von Österreich, Dr. Wolfgang Schüssel. Er setzte sich für das Bestehen des Zoos sowie die unbedingte Notwendigkeit der Aufwertung, Neuorganisation und Umstrukturierung ein. Zu dieser Zeit noch Wirtschaftsminister in der österreichischen Regierung, erklärte er: „Ich hatte genug von diesem bürokratischen Dschungel und nie wieder sollte ein Tier in Schönbrunn so leiden wie Jumbo". Mit Unterstützung der drei größten politischen Parteien im Parlament gründete Dr. Schüssel eine neue Gesellschaft, die Schönbrunner Tiergarten GmbH, am 13. 12. 1991 und ernannte nach ausgiebiger internationaler Suche Dr. Helmut Pechlaner, zuvor Direktor des Alpenzoos in Innsbruck, zum neuen Zoodirektor in Wien. Die neu gegründete Gesellschaft ersetzte das Regierungsministerium als Träger des Zoos; dies erwies sich von grundlegender Bedeutung für die zukünftige Entwicklung und den Erfolg des Zoos.

Helmut Pechlaner, der seine neue Tätigkeit am 01. 01. 1992 aufnahm, erklärte, dass der Tiergarten Schönbrunn an seinem 250. Geburtstag im Jahr 2002 wieder der beste und schönste Zoo der Welt sein sollte. Um den Neustart des Zoos zu unterstützen, stiftete die Regierung

Wien

Wien

der neugegründeten Gesellschaft fast 15 Millionen EUR (200 Millionen öS). Nun begann eine neue Ära!

Von Beginn an inspirierte und motivierte Helmut Pechlaner seine Angestellten; eine neue Begeisterung, Schwung und Optimismus traten an die Stelle der alten Missstimmung. Angestellte jeder Ebene wurden ermutigt ihre Ideen einzubringen und es entstand ein echter Teamgeist. Die Verbesserung der Häuser und Anlagen für die Tiere hatte für den Direktor höchste Priorität. Schlechte Anlagen wurden geschlossen, andere mit neuen Böden ausgestattet – artgerecht mit Rindenmulch, Sand, Erde, Heu oder Stroh – und soweit möglich repariert und verbessert. Sitzbänke wurden repariert, Fußwege ausgebessert und die Sanierungsarbeiten mit Liebe zum Detail ausgeführt. All diese Maßnahmen kosteten wenig, hatten aber positive Auswirkungen auf die Tiere, ihre Pfleger und die Besucher. Zudem wurde der Tierbestand begutachtet und analysiert, was zu vielen Tier-Tauschaktionen mit anderen Zoos und der Einrichtung zusätzlicher Zuchtgruppen führte. Eine Kombination aus lebenslanger Tierliebe, harter Arbeit und dynamischer Leitung machte es dem neuen Zoodirektor bald möglich anzukündigen, dass der Tiergarten Schönbrunn der Zoo der glücklichen Tiere werden solle. Die Wandlung des Zoos war in vollem Gange. Die beste Werbung und neuer Imagegewinn: Zootiere wurden aktiv für die Öffentlichkeitsarbeit, das Sammeln von Spenden und die Werbung eingesetzt. Ein bekanntes Beispiel war Nonja, die freundliche Orang-Utan-Dame, die als Künstlerin weltberühmt wurde. Ihre Gemälde wurden auf Seidenschals, Krawatten, Kreditkarten und in unzähligen Publikationen gedruckt; sie wurden versteigert und es gab Beiträge in ORF-Programmen. Die Trägergesellschaft des Zoos etablierte bald einen Beirat: Österreichs beste Experten wurden zur Teilnahme eingeladen. Tierpfleger wurden, oft im Austausch, in große europäische Zoos geschickt, um professionelle Erfahrung zu sammeln. Gut qualifizierte Kuratoren wurden rekrutiert und für jede wichtige Abteilung eingesetzt. Vor allem wurde 1993 mit der Ernennung von Dr. Dagmar Schratter als stellvertretender Direktorin mit zoologischer Verantwortung und mit Gerhard Kasbauer als kaufmännischem Leiter ein neues Führungsteam gebildet.

Ein weiteres frühes Ziel war es, die zoopädagogische Komponente des Zoos zu verstärken. Ausbildungsplätze für Studenten und Lehrer wurden mit der ausdrücklichen Absicht eingerichtet,

Österreichs größte Schule zu bilden! Der Verein der Freunde des Tiergartens Schönbrunn wurde ebenfalls gegründet und wuchs schnell zu einer sehr wichtigen Förderorganisation mit fast 10 000 Mitgliedern heran, die in den ersten 12 Jahren 2,3 Millionen EUR für den Zoo beschaffte.
So ist es nicht verwunderlich, dass diese vielen positiven Entwicklungen ein weit gestreutes Medieninteresse weckten. Helmut Pechlaner wurde zu vielen öffentlichen Veranstaltungen eingeladen und innerhalb des Landes und später auch international bekannt. Im Jahr 1993 hielt die WAZA (World Association of Zoos and Aquariums) auf seine Einladung hin ihre Konferenz in Wien ab und entwickelte bei diesem Treffen ihre erste Artenschutz-Strategie. Erfolg lag in der Luft!
Private und öffentliche Förderer und Sponsoren gab es bereits ab 1992; sie ließen das weitverbreitete Interesse erkennen, den Tiergarten Schönbrunn neu zu beleben und zu verändern. In diesem Jahr gab ein anonymer lokaler Förderer Dr. Schüssel 53 000 EUR für den Zoo, im selben Jahr an Weihnachten ein weiterer 73 000 EUR. Die Kronen Zeitung, eine große Wiener Zeitung, sammelte mit einem breiten Spendenaufruf 36 000 EUR. Der nationale Radio- und Fernsehsender ORF und die Presse berichteten ausführlich und positiv.
Nachdem sie sich um die unmittelbaren Prioritäten gekümmert hatten, starteten Helmut Pechlaner und sein Team einen Masterplan, der große Investitionen für die kommenden Jahre vorsah. Zusätzlich zu ihrer Anfangsförderung sammelte die Gesellschaft große Summen von Sponsoren und Förderern und sorgte für eine beträchtliche finanzielle Unterstützung durch die Regierung.

Die Gesamtinvestition von ca. 100 Millionen über die kommenden 15 Jahre hatte eine umfassende Aufwertung der folgenden Bereiche des Zoos zur Folge:

1993 Kleines Affenhaus

1994 Großkatzen-Anlage

1995 Tirolerhof

1996 Wolfsanlage

1997 Elefantenpark

1998 Waldrapp/Ibis-Gehege

1999 Vogelhaus, Raubvogel-Voliere, Gasthaus Tirolergarten

2001 Terrarium/Aquarium/Krokodilhaus, Schmetterlingshaus

2002 Humboldtpinguin-Anlage, Brillenbären-Anlage

2003 Regenwald-Haus, Koala-Bärenanlage, Wüstenhaus, Große-Panda-Anlage, Nasenbären-Anlage, Serau-Anlage

2004 Polarium

2005 Haus der Schrecken

2006 Nashornhaus und -anlage

2009 ORANG.erie

2010 Südamerikahaus und -anlage

Wien

Unter den mehr als 60 Organisationen konnten als Sponsoren Alcatel, Austrian Airlines, Esso, Microsoft, Nordsee, Nokia, SAP, Siemens und Swarovski gewonnen werden.
In diesem Zeitraum haben sich alle Aspekte des Zoos systematisch weiterentwickelt. In-situ-Programme werden in vielen tropischen Ländern durchgeführt; der Zoo nimmt an zahlreichen Ex-situ-EEP und an der Entwicklung von Bildungsprogrammen für alle Altersgruppen teil.
Besonders für Kinder wurden Aktionen, wie Partys, Gesichtsbemalung, Geburtstagsfeiern, Workshops und viele Arten von Wettbewerben, eingeführt.
Die Besucherzahlen, die in den 80er Jahren um die 700 000 stagnierten, erreichten die Millionengrenze 1994. Helmut Pechlaner kündigte an, dass sie zumindest den Level der Gesamtbevölkerung Wiens erreichen sollten; dies war im Jahr 2000 mit 1 600 000 Besuchern der Fall und wurde mit 2 Millionen im Jahr 2003 und 2 600 000 im Jahr 2008 noch übertroffen. Kein anderer europäischer Zoo kann so beeindruckenden Wachstumszahlen aufweisen. Das Ziel, Österreichs meistbesuchte touristische und kulturelle Attraktion zu werden, wie Dr. Schüssel es formuliert hatte, ist erreicht worden.
Ausschlaggebend für den Anstieg der Besucherzahlen nach 2003 war die Anschaffung von Großen Pandas; mit Berlin und Madrid ist Wien einer der drei europäischen Zoos, der diese seltenen und begehrten Tiere beherbergt. Es war bekannt, dass nur sehr wenige Zoos dazu in der Lage waren, diese Tiere von der chinesischen Regierung zu erhalten; Politik und Geld waren vonnöten, denn der Große Panda wird von den Chinesen als ein außergewöhnliches, symbolisches und wertvolles Tier betrachtet. Jeder Zoo, der Pandas hält, muss an Forschungs- und Zuchtprogrammen teilnehmen und eine enge Verbindung mit den chinesischen Behörden eingehen. Dr. Schüssel war von Anfang an entschlossen, Große Pandas für den Neubeginn des Tiergarten Schönbrunn zu besorgen. Er nutzte seine Position als Minister und späterer Premierminister, dieses Ziel zu erreichen. Nachdem die österreichische Regierung 7 Jahre lang darauf

gedrängt hatte, kam der Durchbruch bei einem Spitzengespräch über Welt-Ethik unter dem Vorsitz des UN-Generalsekretärs Kofi Annan im berühmten Schlosshotel Fuschl. Dr. Schüssel saß neben dem chinesischen Delegierten, der nach einer weiteren Anfrage des österreichischen Premierministers versprach, seinen Ministerpräsidenten dazu zu bewegen, Wien ein Zuchtpaar Große Pandas zu überlassen. Am folgenden Tag, dem 19. 09. 2002, rief der chinesische Ministerpräsident Dr. Schüssel an und berichtete ihm, dass man seiner Bitte nachgeben werde, und das österreichische Parlament wurde entsprechend informiert. Am 20. 09. 2002 begrüßten Wolfgang Schüssel und Helmut Pechlaner den chinesischen Ministerpräsidenten im Parlament und der Vertrag wurde unterzeichnet.
Die neue Außenanlage und das umgebaute Haus wurden in Rekordzeit fertiggestellt für die Ankunft der beiden berühmten Tiere am 14. 03. 2003. Helmut Pechlaner hatte zusammen mit Zootierärzten und Tierpflegern Yang Yang und Long Hui auf ihrem Flug nach Wien begleitet. Am 19. 03. 2003 eröffneten Dr. Schüssel and Helmut Pechlaner vor 2 000 geladenen Gästen die neue Anlage. Der Zoodirektor erklärte stolz, dass er nahezu alle Panda-Anlagen der Welt kenne und dass diese die beste und schönste sei. Er versicherte dem chinesischen Botschafter, dass die Wiener Anlage von höchster Qualität und für Zucht und Forschung optimal geeignet sei. Dieses Statement wurde am 23. 08. 2007 mit Erfolg gekrönt, als Fu Long als der erste natürlich in einem europäischen Zoo geborene Große Panda auf die Welt kam. Drei Jahre später wurde sein Bruder Fu Hu, was soviel bedeutet wie „Glücklicher Tiger“, geboren.
Heute wird der Tiergarten Schönbrunn weithin als der beste zoologische Garten Europas angesehen. Dies entspricht seinen hohen Standards in Qualität und Tierhaltung, dem Flair und der einzigartigen Atmosphäre, die durch seine wunderbar renovierten historischen Habsburger Gebäude, seine ausgezeichnete Gehege- und Gebäudearchitektur und seine reizvolle Umgebung in der Schönbrunner Park- und Waldlandschaft geschaffen wird. Dieser hervorragende Zoo setzt sich zudem stark für Bildung, Natur- und Artenschutz und Forschung ein und besitzt damit eine beneidenswert umfassende Kompetenz. Der überragende Politiker und Staatsmann Wolfgang Schüssel und der multitalentierte und inspirierende Zoodirektor Helmut Pechlaner werden in die Geschichtsbücher als die Initiatoren des dramatischen Wandels dieses heute

Leipzig
Gondwanaland

großartigen zoologischen Gartens eingehen. Sie hatten dabei das Glück, ein sehr fähiges Führungsteam hinter sich zu haben, das heute von der ebenfalls außerordentlich talentierten und kompetenten Dagmar Schratter geleitet wird. Der Zoo entwickelt sich unter ihrer Führung weiter, und die Projekte, die für die nächsten Jahre geplant sind, legen nahe, dass er seine Sonderstellung in Europa halten wird.
Dies ist eine inspirierende Erfolgsgeschichte. Zwanzig Jahre ununterbrochener harter Arbeit und Engagements für das Wohl der Tiere und eine hervorragende Leistung haben eine traurige Ausgangssituation in ihr Gegenteil verwandelt; alle, die mit dem Zoo verbunden sind und die Bürger von Wien können mit Recht stolz auf ihren hervorragenden zoologischen Garten sein, dessen Besuch ein wirkliches Vergnügen ist.

Zoo Leipzig

Der Leipziger Zoo wurde 1878 als einer der zahlreichen zoologischen Gärten, die im Laufe des 19. Jahrhunderts in den großen deutschen Städten entstanden, gegründet. Nicht zuletzt wegen seiner erfolgreichen Löwenzucht erwarb er sich einen guten Ruf.
Zu DDR-Zeiten war Leipzig der wichtigste ostdeutsche Zoo. In den 80er Jahren war er mit 1 300 000 Besuchern/Jahr (zu Spitzenzeiten 1 560 000) die meistbesuchte kostenpflichtige Besucherattraktion in Leipzig. Abgesehen vom Jubiläumsjahr 1978 wurde trotz der hohen Besucherzahlen wenig investiert; die Standards waren im Vergleich zu westlichen Zoos veraltet. Es gab wenig Konkurrenz von anderen Attraktionen, keinen öffentlichen Druck, der radikale Verbesserungen gefordert hätte und keine regelmäßigen Fördermittel.
All dies änderte sich dramatisch im Jahr 1989 mit dem Fall der Berliner Mauer und der deutschen Einheit. Plötzlich war der Zoo zunehmender Konkurrenz ausgesetzt, der Freiheit der Bürger zu reisen, zunehmenden Erwartungen der Zoobesucher und seine Trägerin, die Stadt Leipzig, war mit hohen Anforderungen jeder städtischen Einrichtung konfrontiert. Der Zoo stand nicht länger an erster Stelle der Stadtverwaltung, wenn er auch weiterhin von der Öffentlichkeit geschätzt wurde. Einsparungen mussten gemacht werden, die zur Reduzierung des Zoo-Personals und zur Einführung einer neuen Verwaltung und modernen Buchhaltungsverfahren führten. Diese große Veränderung verhieß für die Zooleitung und das Personal eine unsichere Zukunft; eine Anpassung an die moderne Geschäftswelt musste schnell vorgenommen werden!
Zunächst wurden schlechte Gehege abgerissen und die morsche Infrastruktur ersetzt bzw. repariert: Die verbleibenden Anlagen wurden dem aktuellen Standard angepasst, die historischen Gebäude, die in einem schlechten Zustand waren, weil Baumaterial gefehlt hatte, restauriert. In den frühen 90er Jahren sanken die Besucherzahlen deutlich auf durchschnittlich die Hälfte derer aus den 80ern ab: 1996 waren es nur 675 000. Dennoch gab es mit der Eröffnung des Australien-Bereichs, der Renovierung des Aquariums und der neuen Seelöwenanlage positive Entwicklungen.
Die Ernennung des gegenwärtigen Zoodirektors Dr. Jörg Junhold im Jahre 1997 war eine Meisterleistung und erwies sich als Wendepunkt in der Geschichte des Leipziger Zoos. Jörg Junhold, der wie sein Vater Tiermedizin an der Leipziger Universität studiert hatte, trat der US-amerikanischen Nahrungsmittelgenossenschaft Effem GmbH im Jahr 1992 bei und wurde ihr Market Activity Manager; in dieser Position lernte er viel über europaweite und globale

Marketingstrategien und reiste durch ganz Deutschland. Diese Erfahrung war von großem Wert für die zukünftige Entwicklung des Leipziger Zoos.

Im Jahr 1997 bot das weltberühmte Max-Planck-Institut (MPI), dessen Institut für evolutionäre Anthropologie seinen Sitz in Leipzig hatte, der Stadt Leipzig an, zusammen mit dem Zoo ein Primatenzentrum von Weltrang zu bauen, das sowohl für Wissenschaftler und Studenten als auch für den Zoo von Vorteil sein sollte. Kurz vor der Ernennung des dynamischen und ambitionierten Zoodirektors stimmte der Stadtrat dem Vorschlag des MPI zu und begann sofort mit der Umsetzung. Das neue Primatenzentrum wurde das heutige Pongoland (Pongo ist das angolanische Wort für Affe).

Historisch betrachtet hielt der Zoo Leipzig einen guten Ruf bei der Haltung von Menschen affen. Schimpansen wurden von 1880 an gehalten; der erste Orang-Utan kam vom Tierpark Hagenbeck aus Hamburg im Jahr 1894, Gorillas im Jahr 1905 und Bonobos 1989. Das Affenhaus von 1982 hatte angeblich aus Mangel an Fördergeldern kein Freigehege und bis 1997 lebten die Affen nur in Innen- und Außenkäfigen. Dies wurde durch den Bau eines vollkommen neuen Hauses mit geräumigen Außenanlagen geändert.

Das MPI richtete eine eigene Abteilung ein, das Wolfgang Köhler Zentrum für Primatenforschung (WKZPF), das zusammen mit dem Zoo Leipzig mit der Entwicklung von Pongoland beauftragt wurde. Der gemeinsame Entwicklungsausschuss berief externe Experten und beteiligte zudem die Mitarbeiter des Zoos. Jeder Aspekt vorbildlicher Affenhaltung wurde berücksichtigt, Bedürfnisse der Wissenschaftler und Besucher einbezogen. Das Ergebnis war eine massive Investition von 16,5 Millionen Euro in eine Tropenhalle mit 5 Innengehegen von insgesamt 1 600 m² und 5 Außenanlagen von fast 3 ha Grundfläche. Sie sind so gestaltet, dass sie für Gruppen von Gorillas, Schimpansen, Bonobos und Orang-Utans sowie für die Zucht jeder dieser Arten geeignet sind. Zugleich erlauben sie Wissenschaftlern und Studenten, die

Leipzig

Affen in Ruhe zu beobachten. Die Forschung konzentriert sich in erster Linie auf das Verhalten und die Wahrnehmungsfähigkeit der vier Menschenaffenarten; einen besonderen Schwerpunkt bilden die Schimpansen. Forscher und Studenten der Universität Leipzig und anderer Universitäten führen ihre internationalen Forschungsprojekte hier in Pongoland durch. Die Innen- und Außenanlagen lassen keinen Gedanken daran aufkommen, dass sich die Tiere in Käfigen befinden. Der natürliche Lebensraum und die Verhaltensmerkmale jeder Tierart wurden berücksichtigt. Der Besucher bemerkt in Pongoland unmittelbar am natürlichen Verhalten der Primatengruppen die Auswirkungen dieser Forschung und Gestaltung.

Die Tropenhalle ist mit einer großen dreischichtigen Membranfolie überdacht und mit Panoramaglasfenstern in allen Gehegen ausgestattet. Temperatur und Luftfeuchtigkeit werden kontrolliert; es gibt Freiflächen mit natürlichem Boden wie Gras, was es zuvor noch nie in einem Affeninnengehege gegeben hat, sowie natürliche Klettermöglichkeiten mit Baumstämmen und Ästen. Die weitläufigen fünf Außenanlagen mit über 1,2 ha wurden ebenfalls sorgfältig gestaltet, sie berücksichtigen die individuellen Bedürfnisse der Arten durch die Verwendung natürlicher Materialien und sind durch Wassergräben von den Besuchern getrennt, deren Weg über höher gelegene Stege führt. Für Orang-Utans gibt es hohe Klettermöglichkeiten; sie sind mit Gibbons vergesellschaftet. Die Landschaft umfasst Hügel und Täler und viele unterschiedliche Baum- und Vegetationsarten.

Pongoland wurde im April 2001 eröffnet, vier Jahre, nachdem das MPI der Stadt Leipzig seine Vorschläge unterbreitet hatte. Es wurde bald zum führenden Zentrum dieser Art in Europa und genießt einen internationalen Ruf wegen seiner hervorragenden Primatenhaltung.

Gleichzeitig mit der Entwicklung von Pongoland war der Zoo mit weiteren Maßnahmen beschäftigt. Zu den größeren Projekten zählen:

- 1997 Renovierung des Aquariums/Terrariums
- 1997 Neue Australien-Anlage
- 1997 Neue Erdmännchen-Anlage
- 1997 Neue Nashorn-Anlage
- 1998 Neue Seelöwen-Anlage
- 1998 Neuer Zoo-Shop
- 1998 Neue Volieren im Elefantenhaus
- 1999 Neues Safari-Büro und Angebote für Kinder
- 2000 Neue Schildkröten-Außenanlage

Der Zoodirektor war in ständigem Gespräch mit dem Stadtrat und hat seine Ideen für ein radikales Gesamtkonzept „Zoo der Zukunft“ formuliert, das eine massive finanzielle Unterstützung und Unabhängigkeit vom Tagesgeschäft erfordert. Nach schwierigen Verhandlungen überzeugte Jörg Junhold den Stadtrat; die Zoo Leipzig GmbH wurde am 01. 08.2 000 mit einem

Startkapital von 1 Million EUR gegründet; sie gehört der Stadt Leipzig, hat aber ihre eigene Satzung und einen Aufsichtsrat mit externen Experten und Mitgliedern des Stadtrats. Mit der Eröffnung von Pongoland im Jahr 2001 stiegen die Besucherzahlen über 50 % im Vergleich zum Vorjahr auf fast 1,2 Millionen und sind bis zum Jahr 2007 um weitere 50 % auf fast 1,8 Millionen gestiegen.

Der „Zoo der Zukunft" kombiniert modernste Anlagen und bestmögliche Haltungsbedingungen für die Tiere mit aktivem In-situ- und Ex-situ-Artenschutz und zoopädagogischen Angeboten für alle Altersgruppen. Er zielt darauf ab, Zement, Stahl und andere nicht-natürliche Werkstoffe zu ersetzen, Wassergräben anstelle von Umzäunungen zu verwenden und für gemischte Tierarten z. B. eine afrikanische Savannenlandschaft einzurichten. Die Idee ist es, den Besucher in die Lage zu versetzen, gefährdete Tierarten in ihren natürlichen Lebensräumen zu erleben und damit die Öffentlichkeit von der Notwendigkeit zu überzeugen, den Natur- und Artenschutz zu unterstützen und dementsprechend zu handeln.

Der Zoo ist in sechs Themenbereiche unterteilt: Die drei Kontinentalbereiche Afrika, Asien und Südamerika, den „Gründergarten" (mit dem historischen Eingangsbereich) und die beiden besonderen Themenbereiche Pongoland und Gondwanaland (der alte Kontinent umfasste drei der heute existierenden). Die Besucher können eine unvergessliche Erfahrung machen; das Gesamtkonzept soll planmäßig Ende 2015 umgesetzt sein.

Der Zoodirektor ist in regelmäßigem Austausch mit seinem Team und externen Organisationen, wie Architekten, Freizeitexperten, Gastronomen und aktuellen und potenziellen Sponsoren. Dem Zoo Leipzig ist es mit seinem anhaltenden Erfolg seit 1997 und besonders auch durch beliebte Fernsehsendungen wie „Elefant, Tiger & Co" und „Tierärztin Dr. Mertens" gelungen, sehr kapitalkräftige Sponsoren zu gewinnen, die als Gold-, Silber- und Bronzesponsoren

Leipzig

klassifiziert sind. Unter den Goldsponsoren finden sich Mercedes-Benz (Leipziger Zweigniederlassung), die Ur-Krostitzer Brauerei, Langnese, die Sparkasse Leipzig, die Leipziger Volkszeitung und die Stadtwerke Leipzig. Sponsoren und Förderer tragen wesentlich zum Jahreseinkommen des Zoos bei; dies ist für einen Zoo recht außergewöhnlich!

Seit 2000 hat der Zoo mehrere große neue oder umgestaltete Anlagen eröffnet:

- 2001 die Löwensavanne "Makasi Simba",
- 2002 die Lippenbären-Schlucht,
- 2002 das Entdeckerhaus Arche,
- 2003 die Tiger-Taiga,
- 2004 die Kiwara-Savanne, das Haus für Giraffen und andere Huftiere,
- 2005 die asiatische Freiflugvoliere,
- 2006 den Elefantentempel „Ganesha Mandir“,
- 2007 Renovierung des ehemaligen Zoodirektorhauses als Zooschule,
- 2009 die begehbare Känguru-Anlage.

Jörg Junhold, der 2011 Präsident der WAZA wird, berücksichtigt die Rolle des Zoos im Zeitalter des globalen Tourismus und zunehmender Konkurrenz anderer Besucherattraktionen. Er führt die Integration der Zoo-Entwicklungen mit Artenschutz- und Bildungsaktivitäten fort - eine weitere Steigerung der Besucherzahlen und der finanziellen Unterstützung durch Sponsoren, Besucher und andere wird mit der Eröffnung von Gondwanaland im Jahr 2011 erfolgen.
Gondwanaland, das 67 Millionen EUR kostet, wird 2011 die größte Tropenhalle aller europäischen Zoos besitzen. Sie wird auf einer Fläche von über 1,65 ha ca. 40 zusätzliche Säugetier-, Vogel-, Reptilien-, Amphibien- und Fischarten beherbergen, die der Besucher von Booten aus oder zu Fuß in einem wunderbaren tropischen Regenwald sehen kann, der so gestaltet ist, dass dem Besucher bewusst wird, was mit den Regenwäldern dieser Welt passiert und welche Konsequenzen ihre Zerstörung durch den Menschen haben wird.
Die Eröffnung von Gondwanaland, mit Spannung von der gesamten europäischen Zoowelt wie auch von den Bürgern und dem Stadtrat von Leipzig, dem ganzen Land und den Medien erwartet, wird den Höhepunkt von Jörg Junholds Arbeit und seinem hoch motivierten und begeisterten Team markieren.
Der enorme Wandel des Leipziger Zoos zu einem der weltweit führenden zoologischen Gärten verdankt vieles dem visionären Eifer und der Entschlossenheit seines Direktors, der es schaffte, eine große deutsche Stadt und ihre Politiker sowie die Medien und Förderer von der Bedeutung des „Zoos der Zukunft“ zu überzeugen; außerdem der Entscheidung des MPI, die Außenstation des Instituts für evolutionäre Anthropologie im Zoo Leipzig einzurichten.
Die Geschichte des Leipziger Zoos der vergangenen zwölf Jahre ist ein bemerkenswertes Beispiel dafür, was erreicht werden kann, wenn ein motiviertes Team von einem Direktor geführt wird, der eine Kombination von zoologischen und kaufmännischen Fähigkeiten besitzt und zum richtigen Moment erscheint.

Burgers' Zoo, Arnheim

Burgers' Zoo, 1913 von Johan Burgers gegründet und eröffnet, ist der größte Privatzoo in den Niederlanden. Er blieb im Laufe seiner Geschichte im Besitz derselben Familie, der heutigen Familie Van Hooff, und erhält keine öffentliche Förderung.

Mitte der 80er Jahre stand der Zoo vor einer finanziellen Krise, die hauptsächlich durch große Investitionen in die nötige Infrastruktur verursacht war, darunter ein großes zentrales Futterhaus und mehrere Tierklinik-Abteilungen. Diese Investitionen hatten keinen positiven Einfluss auf das Zoo-Einkommen und die Besucherzahlen.

Zu dieser Zeit arbeitete der damalige Direktor Antoon van Hooff an seinem Traumprojekt, eine tropische Regenwaldhalle zu bauen. Dies erforderte nicht nur teure tropische Bäume und andere Vegetation, Wasserfälle und Bachläufe, sondern auch ein geeignetes Material für die anspruchsvollen Bedingungen eines sehr großen, lichtdurchlässigen Daches. Die Idee, einen tropischen Regenwald nachzubilden, war zu jener Zeit Pionierarbeit, da ein solches Gebäude in Europa noch nicht existierte. Nicht zuletzt wegen der technischen Anforderungen an das Dach war sie eine große Herausforderung. Das erste Dach der damaligen Testhalle, die heute als Mangrovenhalle genutzt wird, stürzte 1982 ein. Schließlich entwickelte der deutsche Hersteller Höchst ein geeignetes Material, das erfolgreich bei der Dachkonstruktion der Testhalle eingesetzt wurde.

Arnheim

Dann konnten Pläne für eine große Tropenhalle gemacht werden, die später als „Bush" bekannt wurde und eine Fläche von nahezu 1,5 ha einnahm. Um dieses Projekt zu finanzieren, war ein beträchtlicher Kredit erforderlich. Sechzehn Banken in den Niederlanden, Deutschland und Großbritannien wurden angesprochen; keine von ihnen war bereit für dieses Projekt, das als „zu riskant" erachtet wurde, eine Finanzierung anzubieten. Viele Zooangestellte baten die Besitzer, das Projekt nicht weiterzuführen!

Der Wendepunkt für das Bush-Projekt – und tatsächlich für Burgers' Zoo – kam 1986 mit dem Versprechen von EU-Fördermitteln durch die Kommunalverwaltung; dies deckte fast 25 % der Projektkosten. Danach war es möglich, die weiteren Mittel von niederländischen Banken zu erhalten. Das Traumprojekt des Direktors konnte nun realisiert werden; die erste große tropische Regenwaldhalle in Europa wurde erbaut und 1988 eröffnet. Sie war und ist zentral in der Zoophilosophie, Tiere in ihrer natürlichen Umwelt zu zeigen, um sowohl den Tieren als auch ihren Besuchern das Vergnügen zu bereiten, sich in einer so offenen und natürlichen Landschaft wie möglich aufzuhalten.

Die Regenwaldhalle erwies sich als sofortiger Erfolg und der Einsatz hatte sich gelohnt! Weitere drei große begehbare Hallen wurden in der Folge erbaut. Der Umfang dieser Hallen zeigt nicht nur, dass man die Bedürfnisse der hier angesiedelten Tiere berücksichtigt hatte, sondern auch die des nordeuropäischen Zoo-Besuchers, vor allem in den Wintermonaten. Öffentlichkeit und Medien zeigten sofort Interesse und die Perspektiven des Zoos änderten sich praktisch über Nacht! Die Besucherzahlen stiegen von ca. 800 000 in den späten 80er Jahren auf 1,2 Millionen im Jahr 1990 und kontinuierlich auf 1,5 Millionen in den späten 90ern. Antoon van Hooff war Gast in vielen holländischen Fernsehprogrammen wie „Ja, Natuurlijk", und der Zoo wurde für seine wegweisenden Entwicklungen, die mit Bush begannen, weltberühmt.

Insgesamt wurden ca. 100 Millionen EUR in den letzten 20 Jahren in Burgers' Zoo investiert. Die wichtigsten Projekte sind:

1988 Bush - tropischer Regenwald mit großem Restaurant.

1992 Mangrove - südostasiatischer Mangrovensumpf.

1994 Desert - nordamerikanische Wüste – die größte Wüstenhalle in Europa.

2000 Ocean - südostasiatisches Korallenriff mit 8 Millionen Liter Wasser. Das zweitgrößte der Welt.

2005 Safari - ostafrikanische Savanne mit Wegen auf unterschiedlichen Ebenen, Kongresshalle, Restaurant, Giraffenhaus und Aussicht auf eine große Huftieranlage.

2008 Rimba - Tierarten aus dem tropischen Regenwald Malaysias in natürlicher Umgebung.

Die Stabilität und Verbundenheit der Mitarbeiter, das hohe Niveau der Bewerber für jede ausgeschriebene Tierpfleger-Stelle und die Berufung des jetzigen hoch angesehenen Zoodirektors Dr. Alex van Hooff als Vorsitzendem der Niederländischen Zoovereinigung (NVD) beweisen den gegenwärtig hohen Standard von Burgers' Zoo in den Niederlanden.
Heute gilt Burgers' Zoo als einer der besten in Europa; er bietet seinen Besuchern eine ursprüngliche Erfahrung in Innenbereichen, zeigt einen reizvollen und umfangreichen Tierbestand und ist sehr in In-situ-Artenschutzprojekten engagiert.
Viele Besucher werden gespannt das Jubiläumsjahr 2013 erwarten, das mit der Ankündigung eines weiteren aufregenden Großprojekts gefeiert werden soll.

Colchester

Es gibt mehrere Privatzoos in der Gruppe B, vor allem in Frankreich und Großbritannien, die in den letzten 20 Jahren bemerkenswerte Fortschritte gemacht haben. Einer von ihnen ist sicherlich der Zoo in Colchester, 80 km nordöstlich von London gelegen. 1963 gegründet, war er ein relativ kleiner und unbekannter Zoo, bis er 1983 durch seine gegenwärtigen Eigner, die Familie Tropeano, übernommen wurde. Während der vergangenen 20 Jahre hat er sich kontinuierlich zu einem der führenden zoologischen Gärten Großbritanniens mit einer hohen Reputation innerhalb Europas entwickelt. Dies geht auf die engagierte Arbeit und die direkte Beteiligung seines Hauptaktionärs und Zoodirektors Dominique Tropeano, OBE, zurück. Mit seinem kaufmännischen Hintergrund hat er den Zoo durch gute und harte Zeiten geführt und den Zoo und seine Bildungs- und Artenschutzaktivitäten ohne jede direkte öffentliche finanzielle Unterstützung weiterentwickelt.

Colchester

Grundlegende Fakten

In einem für Großbritannien schwierigen Jahrzehnt hat der Zoo in allen Bereichen Fortschritte gemacht: Die Besucherzahlen sind von 340 000 im Jahr 1990 auf über 750 000 im Jahr 2010 gestiegen. 1983 beschäftigte der Zoo nur 7 Tierpfleger; heute sind es 68, die sich um einen deutlich gewachsenen Tierbestand kümmern.

Colchesters Tierbestand 1984 und 2010				
Anzahl	Tiere 1984	Arten 1984	Tiere 2010	Arten 2010
Säugetiere	206	76	404	94
Vögel	205	52	232	57
Reptilien	67	23	121	31

Das Zoogelände wuchs von 17 auf 25 ha und 30 Millionen EUR (25 Millionen GBP) wurden in der Zeit von 1990 bis 2010 in neue Anlagen investiert.

Meilensteine

1990 Geländeerweiterung von 17 auf 25 ha

1998 Elefantenhaus und -anlage („Kingdom of the Wild“)

2001 Giraffenhaus und -gehege mit verschiedenen Tierarten in Gemeinschaftshaltung („Spirit of Africa“)

2005 Seelöwenanlage („Playa Patagonia“)

2008 Komodowarane

2009 Orang-Utan-Wald

2010 Amurleoparden

Zu den künftig geplanten Anlagen zählen eine Tropenhalle und mehrere begehbare Anlagen für verschiedene Tierarten in Gemeinschaftshaltung.
Die neuesten Anlagen, die Leoparden in „Ussuri Falls“ und der Orang-Utan-Wald, sind gute Beispiele für die vorteilhafte Nutzung des Zoogeländes und den modernen Fokus des Zoos auf bessere und attraktivere Gehege, kombiniert mit der Betonung von Bildung und Artenschutz.
Heute umfasst der Tierbestand des Colchester Zoos Vertreter aller besonders beliebten Tierarten in den Klassen der Säugetiere, Vögel und Reptilien.

Bildung und Artenschutz

Zusätzlich zur Vergrößerung des Zoos und der Entwicklung eines erstklassigen Tierbestands fand eine beeindruckende Entwicklung in den Bereichen der Bildung und des Artenschutzes statt, die beinahe von null ausging.

Der Zoo entwickelte im letzten Jahrzehnt:

- ein Bildungszentrum mit Vollzeit-Mitarbeitern und modernen Einrichtungen, wie dem Entdecker- und Lern-Center, das jährlich von 30 000 Schulkindern genutzt wird,
- Forschungsprojekte, die vornehmlich von Universitätsstudenten durchgeführt werden, wurden zu einem wichtigen Schwerpunkt mit mindestens 20 Studenten im Jahr.
- Wesentliche EAZA-Beteiligung mit Dominique Tropeano als Vorsitzendem des „Technical Assistance and Welfare Committee" bis 2009.
- Die gemeinnützige Organisation „Action for the Wild" des Colchester Zoos wurde 2004 eingerichtet, um Mittel für In-situ-Artenschutzprojekte zur Verfügung zu stellen; heute gibt es 11 solcher Projekte.
- Umphafa, ein privates Naturreservat, das heute der o. g. Vereinigung gehört, entwickelte sich aus 3 südafrikanischen Farmen mit insgesamt 4 500 ha. Über 200 000 EUR wurden inklusive Landkauf und Einzäunung investiert und Mitarbeiter eingestellt. Das Reservat beherbergt nun über 20 Säugetierarten, darunter Giraffen und Nashörner; viele von ihnen stammen aus dem Zoo Colchester.

Gegenwärtige Entwicklungen

Anthony Tropeano, der Sohn von Dominique Tropeano, ist heute zoologischer Direktor und verantwortlich für das laufende Zoogeschäft. Auch wenn es keinen großes Masterplan gibt, hat man eine klare Vision zukünftiger Entwicklung, die kontinuierliche Investitionen vorsieht, z. B. in Gehege für Tierarten in Gemeinschaftshaltung, sich auf stark gefährdete Tierarten konzentriert und das Gesamterlebnis für den Besucher verbessern will.

Der Colchester Zoo ist ein gutes Beispiel für einen gut geführten Zoo mit engagiertem Personal und einer besonderen Atmosphäre, in der Bildung und Vergnügen gut miteinander kombiniert sind. Colchester macht Fortschritte in allen Aspekten, die den modernen Zoo ausmachen: der Besucherfahrung, der Bildung, der Forschung und dem Artenschutz.

KAPITEL 11

Interessante Zoo-Fakten

Besucherzahlen

Genaue und vergleichbare Besucherzahlen zu ermitteln, ist nicht einfach; in den unten und an anderer Stelle im Buch genannten Zahlen sind die aktuellen oder geschätzten freien Eintritte,

Zoo	Land	Besucher (in 1000)
BERLIN Zoo	DEUTSCHLAND	3100
WIEN	ÖSTERREICH	2500
STUTTGART Wilhelma	DEUTSCHLAND	2400
ZÜRICH	SCHWEIZ	1800
LEIPZIG	DEUTSCHLAND	1750
BASEL	SCHWEIZ	1700
KÖLN	DEUTSCHLAND	1700
HAMBURG Hagenbeck	DEUTSCHLAND	1650
HANNOVER	DEUTSCHLAND	1600
PRAG	TSCHECHIEN	1600
ROTTERDAM	NIEDERLANDE	1600
ARNHEIM Burgers	NIEDERLANDE	1520
MÜNCHEN Hellabrunn	DEUTSCHLAND	1500
CHESTER	UK	1360
ANTWERPEN	BELGIEN	1335
KOPENHAGEN	DÄNEMARK	1300
AMSTERDAM Artis	NIEDERLANDE	1240
BARCELONA	SPANIEN	1150
NÜRNBERG	DEUTSCHLAND	1080
ZSL LONDON	UK	1050
MADRID	SPANIEN	1050
BERLIN Tierpark	DEUTSCHLAND	1000
BUDAPEST	UNGARN	1000
DUISBURG	DEUTSCHLAND	1000
EMMEN	NIEDERLANDE	1000
FRANKFURT	DEUTSCHLAND	1000
GELSENKIRCHEN	DEUTSCHLAND	1000
KARLSRUHE	DEUTSCHLAND	1000
MÜNSTER	DEUTSCHLAND	1000
DUBLIN	IRLAND	950
RHENEN	NIEDERLANDE	910
PAIRI DAIZA Paradisio	BELGIEN	900
MECHELEN Planckendael	BELGIEN	850
OSNABRÜCK	DEUTSCHLAND	850
COLCHESTER	UK	750
LA PALMYRE	FRANKREICH	750
DRESDEN	DEUTSCHLAND	740
LISSABON	PORTUGAL	730
PARIS - Ménagerie	FRANKREICH	720
WARSCHAU	POLEN	720

Zoo	Land	Besucher (in 1000)
AMERSFOORT	NIEDERLANDE	675
KRONBERG Opel	DEUTSCHLAND	650
WROCLAW	POLEN	650
EDINBURGH	UK	645
AMNEVILLE	FRANKREICH	630
WUPPERTAL	DEUTSCHLAND	630
AUGSBURG	DEUTSCHLAND	580
HEIDELBERG	DEUTSCHLAND	580
VALENCIA	SPANIEN	575
ROSTOCK	DEUTSCHLAND	555
BRISTOL	UK	550
DVUR KRALOVE	TSCHECHIEN	550
HELSINKI	FINNLAND	550
KOLMÅRDEN	SCHWEDEN	550
ST AIGNAN BEAUVAL	FRANKREICH	550
TWYCROSS	UK	550
ROM	ITALIEN	540
PAIGNTON	UK	530
ZLIN	TSCHECHIEN	525
DORTMUND	DEUTSCHLAND	520
MARWELL	UK	505
BUSSOLENGO	ITALIEN	500
SOSTO	UNGARN	500
ZSL WHIPSNADE	UK	475
PILSEN	TSCHECHIEN	460
ODENSE	DÄNEMARK	450
ERFURT	DEUTSCHLAND	430
KREFELD	DEUTSCHLAND	380
RIGA	LETTLAND	375
BOJNICE	SLOWAKEI	370
MULHOUSE	FRANKREICH	350
HALLE	DEUTSCHLAND	340
TALLINN	ESTLAND	330
MAGDEBURG	DEUTSCHLAND	330
BELFAST	UK	300
BRATISLAVA	SLOWAKEI	300
LJUBLJANA	SLOWENIEN	275
DOUE LA FONTAINE	FRANKREICH	250
ESKILSTUNA	SCHWEDEN	250
LA FLECHE	FRANKREICH	220

(wie für kleine Kinder), der Gebrauch von Jahres- oder Mitgliedskarten und Schulbesuche enthalten. Zugrunde gelegt wurden die gerundeten Besucherzahlen in einem guten Jahr innerhalb der letzten 5 Jahre. In den meisten der gelisteten Zoos ist die Tendenz steigend.

Zoogelände

Diese Tabelle zeigt das Gelände, das gegenwärtig zum Zoo gehört. Es mag kleine Abweichungen geben, die davon abhängen, ob Parkplätze, Servicebereiche, Teile von Flüssen oder Seen

Zoo	Land	Fläche (ha)
ZSL WHIPSNADE	UK	260
BERLIN Tierpark	DEUTSCHLAND	160
KOLMÅRDEN	SCHWEDEN	140
BRATISLAVA	SLOWAKEI	96
TALLINN	ESTLAND	89
DVUR KRALOVE	TSCHECHIEN	70
NÜRNBERG	DEUTSCHLAND	70
ERFURT	DEUTSCHLAND	63
PRAG	TSCHECHIEN	60
PAIRI DAIZA Paradisio	BELGIEN	55
ZLIN	TSCHECHIEN	52
CHESTER	UK	50 +
MARWELL	UK	50
ARNHEIM Burgers	NIEDERLANDE	45
BUSSOLENGO	ITALIEN	45
ROSTOCK	DEUTSCHLAND	42
BOJNICE	SLOWAKEI	41
DUBLIN	IRLAND	40
MECHELEN Planckendael	BELGIEN	40
SOSTO	UNGARN	40
WARSCHAU	POLEN	40
MÜNCHEN Hellabrunn	DEUTSCHLAND	36
EDINBURGH	UK	34
PAIGNTON	UK	34
WROCLAW	POLEN	33
BERLIN Zoo	DEUTSCHLAND	32
ST AIGNAN BEAUVAL	FRANKREICH	30 +
GELSENKIRCHEN	DEUTSCHLAND	30
MÜNSTER	DEUTSCHLAND	30
STUTTGART Wilhelma	DEUTSCHLAND	30
DORTMUND	DEUTSCHLAND	28
ROTTERDAM	NIEDERLANDE	28
KRONBERG Opel	DEUTSCHLAND	27
LEIPZIG	DEUTSCHLAND	27
ZÜRICH	SCHWEIZ	27
HAMBURG Hagenbeck	DEUTSCHLAND	25
MULHOUSE	FRANKREICH	25
OSNABRÜCK	DEUTSCHLAND	25
BELFAST	UK	24
COLCHESTER	UK	24
LISSABON	PORTUGAL	24
WUPPERTAL	DEUTSCHLAND	24
HELSINKI	FINNLAND	23 +
AUGSBURG	DEUTSCHLAND	22
HANNOVER	DEUTSCHLAND	22
KÖLN	DEUTSCHLAND	22
MADRID	SPANIEN	22
RHENEN	NIEDERLANDE	22
RIGA	LETTLAND	22
PILSEN	TSCHECHIEN	21 +
LJUBLJANA	SLOWENIEN	20 +
MAGDEBURG	DEUTSCHLAND	20
EMMEN	NIEDERLANDE	18 +
TWYCROSS	UK	18 +
AMERSFOORT	NIEDERLANDE	18
AMNEVILLE	FRANKREICH	18
LA PALMYRE	FRANKREICH	18
ROM	ITALIEN	18
WIEN	ÖSTERREICH	17 +
VALENCIA	SPANIEN	16 +
DUISBURG	DEUTSCHLAND	16
ZSL LONDON	UK	15
AMSTERDAM Artis	NIEDERLANDE	14 +
DOUE LA FONTAINE	FRANKREICH	14
ESKILSTUNA	SCHWEDEN	14
KREFELD	DEUTSCHLAND	14
LA FLECHE	FRANKREICH	14
BARCELONA	SPANIEN	13 +
DRESDEN	DEUTSCHLAND	13 +
KARLSRUHE	DEUTSCHLAND	13
ANTWERPEN	BELGIEN	12 +
BASEL	SCHWEIZ	12 +
FRANKFURT	DEUTSCHLAND	12
BUDAPEST	UNGARN	11 +
KOPENHAGEN	DÄNEMARK	11 +
HEIDELBERG	DEUTSCHLAND	10 +
HALLE	DEUTSCHLAND	10
ODENSE	DÄNEMARK	9 +
PARIS - Ménagerie	FRANKREICH	6
BRISTOL	UK	5 +
	+ = Erweiterungspläne 2011 BIS 2020	

oder Brachland mit eingerechnet wurden. Einige Zoos haben ihr Gelände in den letzten Jahren vergrößert; andere planen, dies in den nächsten 10 Jahren zu tun, wie die Tabelle zeigt. Einige der Stadtzoos mit kleinerem Gelände, wie Antwerpen, Basel, Budapest und Kopenhagen, haben ihr Gelände erfolgreich strukturiert und so gestaltet, dass es für ein beeindruckendes Artenspektrum, darunter große Säugetiere, genügend Platz bietet.

Gründungsdatum

Zoo	Land	Gründung
WIEN	ÖSTERREICH	1752
MADRID	SPANIEN	1774
PARIS - Ménagerie	FRANKREICH	1794
ZSL LONDON	UK	1828
DUBLIN	IRLAND	1830
BRISTOL	UK	1835
AMSTERDAM Artis	NIEDERLANDE	1838
ANTWERPEN	BELGIEN	1843
BERLIN ZOO	DEUTSCHLAND	1844
HAMBURG Hagenbeck	DEUTSCHLAND	1848
ROTTERDAM	NIEDERLANDE	1857
FRANKFURT	DEUTSCHLAND	1858
KOPENHAGEN	DÄNEMARK	1859
KÖLN	DEUTSCHLAND	1860
DRESDEN	DEUTSCHLAND	1861
HANNOVER	DEUTSCHLAND	1865
KARLSRUHE	DEUTSCHLAND	1865
WROCLAW	POLEN	1865
BUDAPEST	UNGARN	1866
MULHOUSE	FRANKREICH	1868
BASEL	SCHWEIZ	1874
MÜNSTER	DEUTSCHLAND	1875
LEIPZIG	DEUTSCHLAND	1878
WUPPERTAL	DEUTSCHLAND	1881
LISSABON	PORTUGAL	1884
HELSINKI	FINNLAND	1889
BARCELONA	SPANIEN	1892
ROSTOCK	DEUTSCHLAND	1899
HALLE	DEUTSCHLAND	1901
MÜNCHEN Hellabrunn	DEUTSCHLAND	1911
ROM	ITALIEN	1911
NÜRNBERG	DEUTSCHLAND	1912
RIGA	LETTLAND	1912
ARNHEIM Burgers	NIEDERLANDE	1913
EDINBURGH	UK	1913
PAIGNTON	UK	1923
PILSEN	TSCHECHIEN	1926
WARSCHAU	POLEN	1928
ZÜRICH	SCHWEIZ	1929
ODENSE	DÄNEMARK	1930

Zoo	Land	Gründung
CHESTER	UK	1931
PRAG	TSCHECHIEN	1931
ZSL WHIPSNADE	UK	1931
RHENEN	NIEDERLANDE	1932
BELFAST	UK	1934
DUISBURG	DEUTSCHLAND	1934
HEIDELBERG	DEUTSCHLAND	1934
EMMEN	NIEDERLANDE	1935
OSNABRÜCK	DEUTSCHLAND	1936
AUGSBURG	DEUTSCHLAND	1937
KREFELD	DEUTSCHLAND	1938
TALLINN	ESTLAND	1939
DVUR KRALOVE	TSCHECHIEN	1946
LA FLECHE	FRANKREICH	1946
AMERSFOORT	NIEDERLANDE	1948
ZLIN	TSCHECHIEN	1948
LJUBLJANA	SLOWENIEN	1949
STUTTGART Wilhelma	DEUTSCHLAND	1949
MAGDEBURG	DEUTSCHLAND	1950
DORTMUND	DEUTSCHLAND	1953
BERLIN Tierpark	DEUTSCHLAND	1955
BOJNICE	SLOWAKEI	1955
ESKILSTUNA	SCHWEDEN	1956
KRONBERG Opel	DEUTSCHLAND	1956
MECHELEN Planckendael	BELGIEN	1956
ERFURT	DEUTSCHLAND	1959
BRATISLAVA	SLOWAKEI	1960
DOUE LA FONTAINE	FRANKREICH	1961
COLCHESTER	UK	1963
TWYCROSS	UK	1963
KOLMÅRDEN	SCHWEDEN	1965
LA PALMYRE	FRANKREICH	1966
BUSSOLENGO	ITALIEN	1969
MARWELL	UK	1972
ST AIGNAN BEAUVAL	FRANKREICH	1980
AMNEVILLE	FRANKREICH	1986
PAIRI DAIZA Paradisio	BELGIEN	1994
SOSTO	UNGARN	1996
GELSENKIRCHEN	DEUTSCHLAND	2005
VALENCIA	SPANIEN	2008

Die Tabelle (vorige Seite) und die Hinweise an anderer Stelle in diesem Buch beziehen sich auf die Gründung oder das Eröffnungsdatum des Zoos, auch wenn er sich nicht mehr auf seinem ursprünglichen Gelände befindet. Interessanterweise befanden sich 15 von den 28 Zoos, die vor 1900 gegründet wurden, zu jener Zeit in deutschsprachigem Gebiet. Zwischen 1945 und 1989 wurden 8 Zoos in den osteuropäischen Ländern angelegt. Nur 2 der 80 Zoos aus dieser Studie, Gelsenkirchen und Valencia, wurden nach 2000 eröffnet.

Trägerschaft

Jeden Zoo durch seine Trägerschaft zu definieren, ist keine einfache Sache, denn einige haben komplexe Besitzstrukturen. Jedenfalls scheint es so, dass 60 % der Zoos aus dieser Studie in öffentlicher Trägerschaft oder unter öffentlicher Kontrolle sind und 40 % Privatzoos.
Was erstere angeht, gibt es eine allgemeine Verlagerung hin zur Bildung separater, wenn auch städtisch kontrollierter Gesellschaften, die für den Zoo sowohl in seinem Tagesgeschäft als auch in seinen Zukunftsplänen und -investitionen eine größere Unabhängigkeit bedeuten.

Trägerschaften:

ÖFFENTLICHER SEKTOR	
Unmittelbar städtisch (Zoo untersteht direkt der Stadtverwaltung)	22
Indirekt städtisch (Zoo untersteht einer städtisch kontrollierten Gesellschaft)	15
Indirekt städtisch (Zoo untersteht einer städtisch kontrollierten öffentlichen Gesellschaft)	6
Unmittelbar staatlich (Zoo untersteht der Regierung)	2
Indirekt staatlich (Zoo untersteht einer staatlich kontrollierten Gesellschaft)	1
Unmittelbar regional (Zoo untersteht einer Landes-/regionalen Regierung)	2
GESAMT	48
PRIVATSEKTOR	
Gemeinnützige zoologische Gesellschaft (unabhängig)	8
Gemeinnützige zoologische Gesellschaft (mit finanzieller Unterstützung des öffentlichen Sektors)	6
Privater Familienbesitz	4
Private Non-Profit-Gesellschaft	4
Private Gesellschaft	8
Börsennotiertes Unternehmen	2
GESAMT	32

Es gibt in den einzelnen Ländern große Unterschiede. Beispielsweise sind 90 % der britischen Zoos in Privatbesitz, während über 90 % der deutschen Zoos dieser Studie in öffentlicher Hand sind.

Zoofreunde

Es gibt unterschiedliche Formen von Förderorganisationen, die Zoos unterstützen. Ich unterscheide zwei Typen – sofern vorhanden: „Zoofreunde“ und „Zoogesellschaften“.

„Zoofreunde" sind Gesellschaften, die unabhängig vom Zoopersonal organisiert sind, aber den Zoo, vor allem durch Mittelbeschaffung, unterstützen. Normalerweise hat die Gesellschaft ihre selbst gewählten Ausschüsse und Vorsitzende, organisiert und veranstaltet ihr eigenes Programm mit Vorträgen, gemeinsamen Besuchen anderer Zoos und Spendensammlungen für besondere Projekte in ihrem Zoo, verfasst und verschickt einen Newsletter oder eine Zeitschrift an ihre Mitglieder und hat ihre eigene Website. Eine weitere Aufgabe besteht im Einwerben von Spenden.

Typ „Zoofreunde" - mitgliedsstärkste Zoos:

• Zürich	35 000
• Stuttgart	24 000
• Wien	10 000
• Münster	8 000
• München	7 000
• Rotterdam	6 500
• Duisburg	6 000
• Frankfurt	6 000
• Köln	5 000

„Zoogesellschaften" sind in der Regel Organisationen, die an das Zoopersonal gebunden und von ihm organisiert sind. Mitglieder erhalten Jahreskarten und Ermäßigungen in der Zoogastronomie und im Zoo-Shop sowie ein Zoomagazin und andere Formen der Information, manchmal auch Rabatte in anderen Zoos.

Typ „Zoogesellschaften" - mitgliedsstärkste Zoos:

• Antwerpen/Planckendael	200 000
• Barcelona	110 000
• London/Whipsnade	45 000
• Colchester	36 000
• Chester	35 000
• Arnheim	25 000
• Edinburgh	22 000
• Marwell	18 000
• Paignton	13 000
• Bristol	12 000

Jahres- oder Saisonkarten

Besonders in den Stadtzoos sind Jahreskarten von Interesse, denn sie sind für viele Ortsansässige ihr regelmäßiges Freizeitziel; sie werden immer bekannter und häufig genutzt. Dies liegt zum Teil an erheblichen Preissenkungen im Vergleich zum Tagesticket im Verlauf der letzten Jahre. Viele Zoos haben dieses Verhältnis von 5:1 auf 3:1 reduziert, um die Anzahl der Ver-

käufe von Jahreskarten zu erhöhen: Sie sind damit für die Besucher von außerordentlichem Wert. Der Verkauf von Jahreskarten hat sich in den letzten Jahren in verschiedenen Zoos mehr als verdoppelt.
Die Bedeutung des steigenden Verkaufs von Jahreskarten liegt in der Erhöhung der Besucherzahlen – einem Schlüsselindikator für den Erfolg des Zoos – und der Einnahmen von Gastronomie und Zoo-Shops, was dem Zoo direkt zugutekommt. Zudem erreichen die Artenschutz- und zoopädagogischen Informationen ein größeres Publikum.

Abgesehen von den „Zoomitgliedern" ist der Verkauf von Jahreskarten am häufigsten in:

- Kopenhagen 150 000
- Wien 125 000
- Rotterdam 120 000
- Hannover 100 000
- Emmen 100 000
- Amsterdam 80 000

Die beliebtesten Säugetiere im Zoo

Ich habe jeden Zoodirektor nach den fünf bei den Besuchern beliebtesten Säugetieren in seinem Zoo befragt. Dieweil die Antworten in der Regel persönlich und subjektiv sind, spiegeln sie dennoch die Ergebnisse der Besucherbefragungen, sofern solche durchgeführt werden, und die allgemeinen Erwartungen.
Für viele Zoos zeigen sie an, welche Tierarten ein „absolutes Muss" darstellen und wie wichtig es für den Zoo ist, diese Arten zu züchten. Dies wiederum spiegelt sich im Medieninteresse.

Säugetierart	Anzahl Halter	Beliebtestes Säugetier		Unter den 5 beliebtesten Säugetieren	
Elefant	61	31	51 %	58	95 %
Gorilla	40	8	20 %	32	80 %
Giraffe	66	3	5 %	48	73 %
Löwe	74	4	5 %	50	68 %
Schimpanse	48	5	10 %	32	67 %
Tiger	65	6	9 %	40	62 %
Eisbär	25	1	4 %	15	60 %
Orang-Utan	42	4	10 %	24	57 %
Zwerg-/ Flusspferd	60	5	8 %	26	43 %
Seelöwe/ Robbe	51	1	2 %	20	39 %
Nashorn	48	1	2 %	17	35 %
Erdmännchen	60	2	3 %	11	18 %
Schwarz-/ Braunbär	55	2	4 %	10	18 %

Die größten Tierbestände

Meine Studie berücksichtigt Säugetiere, Vögel und Reptilien. Falls Amphibien, Fische und Wirbellose mitgezählt würden, hätte der Zoo Berlin den größten Tierbestand der 80 Zoos. Es gibt verschiedene Wege, den größten Bestand zu ermitteln. Ich habe für diese Tabelle die Anzahl der verschiedenen Säugetier-, Vogel- und Reptilienarten genommen und die Säugetiere mit 3, die Vögel mit 2 und die Reptilien mit 1 multipliziert, um folgende Endnoten zu erhalten:

Name des Zoos	Punkte gesamt	Säuger Anzahl	Säuger Arten	Vögel Anzahl	Vögel Arten	Reptilien Anzahl	Reptilien Arten
Pilsen	2081	1514	241	1845	505	1325	248
Berlin Tierpark	1453	1415	191	2425	389	537	102
Berlin Zoo	1318	1147	177	2481	355	485	77
Prag	1167	1200	169	1428	270	851	120
Pairi Daiza Paradisio	860	310	40	2800	320	1600	100
Stuttgart	827	655	114	1023	199	370	87
Budapest	817	780	108	1475	195	455	103
Wroclaw	774	551	105	624	149	806	161
Beauval	742	552	87	1513	215	314	51
Warschau	686	399	65	1092	213	262	65
Köln	682	501	66	1290	202	479	80
Lissabon	669	611	120	644	129	359	51
Rotterdam	631	1268	83	1343	145	648	92
Madrid	624	525	99	1195	117	350	93
Leipzig	618	446	88	738	146	215	62
Antwerpen	599	333	77	703	150	337	68
Chester	599	1864	79	1138	155	230	52
Wien	573	651	94	1186	116	326	59
Barcelona	572	727	88	698	108	432	92
Tallinn	572	984	95	601	120	145	47
Amsterdam	560	516	94	730	102	296	76

Fast alle Zoos haben ihre Tierbestände reduziert, um den verbleibenden Arten mehr Platz zu bieten; diese Reduktionen fanden über einen längeren Zeitraum statt. In einigen Fällen, besonders, wenn Zoos zusätzliches Land erwerben oder bisheriges Brachland nutzen, können kleine Zuwächse im Tierbestand festgestellt werden.

Öffnungszeiten der Zoos

Obwohl es schwierig ist, eine Grenze zwischen Stadtzoos und Nicht-Stadtzoos zu ziehen, habe ich die 80 Zoos dieser Studie für die Analyse in 62 Stadtzoos und 18 Nicht-Stadtzoos unterteilt.

1 Stadtzoo (Eskilstuna) und 4 Nicht-Stadtzoos (Bussolengo, Doué-la-Fontaine, Kolmården and Pairi Daiza) sind während der Wintermonate geschlossen. Meine Analyse der Öffnungszeiten, die aus den Zoo-Steckbriefen in Kapitel 12 stammen, sieht folgendermaßen aus:

	Sommer		Winter	
geöffnet	Stadtzoos	andere Zoos	Stadtzoos	andere Zoos
vor 09.00 Uhr	9	2 [1]	4	2 [1]
vor 09.30 Uhr	44	10	38	6
ab 10.00 Uhr	16	6	21	6
Im Sommer mind. 9 Stunden	51	12		
Im Sommer weniger als 8 Stunden [2]	1	4		
[1] = Bojnice, Zlin				
[2] = London, Kolmården, Paignton, Twycross, Whipsnade				
Anmerkung: In einigen Zoos gibt es im Sommer längere Öffnungszeiten. Diese Tabelle gilt für alle Tage während der Saison. Im Allgemeinen öffnen die Zoos in Großbritannien und Skandinavien später, meist um 10.00 Uhr. Es sollte außerdem nicht unerwähnt bleiben, dass einige Zoos den Besuchern erlauben so lange zu bleiben, wie sie wollen, selbst wenn der Eingang geschlossen ist – vor allem im Sommer.				

Bussolengo

KAPITEL 12

Rating: die „Stars" unter den Tierarten

Ich habe diese Tierarten mit Sonderstatus in Kapitel 11 erörtert. Die in der Tabelle aufgeführten Tierarten gehen aus dieser Auswahl hervor. Die Tabelle soll Besuchern, die sich für bestimmte Tierarten interessieren, als Orientierungshilfe dienen und einen Gesamtüberblick über die in jedem Zoo gehaltenen Tierarten bieten.

Die folgenden Punkte sollten beim Gebrauch dieser Informationen beachtet werden:

1. Die Zoos sind in alphabetischer Reihenfolge nach Ländern geordnet. **Zoos der Gruppe A** sind **fett** gedruckt; Zoos der Gruppe B normal.

2. Die Bewertungen basieren auf persönlichen Besuchen zwischen 2008 und 2010 und sollen die Eignung und Qualität der Innen- und Außenanlagen sowohl aus der Sicht der Tiere als auch aus der Besuchersicht widerspiegeln sowie die Anzahl der Tiere im Gehege wiedergeben. Wenn halbe Punkte vergeben wurden, wurde das Ergebnis aufgerundet.

3. Das Punktesystem reicht von 1 bis 6, wobei 6 die beste Beurteilung ist. 0 bedeutet, dass es die betreffende Tierart im Zoo nicht gibt.

4. Wenn ein Zoo mehr als eine Tierart in der Tabellenspalte „Tierarten" hat (z. B. Strauß, Nandu, Emu, Kasuar), werden die Punkte für die beste Anlage übernommen.

5. Wenn ich weiß, dass Pläne und Finanzierung vorliegen, die Anlage zu verändern oder die betreffende Tierart bis 2020 anzuschaffen, wird dies mit dem Zeichen ↑ hinter der Punktzahl angezeigt. In diesem Punkt ist die Tabelle nicht vollständig: Ein kleiner Teil der Zoos sieht keine Möglichkeit, zukünftige Entwicklungen zu benennen.

6. Wenn ein Zoo bekanntermaßen eine Tierart zu besitzt, deren Haltung ich noch nicht bewertet habe oder die hinter den Kulissen gehalten wird, wird das Fragezeichen (?) benutzt.

7. Bei Zoos in Südeuropa mit wärmerem Klima wurden weniger gute Innenanlagen berücksichtigt.

8. Aufgrund der stetigen Entwicklung und Veränderungen in Zoos kann nicht garantiert werden, dass alle Tiere, die in dieser Tabelle genannt werden, jederzeit bei Besuch zu sehen sind.

9. Derweil die Standards für die Haltung vieler Tierarten steigen, werden Elefanten, Eisbären und Seelöwen wegen der obligatorischen EU-Mindeststandards besonders berücksichtigt. Dies macht sich bei vielen für die nächsten Jahre geplanten Entwicklungen bemerkbar, wie in der Tabelle zu sehen ist.

Außergewöhnliche Tierarten

Die folgenden Tierarten sind nicht in der Tabelle aufgeführt, denn sie werden nur in sehr wenigen Zoos gehalten. Sie sind mit der Bewertung in Klammern hier aufgeführt.

1. Der **GROSSE PANDA** wird derzeit in 3 Zoos gehalten: Wien (6), Madrid (4), Berlin (2). Edinburgh wird im Jahr 2011 2 Pandas erhalten. Mindestens 3 weitere Zoos sind im Gespräch, sollen aber im Hinblick auf den Verhandlungsstand hier nicht genannt werden. Berlin wird voraussichtlich vor 2020 eine neue Anlage bauen.

2. Der **KOALA** ist zurzeit in 7 Zoos zu sehen: Beauval (4), Planckendael (4), Duisburg (3), Wien (3), Edinburgh (2), Lissabon (2), Madrid (1). Vor 2020 sollen weitere Tiere in Budapest, Bussolengo und Dresden angeschafft werden.

3. Der **DELFIN** wird heute in 7 Zoos gehalten: Kolmården (6), Nürnberg (6 ab Mitte 2011), Duisburg (6), Lissabon (4), Barcelona (2), Madrid (2), Münster (2, ab 2012 nicht mehr). Barcelona und Madrid sollen vor 2020 bessere Anlagen erhalten.

4. Die **SEEKUH** wird gegenwärtig in 5 Zoos gehalten: Nürnberg (6, ab Mitte 2011), Odense (5), Arnheim (4), Beauval (4), Tierpark Berlin (1). Vor 2020 will auch der Zoo Wroclaw Seekühe halten.

5. Der **RIESENOTTER** ist derzeit in 5 Zoos zu Hause – Doué-la-Fontaine (6), Chester (5), Dortmund (5), Duisburg (5), Hamburg (4). Leipzig wird seine Tiere ab Mitte 2011 im Gondwanaland zeigen. Bussolengo und Madrid planen die Anschaffung vor 2020.

6. Das **WALROSS** ist bisher in keinem der Zoos zu sehen. Allerdings will Hamburg 2012 mit der Haltung von Walrössern beginnen.

RATING: DIE „STARS“ UNTER DEN TIERARTEN

Die „Stars“ unter den Tierarten		Elefant	Giraffe	Okapi	Löwe	Tiger	Schnee-leopard	Schimpanse/ Bonobo	Gorilla	Orang-Utan	Eisbär	Zwerg-/ **Fluss-pferd (fett)**	Nashorn	Seelöwe/ Robbe	Gibbon/ Siamang	Katta
BELGIEN	**ANTWERPEN**	2	1↑	1↑	1↑	1↑	0	3	3	0	0	**4**	0	3	2	1
BELGIEN	MECHELEN Planckendael	0↑	3	0	3	0	?	6	0	0	0	**0**	2	0	4	0
BELGIEN	PAIRI DAIZA	1↑	2↑	0	0↑	0↑	0	0	0	0↑	0	**4↑**	0	3	4	5
DÄNEMARK	**KOPENHAGEN**	6	4	2	3	3	0	3	0	0	1↑	**6**	4	5	3	2
DÄNEMARK	ODENSE	0	2	0	3	5	0	6	0	0	0	0	0	2	0	3
DEUTSCHLAND	**BERLIN Tierpark**	2	4	0	2	3	2	0	0	0↑	4	0	2	0	5	6
DEUTSCHLAND	**BERLIN Zoo**	3	3	3	4	4	0	4	4	4	3	**6**	3	5	4	0
DEUTSCHLAND	**DUISBURG**	3	3	0	3	2	0	0	4	3↑	0	4	2	2	1↑	6
DEUTSCHLAND	**FRANKFURT**	0	2↑	2	3	4	0	5	5	5	0	**1↑**	1	4	5	1
DEUTSCHLAND	**GELSENKIRCHEN**	0	4	0	5	0	0	6	0	6	6	**4**	3	6	0	0
DEUTSCHLAND	**HAMBURG Hagenbeck**	6	2↑	0	2	4	0	0	0	6	0↑	0	0↑	3↑	0	4
DEUTSCHLAND	**HANNOVER**	5	3	0	3	4	0	1	4	1	6	**4**	3	4	4	1
DEUTSCHLAND	**KARLSRUHE**	2↑	3↑	0	2↑	0	1↑	2	0	0	5	**2↑**	0	5	0	3
DEUTSCHLAND	**KÖLN**	6	2↑	2	3	4	4	5	3	3	0	**6**	1↑	2↑	4	0
DEUTSCHLAND	**LEIPZIG**	6	5	2	4	4	1↑	6	6	6	0	0↑	4	5	6	5
DEUTSCHLAND	**MÜNCHEN Hellabrunn**	3↑	1↑	0	2	4	5	4	4	4	5	0	1↑	2	4	4
DEUTSCHLAND	**MÜNSTER**	2↑	1↑	0	1↑	3	0	3	4	5	0	0	3	3	0	6
DEUTSCHLAND	**NÜRNBERG**	0↑	3↑	0	5	4	4	0	4	0	4	0	4	4↑	3	0
DEUTSCHLAND	**STUTTGART Wilhelma**	1↑	2	3	1↑	2	0	2↑	2↑	2↑	2	**1**	1↑	2	2	0
DEUTSCHLAND	AUGSBURG	1	4	0	3	2	0	2	0	0	0	0	4	3	0	5
DEUTSCHLAND	DORTMUND	0	5	0	2	3	0	0	0	5	0	0	3	3	5	0
DEUTSCHLAND	DRESDEN	3	5	0	4	0	1↑	0	0↑	2↑	0	0	0	0↑	0	6
DEUTSCHLAND	ERFURT	1↑	1↑	0	4	0	0	0	0	0	0	0	0	0	2	0↑
DEUTSCHLAND	HALLE	3	0	0	3	3	0	4	0	0	0	3	0	2	0	0
DEUTSCHLAND	HEIDELBERG	5	0↑	0	2↑	4	0	2↑	2↑	1	0	0	0	3	0	0
DEUTSCHLAND	KREFELD	1↑	0	0	0	4	3	1↑	1°	2↑	0	1	1	2	1	0
DEUTSCHLAND	KRONBERG Opel	1↑	5	0	0	0	0	0	0	0	0	**3↑**	0↑	0	2	0
DEUTSCHLAND	MAGDEBURG	1↑	4	0	3	4	4	3↑	0↑	0	0	0	4	0	1	3
DEUTSCHLAND	OSNABRÜCK	2	4	0	3	2↑	0	6	0	2↑	1↑	0	2↑	3	2	0
DEUTSCHLAND	ROSTOCK	2↑	0	0	3	0	4	1	1↑	1↑	2↑	0	0	5	0↑	1↑
DEUTSCHLAND	WUPPERTAL	4	0	2↑	4	5	3	2↑	4	5	2↑	0	0	2	5	0
ESTLAND	TALLINN	4	0↑	0	2	3	4	1	0	0	1↑	3	3	1	0	0
FINNLAND	HELSINKI	0	0	0	3	5	6	0	0	0	0	0	0	3	0	0
FRANKREICH	AMNEVILLE	2	3	0	3	3	4	0	0↑	6	4	3	3	3	3	5
FRANKREICH	BEAUVAL	4	3	2	3	4	2	3	4	3	0	**0↑**	3	4	0	5
FRANKREICH	DOUE LA FONTAINE	0	2	0	6	6	6	0	0	0	0	4	3	0	4	0
FRANKREICH	LA FLECHE	3	1↑	0	2	2	0	2	0	0	5	1	0↑	0	2	2↑
FRANKREICH	MULHOUSE	0	0↑	0	2	2	4	0	0	0	1↑	0	0	2	3↑	5
FRANKREICH	LA PALMYRE	2	2	0	2	2	2	6	6	6	3	**3**	1	3	3	2
FRANKREICH	PARIS - Ménagerie	0	0	0	0	0	0	0	0	2↑	0	0	0	0	0	0

Rating: die „Stars“ unter den Tierarten

Schlüsselarten		ElеFant	Giraffe	Okapi	Löwe	Tiger	Schnee-leopard	Schimpanse/ Bonobo	Gorilla	Orang-Utan	Eisbär	Zwerg-/ **Flusspferd (fett)**	Nashorn	Seelöwe/ Robbe	Gibbon/ Siamang	Katta
IRLAND	**DUBLIN**	6	2	0	3	3	3	4	1↑	1!	0	**4**	4	2	4	2
ITALIEN	BUSSOLENGO	0	2	0↑	4	6	6	3↑	0↑	0	0	**5**	5	0	0	5
ITALIEN	ROM	1↑	2	0	3	1↑	0	4	0	?	0	**1**	0	2	0	3
LETTLAND	RIGA	0↑	5	0	2	3	0	0	0	0	1	**1**	0	2	0	3
NIEDERLANDE	**AMSTERDAM Artis**	1↑	3↑	0	1	0	0	3	3↑	0	1	0	0	3	3	4
NIEDERLANDE	**ARNHEIM Burgers**	3	5	0	6	5	0	3	4↑	0↑	0↑	4	5	2	4	5
NIEDERLANDE	**EMMEN**	3	3	0	0↑	5	0	0	0	0	0	**2**	2	4	4	4
NIEDERLANDE	**ROTTERDAM**	4	5	3	2	3	0	0	4	0	5	3	3	5	5	0
NIEDERLANDE	AMERSFOORT	4	3	0	2	2	0	2↑	0	0	0	0	3	0	2	3
NIEDERLANDE	RHENEN	2	2	0	3	4	0↑	0	0↑	3	4	0	0	6	4	4
ÖSTERREICH	**WIEN**	4	2↑	0	4	5	0	0	0	6	2↑	**4**	5	4	6	6
POLEN	WARSCHAU	4	2↑	0	3	2	2	6	6	0	0↑	**5**	3	3↑	3	4
POLEN	WROCLAW	1↑	1↑	0	2	2	0	3	0	1	0	1↑	0↑	3↑	6	6
PORTUGAL	LISSABON	1↑	1	3	3	4	3	4	3	3	0	**2**	2	2	4	3
SLOWAKEI	BOJNICE	1↑	0	0	1↑	0	0	0	0	3	0	0	0	0	2	0
SLOWAKEI	BRATISLAVA	0↑	1↑	0	2	2	0	4↑	0↑	5	0	1	2↑	0	1↑	1
SLOWENIEN	LJUBLJANA	1	3	0	1	2	0	1	0	0	0	0	0↑	2	2	0
SPANIEN	**BARCELONA**	1↑	1↑	0	1	2	0	4	3	1	0	5	2	3↑	2	2
SPANIEN	**MADRID**	2↑	2	0	1	1	0	2↑	4	2	0	**1↑**	2↑	2	2	3
SPANIEN	VALENCIA	5	5	0	4	0	0	4	5	0	0	**6**	4	0	0	6
SCHWEDEN	ESKILSTUNA	0	0	0↑	3	5	0	0	0	0	0	5	0↑	0	4	0
SCHWEDEN	KOLMÅRDEN	2	4	0	4	6	4	4	4	0	0	0	4	6	4	0
SCHWEIZ	**BASEL**	2↑	2	2	4	0	4	4↑	4↑	4↑	0	**5↑**	4	2	0	4
SCHWEIZ	**ZÜRICH**	2↑	0↑	0	5	5	5	0	3	2	0	2	2↑	3	5	4
TSCHECHIEN	**PRAG**	1↑	4	0	3	3	0	0	4	5	3↑	**2↑**	0	6	4	6
TSCHECHIEN	DVUR KRALOVE	2	2	3	4	2	0	1	1	3	0	2	4	0	0	6
TSCHECHIEN	PILSEN	0↑	4	0	3	3	4	2	3	0↑	0	4	3	0	3	3
TSCHECHIEN	ZLIN	3	2	0	2	3	0	0	2	0	0	0	1	4	2	2
UK	**CHESTER**	5	3	3↑	2	3	0	4↑	0↑	5	0	0↑	3	2	4	3
UK	**ZSL LONDON**	0	1	2	5	3↑	0	0	4	0	0	2	0	0	4	2
UK	BELFAST	2↑	3	0	2	5	0	3	3	0	0	0	0↑	3	3	3
UK	BRISTOL	0	0	2	6	0	0	0	4↑	0	0	2	0	5	3	4
UK	COLCHESTER	2	2	0	3	4	0	3	0	4	0	2	2	4	0↑	3
UK	EDINBURGH	0	0	0	3	2	0	6	0	0	0	2	2	3	0	2
UK	MARWELL	0	4	3	0	4	5	0	0↑	0↑	0	1↑	2	0	4	4
UK	PAIGNTON	3	3	0	4	3	0	0	3	3	0	0	3	0	3	0
UK	TWYCROSS	4↑	1↑	0↑	1↑	0	5	2↑	3	2	0	0	0	2	1	2
UK	ZSL WHIPSNADE	4	3	0	5	5	0	5	0	0	0	2	4	3	0	4
UNGARN	**BUDAPEST**	3↑	4	0↑	2↑	2	0	0	5	3	2	**2**	2	4	2	4
UNGARN	SOSTO	3	3	0	2	3	2↑	0	3	5	2	4	4↑	2	5	4
ANZAHL DER HALTER		61	66	17	74	65	30	50	40	42	25	48	51	60	57	56

Schlüsselarten		Klammeraffe	Guereza	Erdmännchen	Zebra	Pinguin	Strauß/ Nandu/ Emu/ Kasuar	Pelikan	Flamingo	Ara	Greifvögel	Krokodil/ Alligator	Komodowa-ran	Riesenschild-kröte	Anaconda/ Python
BELGIEN	**ANTWERPEN**	2	1	5	3	5	0	3	1	1	2	4	6	0	2
BELGIEN	MECHELEN Planckendael	0	0	0	3	0↑	4	3	2	2	4	0	0	0	3
BELGIEN	PAIRI DAIZA	0	0↑	2	3↑	3	6	6	6	5	5	3	0	3	3
DÄNEMARK	**KOPENHAGEN**	2	0	0	4	1↑	3	3	1↑	4	3	3	0	0	4
DÄNEMARK	ODENSE	0	0	0	2	6	4	5	5	3	0	1	0	6	1
DEUTSCHLAND	**BERLIN Tierpark**	0	0	0	3	3	4	6	3	3	4	3	0	4	4
DEUTSCHLAND	**BERLIN Zoo**	0	0	3	4	5	3	6	5	?	5	3	0	2	5
DEUTSCHLAND	**DUISBURG**	0	4	6	2	2	3	3	3	2	4	3	0	0	0
DEUTSCHLAND	**FRANKFURT**	1	1	2	2↑	2↑	3	2	?	?	4	4	0	0	3
DEUTSCHLAND	**GELSENKIRCHEN**	0	0	5	3	0	3	4	2	0	3	0	0	0	0
DEUTSCHLAND	**HAMBURG Hagenbeck**	0	0	0	2↑	2↑	4	4	6	5	0	6	0	4	4
DEUTSCHLAND	**HANNOVER**	0	0	3	4	3	4	6	2	4	5	0	0	0	2
DEUTSCHLAND	**KARLSRUHE**	3	0	3	2↑	4	2	3	3	3	?	0	0	0	2
DEUTSCHLAND	**KÖLN**	0	1	6	3	4	3	6	6	?	5	6	0	0	2
DEUTSCHLAND	**LEIPZIG**	0	0	5	6	3	4	4	4	1	4	4	0↑	0↑	2
DEUTSCHLAND	**MÜNCHEN Hellabrunn**	3	0	0	4↑	2↑	4	4	4	2	?	4	0	6	4
DEUTSCHLAND	**MÜNSTER**	0	6	3	6	3	6	4	5	4	3	3	0	0	2
DEUTSCHLAND	**NÜRNBERG**	0	0	0	4↑	5	4	6	4	3	3	2	0	0	?
DEUTSCHLAND	**STUTTGART Wilhelma**	2	0	4	2	2	2	4	4	2	3	4	0	0	2
DEUTSCHLAND	AUGSBURG	0	0	4	3	5	2	5	4	0	0	0↑	0	0	2
DEUTSCHLAND	DORTMUND	0	0	2	4	5	4	0	4	1	2	3	0	0	2
DEUTSCHLAND	DRESDEN	0	5	0	4	3	4	4	3	3	5	4	0	3	2
DEUTSCHLAND	ERFURT	4	0	6	4	0	6	0	4	2	4	3	0	0	3
DEUTSCHLAND	HALLE	0	0	4	3	4	3	4	?	2	4	5	0	0	3
DEUTSCHLAND	HEIDELBERG	0	0	4	2↑	0	0	2	3	2	5	0↑	0	3	?
DEUTSCHLAND	KREFELD	0	4	0	3	3	3	0	4	4	0	4	0	1	3
DEUTSCHLAND	KRONBERG Opel	0	0	2	5	0	0	3	?	0	0	1	0	0	1
DEUTSCHLAND	MAGDEBURG	0	0↑	6	4	2	0	4	4	2	4	0	0	0	2
DEUTSCHLAND	OSNABRÜCK	4	0	3	4	3	4	3	4	2	2	3	0	3	3
DEUTSCHLAND	ROSTOCK	0	0	5	4	1	2	6	4	0	?	2	0	0↑	0↑
DEUTSCHLAND	WUPPERTAL	1	0	4	2	6	5	?	2	1	3	2	0	0	1
ESTLAND	TALLINN	0	0	1	0↑	0	4	3	3	2	2	3	0	0	2
FINNLAND	HELSINKI	0	0	0	0	0	?	0	?	2	?	3	0	0	2
FRANKREICH	AMNEVILLE	5	0	2	3	2↑	3	4	4	4	6	3↑	0↑	0↑	2↑
FRANKREICH	BEAUVAL	4	3	2	4	6	4	4	4	4	3	2	0	2	3
FRANKREICH	DOUE LA FONTAINE	6	0	0	2	2	0	0	6	2	6	2	0	0	2
FRANKREICH	LA FLECHE	6	1↑	1	2	1↑	2	2	4	2↑	0	1	0	0	1
FRANKREICH	MULHOUSE	2!	0	0	3	3	3	3	2	3	3	1	0	0	0
FRANKREICH	LA PALMYRE	0	3	2	4	4	4	6	5	5	6	4	0	2	2
FRANKREICH	PARIS - Menagerie	0	0	0	0	0	4	0	4	2	3	3	0	1	2

RATING: DIE „STARS“ UNTER DEN TIERARTEN

Schlüsselarten		Klammeraffe	Guereza	Erdmännchen	Zebra	Pinguin	Strauß/ Nandu/ Emu/ Kasuar	Pelikan	Flamingo	Ara	Greifvögel	Krokodil/ Alligator	Komodowaran	Riesenschildkröte	Anaconda/ Python
IRLAND	**DUBLIN**	3	0	2	2	3	2	0	3	1	0	2	0	0	2
ITALIEN	BUSSOLENGO	0	0	2	3	0↑	5	6	4	2	4	3	0!	4	3
ITALIEN	ROM	0	0	0	2	0↑	4	3	3	0	3	4	0	0	3
LETTLAND	RIGA	0	0	2	2	0	2	3	3	2	1	3	0	3	1
NIEDERLANDE	**AMSTERDAM Artis**	2↑	0	3	4	4	4	5	?	1	6	4	0	2	3
NIEDERLANDE	**ARNHEIM Burgers**	0	0	6	5	3↑	0	3	3	2	4	3	0	0	4
NIEDERLANDE	**EMMEN**	3	4	5	3	6	4	3	6	4	0	4	0	0	4
NIEDERLANDE	**ROTTERDAM**	0	4	4	5	6	3	2	3	?	5	5	4	4	3
NIEDERLANDE	AMERSFOORT	0	0	5	3	4	6	0	4	2	3	2	0	0	0
NIEDERLANDE	RHENEN	0	0	4	3	3↑	2	4	3	3	5	4	0	2	4
ÖSTERREICH	**WIEN**	0	0↑	4	3	6	4	5	4	3	4	6	0	6	6
POLEN	WARSCHAU	0	0	2	3↑	3	4↑	4	4	3	3	3	0	0	3
POLEN	WROCLAW	0	2	1	3↑	0↑	3↑	3	3	3	4	2!	0	3	2
PORTUGAL	LISSABON	4	3	4	2	2	0	2	2	2	2	3	1	0	1
SLOWAKEI	BOJNICE	0	2	0	4	0	4	4	2	1	4	1	0	0	2
SLOWAKEI	BRATISLAVA	0	1	4	1↑	0	3	4	4	1	2	0	0	0	0
SLOWENIEN	LJUBLJANA	0	0	0↑	2	0↑	5	3	0↑	2	3	0!	0	0	1
SPANIEN	**BARCELONA**	3	0	2	2↑	3	2	4	4	3	2	3	5	1	3
SPANIEN	**MADRID**	0	1	3	2	2	3	5	5	1	3	3	0	1	2
SPANIEN	VALENCIA	0	0	4	5	0	5	3	3	0	0	5	0	0	3
SCHWEDEN	ESKILSTUNA	3	0	4	0	0	4	0	2	0	0	4	6	1!	3
SCHWEDEN	KOLMÅRDEN	0	0	6	4	6	5	0	0	?	?	5	0	0	4
SCHWEIZ	**BASEL**	4	0	4	4	3	3	6	6	0	0	6	0	0	3
SCHWEIZ	**ZÜRICH**	0	0	0	2!	3!	5	0	3!	3	?	4	0	5	3
TSCHECHIEN	**PRAG**	5	5	2	2	4	4	5	5	3↑	6	5	3	6	4
TSCHECHIEN	DVUR KRALOVE	0	2	5	6	0	4	6	2	2	?	2	0	0	2
TSCHECHIEN	PILSEN	2	4	0	5	2	5	5	3	0	1	3	0	0	3
TSCHECHIEN	ZLIN	2	0	0	2	3	5	4	4	4	5	5	0	0	1
UK	**CHESTER**	4	0	3	2	4	3	3	4	3	6	4↑	3↑	2	2
UK	**ZSL LONDON**	2	3	4	1	3!	3	5	4	2	5	3	6	5	3
UK	BELFAST	3	3	3	3	3	2	5	3	2	4	0	0	0	0
UK	BRISTOL	0	0	4	0	4	3	3	3	3	0	3	0	4	3
UK	COLCHESTER	2	2	4	2	2	2	3	2	2	3	4	5	0	3
UK	EDINBURGH	0	0	0	4	6	0	0	2	0	0	0	0	0	0
UK	MARWELL	0	4	4	4	3	4	0	2	0	0	3	0	0	2
UK	PAIGNTON	3	4	4	4	0	5	5	3	?	0	3	0	3	3
UK	TWYCROSS	1	1	3	0↑	2	3	4	3	2	0	1	0	2	0
UK	ZSL WHIPSNADE	0	0	3	3	4	3	0	2	0	?	2	0	0	1
UNGARN	**BUDAPEST**	0	0	6	2↑	4	3	4	3	4	4	2	0	0	3
UNGARN	SOSTO	0	4	3	6	3	3	6	3	3↑	0	4	5	0	3
ANZAHL DER HALTER		30	27	60	74	61	72	66	78	68	63	69	10	30	71

Ranglisten

Einführung

Ranglisten, die natürlich immer umstritten sind, sind heute in jeder Art von Wirtschaftsunternehmen üblich; sie dienen den betreffenden Organisationen als nützlicher Benchmark und sind für ihre Kunden von großem Interesse. Sie haben immer ihre Grenzen und repräsentieren eine Momentaufnahme.

Zoo-Ranglisten

Gelegentlich erscheinen in verschiedenen Publikationen Zoo-Ranglisten. Soweit ich weiß, berücksichtigt keine von ihnen das sehr breite Spektrum der Faktoren, die für Zoos relevant sind; ich habe versucht, eindeutige Ranglisten zu erstellen, die den wichtigsten Arbeiten im modernen Zoo gerecht werden.

Meine Ranglisten

Die Bewertungen sind von einzelnen Punktzahlen aus 26 unterschiedlichen Faktoren abgeleitet, die dann in 3 verschiedene Tätigkeitsbereiche zusammengefasst wurden: Besucherfaktoren, Bildung und Natur- und Artenschutz, Wirtschaft und Organisation.

Den Bewertungen liegen eine Analyse der Antworten auf einen Zoo-Fragebogen mit 86 Fragen, Interviews mit Zoodirektoren, veröffentlichte Informationen und ausführliche Zoobesuche zugrunde. Die Qualität der verfügbaren Informationen variiert natürlich; außerdem finden kontinuierlich Veränderungen und Verbesserungen statt. Die Gewichtung von Faktoren berücksichtigt, dass die Kunden, Besucher und Sponsoren von größter Wichtigkeit sind und dass die primären Ziele von Bildung und Artenschutz vorwiegend von den Kunden der Zoos finanziert werden.

Auslassungen

Meine Ranglisten berücksichtigen ein breites Spektrum wichtiger Zoo-Aktivitäten, nicht aber die Gastronomie, die Zoo-Shops, Veranstaltungen und Shows, Kinderzoos und Spielplätze, Transport und Parkplätze, Öffnungszeiten und Forschungsarbeit. Die Zoos sind sich der Bedeutung all dieser Faktoren bewusst, aber abgesehen von der akademischen Forschung, die eine eigene detaillierte Studie ergeben würde, meine ich, dass es schwierig ist, diese Aspekte sinnvoll zu vergleichen und dass diese Faktoren durch Besucherbefragungen ausgewertet werden sollten. Die besten Zoos nehmen diese Umfragen sehr ernst.

Die Ergebnisse der Ranglisten

Für viele Ranglisten ist es typisch, dass viele der Wertungen sehr nah beieinander sind. Einige Zoos sind weit oben in der einen und weit unten in der anderen Kategorie. Die Situation ist dynamisch und wird sich ändern, sobald einige Zoos investieren und sich schneller als andere entwickeln. Ich habe versucht, die laufenden Verbesserungen einzubeziehen, indem ich für die Masterpläne und Investitionspläne wesentliche Punktzahlen vergeben habe, ebenso für die Wahrscheinlichkeit, dass in den Jahren bis 2020 Mittel verfügbar sein werden.

Die 4 Ranglisten

Die Ranglisten sind in zwei Bereiche unterteilt – einer für Gruppe-A-Zoos und einer für Gruppe-B-Zoos. Sie stellen Folgendes dar:

- Besucherfaktoren (Tierbestand, Tierhäuser und -anlagen, Design, Landschaftsbau, Vegetation, Ambiente, Beschilderung der Gehege) 108 Punkte (48,9 % der Gesamtpunktzahl)
- Bildung und Natur-und Artenschutz (Zooschule, Schülerzahlen, Studenten, In-situ- und Ex-situ-Artenschutz), 35 Punkte (15,8 % der Gesamtpunktzahl)
- wirtschaftliche und organisatorische Faktoren (Besucherzahlen und Trends, bisherige und zukünftige Investitionen, Personal, Tierpfleger-Fortbildungen, Marketing, Werbung, Masterplan, Vereine von Zoofreunden, Eintrittspreise, Management) 78 Punkte (35,3 % der Gesamtpunktzahl)
- und eine allgemeine Rangliste, die all diese Faktoren miteinander kombiniert.

Anthony Sheridan, Dr. Dagmar Schratter (Zoodirektorin), Dr. Helmut Pechlaner (ehem. Zoodirektor), Dr. Reinhold Mitterlehner (Bundesminister)

Preisvergabe

Auf der Basis meiner Arbeit mit Ranglisten habe ich dem besten unter den vielen ausgezeichneten zoologischen Gärten in Europa einen Preis verliehen. Wien hat den Preis für den besten Zoo der Guppe A in den Jahren 2009 und 2011 erhalten. 2011 habe ich einen zusätzlichen Preis für den besten Zoo der Gruppe B eingeführt, der an Beauval in Frankreich ging.

Platzierung - Gesamt - Gruppe A

			Besucherfaktoren	Bildung und Natur- und Artenschutz	Wirtschaftliche und organisatorische Faktoren	GESAMTPUNKTZAHL
	Gruppe A 30 Zoos	**>1 Million Besucher**	**108**	**35**	**78**	**221**
1	WIEN	ÖSTERREICH	87	30	69	186
2	LEIPZIG	DEUTSCHLAND	79	22	70	171
2	ZÜRICH	SCHWEIZ	77	30	64	171
4	BERLIN ZOO	DEUTSCHLAND	87	17	66	170
5	BASEL	SCHWEIZ	78	23	61	162
5	CHESTER	UK	76	31	55	162
5	KÖLN	DEUTSCHLAND	75	25	62	162
8	ROTTERDAM	NIEDERLANDE	82	29	50	161
9	ARNHEIM Burgers	NIEDERLANDE	84	20	53	157
10	HAMBURG Hagenbeck	DEUTSCHLAND	75	20	60	155
10	PRAG	TSCHECHIEN	77	24	54	155
12	MÜNCHEN Hellabrunn	DEUTSCHLAND	79	24	51	154
13	ANTWERPEN	BELGIEN	63	32	56	151
13	HANNOVER	DEUTSCHLAND	70	19	62	151
13	KOPENHAGEN	DÄNEMARK	69	26	56	151
13	STUTTGART Wilhelma	DEUTSCHLAND	74	19	58	151
17	FRANKFURT	DEUTSCHLAND	69	30	51	150
18	MÜNSTER	DEUTSCHLAND	74	23	52	149
19	AMSTERDAM Artis	NIEDERLANDE	69	26	52	147
19	NÜRNBERG	DEUTSCHLAND	72	23	52	147
21	BUDAPEST	UNGARN	74	22	48	144
22	DUISBURG	DEUTSCHLAND	73	18	47	138
23	EMMEN	NIEDERLANDE	72	20	45	137
24	ZSL LONDON	UK	58	33	44	135
25	BERLIN TIERPARK	DEUTSCHLAND	72	14	48	134
26	BARCELONA	SPANIEN	64	25	40	129
27	GELSENKIRCHEN	DEUTSCHLAND	66	8	54	128
28	MADRID	SPANIEN	67	19	38	124
29	DUBLIN	IRLAND	60	16	45	121
29	KARLSRUHE	DEUTSCHLAND	58	16	47	121

Platzierung - Gesamt - Gruppe B

			Besucherfaktoren	Bildung und Natur- und Artenschutz	Wirtschaftliche und organisatorische Faktoren	GESAMTPUNKTZAHL
	Gruppe B 50 Zoos	**>500.000 Besucher**	**108**	**35**	**78**	**221**
1	ST AIGNAN BEAUVAL	FRANKREICH	81	25	36	142
2	OSNABRÜCK	DEUTSCHLAND	68	19	51	138
3	AMNEVILLE	FRANKREICH	74	26	35	135
4	KOLMÅRDEN/Tropicarium	SCHWEDEN	71	18	45	134
5	LISSABON	PORTUGAL	73	24	36	133
5	VALENCIA	SPANIEN	76	20	37	133
7	WUPPERTAL	DEUTSCHLAND	73	18	41	132
8	BRISTOL	UK	63	32	35	130
8	COLCHESTER	UK	64	23	43	130
8	PAIGNTON	UK	64	30	36	130
8	PAIRI DAIZA Paradisio	BELGIEN	66	14	50	130
12	MECHELEN Planckendael	BELGIEN	55	22	50	127
12	WARSCHAU	POLEN	73	15	39	127
14	ZSL WHIPSNADE	UK	63	26	37	126
15	ROSTOCK	DEUTSCHLAND	60	14	51	125
16	BUSSOLENGO	ITALIEN	67	19	36	122
17	DRESDEN	DEUTSCHLAND	64	10	47	121
17	EDINBURGH	UK	53	24	44	121
19	PILSEN	TSCHECHIEN	65	14	40	119
20	RHENEN	NIEDERLANDE	66	18	34	118
21	HEIDELBERG	DEUTSCHLAND	61	20	36	117
22	LA PALMYRE	FRANKREICH	72	14	30	116
22	TWYCROSS	UK	52	22	42	116
24	DORTMUND	DEUTSCHLAND	64	17	33	114
24	DOUE LA FONTAINE	FRANKREICH	67	25	22	114
26	DVUR KRÁLOVÉ	TSCHECHIEN	64	16	33	113
26	MARWELL	UK	56	23	34	113
26	ZLIN	TSCHECHIEN	65	13	35	113
29	ERFURT	DEUTSCHLAND	54	13	44	111
30	WROCLAW	POLEN	54	11	45	110

Platzierung - Gesamt - Gruppe B

			Besucherfaktoren	Bildung und Natur- und Artenschutz	Wirtschaftliche und organisatorische Faktoren	GESAMTPUNKTZAHL
	Gruppe B 50 Zoos	**>500.000 Besucher**	**108**	**35**	**78**	**221**
31	SOSTO	UNGARN	61	11	37	109
32	BELFAST	UK	63	15	30	108
33	MAGDEBURG	DEUTSCHLAND	60	11	35	106
34	AMERSFOORT	NIEDERLANDE	56	16	33	105
35	AUGSBURG	DEUTSCHLAND	61	12	30	103
36	KREFELD	DEUTSCHLAND	52	13	35	100
37	ESKILSTUNA	SCHWEDEN	57	15	27	99
37	KRONBERG OPEL	DEUTSCHLAND	48	14	37	99
37	ODENSE	DÄNEMARK	55	7	37	99
37	ROM	ITALIEN	60	11	28	99
41	TALLINN	ESTLAND	50	12	36	98
42	HELSINKI	FINNLAND	45	18	34	97
43	HALLE	DEUTSCHLAND	58	10	28	96
44	MULHOUSE	FRANKREICH	48	21	23	92
45	RIGA	LETTLAND	43	9	35	87
46	LA FLECHE	FRANKREICH	59	5	20	84
47	BOJNICE	SLOWAKEI	44	14	25	83
48	BRATISLAVA	SLOWAKEI	40	12	27	79
49	PARIS Ménagerie	FRANKREICH	44	11	23	78
50	LJUBLJANA	SLOWENIEN	40	6	30	76

Platzierung - Besucherfaktoren

	Gruppe A 30 Zoos	>1 Million Besucher	108
1	BERLIN ZOO	DEUTSCHLAND	87
1	WIEN	ÖSTERREICH	87
3	ARNHEIM Burgers	NIEDERLANDE	84
4	ROTTERDAM	NIEDERLANDE	82
5	LEIPZIG	DEUTSCHLAND	79
5	MÜNCHEN Hellabrunn	DEUTSCHLAND	79
7	BASEL	SCHWEIZ	78
8	PRAG	TSCHECHIEN	77
8	ZÜRICH	SCHWEIZ	77
10	CHESTER	UK	76
11	HAMBURG Hagenbeck	DEUTSCHLAND	75
11	KÖLN	DEUTSCHLAND	75
13	BUDAPEST	UNGARN	74
13	MÜNSTER	DEUTSCHLAND	74
13	STUTTGART Wilhelma	DEUTSCHLAND	74
16	DUISBURG	DEUTSCHLAND	73
17	BERLIN TIERPARK	DEUTSCHLAND	72
17	EMMEN	NIEDERLANDE	72
17	NÜRNBERG	DEUTSCHLAND	72
20	HANNOVER	DEUTSCHLAND	70
21	AMSTERDAM Artis	NIEDERLANDE	69
21	FRANKFURT	DEUTSCHLAND	69
21	KOPENHAGEN	DÄNEMARK	69
24	MADRID	SPANIEN	67
25	GELSENKIRCHEN	DEUTSCHLAND	66
26	BARCELONA	SPANIEN	64
27	ANTWERPEN	BELGIEN	63
28	DUBLIN	IRLAND	60
29	KARLSRUHE	DEUTSCHLAND	58
29	ZSL LONDON	UK	58

	Gruppe B 50 Zoos	>500.000 Besucher	
1	ST AIGNAN BEAUVAL	FRANKREICH	81
2	VALENCIA	SPANIEN	76
3	AMNEVILLE	FRANKREICH	74
4	LISSABON	PORTUGAL	73
4	WARSCHAU	POLEN	73
4	WUPPERTAL	DEUTSCHLAND	73
7	LA PALMYRE	FRANKREICH	72
8	KOLMÅRDEN/Tropicarium	SCHWEDEN	71
9	OSNABRÜCK	DEUTSCHLAND	68
10	BUSSOLENGO	ITALIEN	67
10	DOUE LA FONTAINE	FRANKREICH	67
12	PAIRI DAIZA Paradisio	BELGIEN	66
12	RHENEN	NIEDERLANDE	66
14	PILSEN	TSCHECHIEN	65
14	ZLIN	TSCHECHIEN	65
16	COLCHESTER	UK	64
16	DORTMUND	DEUTSCHLAND	64
16	DRESDEN	DEUTSCHLAND	64
16	DVUR KRÁLOVÉ	TSCHECHIEN	64
16	PAIGNTON	UK	64
21	BELFAST	UK	63
21	BRISTOL	UK	63
21	ZSL WHIPSNADE	UK	63
24	AUGSBURG	DEUTSCHLAND	61
24	HEIDELBERG	DEUTSCHLAND	61

	Gruppe B 50 Zoos	>500.000 Besucher	
24	SOSTO	UNGARN	61
27	MAGDEBURG	DEUTSCHLAND	60
27	ROM	ITALIEN	60
27	ROSTOCK	DEUTSCHLAND	60
30	LA FLECHE	FRANKREICH	59
31	HALLE	DEUTSCHLAND	58
32	ESKILSTUNA	SCHWEDEN	57
33	AMERSFOORT	NIEDERLANDE	56
33	MARWELL	UK	56
35	MECHELEN Planckendael	BELGIEN	55
35	ODENSE	DÄNEMARK	55
37	ERFURT	DEUTSCHLAND	54
37	WROCLAW	POLEN	54
39	EDINBURGH	UK	53
40	KREFELD	DEUTSCHLAND	52
40	TWYCROSS	UK	52
42	TALLINN	ESTLAND	50
43	KRONBERG OPEL	DEUTSCHLAND	48
43	MULHOUSE	FRANKREICH	48
45	HELSINKI	FINNLAND	45
46	BOJNICE	SLOWAKEI	44
46	PARIS Ménagerie	FRANKREICH	44
48	RIGA	LETTLAND	43
49	BRATISLAVA	SLOWAKEI	40
49	LJUBLJANA	SLOWENIEN	40

Platzierung - Bildung und Natur- und Artenschutz

	Gruppe A 30 Zoos	**>1 Million Besucher**	**35**
1	ZSL LONDON	UK	33
2	ANTWERPEN	BELGIEN	32
3	CHESTER	UK	31
4	FRANKFURT	DEUTSCHLAND	30
4	WIEN	ÖSTERREICH	30
4	ZÜRICH	SCHWEIZ	30
7	ROTTERDAM	NIEDERLANDE	29
8	AMSTERDAM Artis	NIEDERLANDE	26
8	KOPENHAGEN	DÄNEMARK	26
10	BARCELONA	SPANIEN	25
10	KÖLN	DEUTSCHLAND	25
12	MÜNCHEN Hellabrunn	DEUTSCHLAND	24
12	PRAG	TSCHECHIEN	24
14	BASEL	SCHWEIZ	23
14	MÜNSTER	DEUTSCHLAND	23
14	NÜRNBERG	DEUTSCHLAND	23
17	BUDAPEST	UNGARN	22
17	LEIPZIG	DEUTSCHLAND	22
19	ARNHEIM Burgers	NIEDERLANDE	20
19	EMMEN	NIEDERLANDE	20
19	HAMBURG Hagenbeck	DEUTSCHLAND	20
22	HANNOVER	DEUTSCHLAND	19
22	MADRID	SPANIEN	19
22	STUTTGART Wilhelma	DEUTSCHLAND	19
25	DUISBURG	DEUTSCHLAND	18
26	BERLIN ZOO	DEUTSCHLAND	17
27	DUBLIN	IRLAND	16
27	KARLSRUHE	DEUTSCHLAND	16
29	BERLIN TIERPARK	DEUTSCHLAND	14
30	GELSENKIRCHEN	DEUTSCHLAND	8

	Gruppe B 50 Zoos	>500.000 Besucher	
1	BRISTOL	UK	32
2	PAIGNTON	UK	30
3	AMNEVILLE	FRANKREICH	26
3	ZSL WHIPSNADE	UK	26
5	DOUE LA FONTAINE	FRANKREICH	25
5	ST AIGNAN BEAUVAL	FRANKREICH	25
7	EDINBURGH	UK	24
7	LISSABON	PORTUGAL	24
9	COLCHESTER	UK	23
9	MARWELL	UK	23
11	MECHELEN Planckendael	BELGIEN	22
11	TWYCROSS	UK	22
13	MULHOUSE	FRANKREICH	21
14	HEIDELBERG	DEUTSCHLAND	20
14	VALENCIA	SPANIEN	20
16	BUSSOLENGO	ITALIEN	19
16	OSNABRÜCK	DEUTSCHLAND	19
18	HELSINKI	FINNLAND	18
18	KOLMÅRDEN/Tropicarium	SCHWEDEN	18
18	RHENEN	NIEDERLANDE	18
18	WUPPERTAL	DEUTSCHLAND	18
22	DORTMUND	DEUTSCHLAND	17
23	AMERSFOORT	NIEDERLANDE	16
23	DVUR KRÁLOVÉ	TSCHECHIEN	16
25	BELFAST	UK	15

	Gruppe B 50 Zoos	>500.000 Besucher	
25	ESKILSTUNA	SCHWEDEN	15
25	WARSCHAU	POLEN	15
28	BOJNICE	SLOWAKEI	14
28	KRONBERG OPEL	DEUTSCHLAND	14
28	PAiRI DAIZA Paradisio	BELGIEN	14
28	LA PALMYRE	FRANKREICH	14
28	PILSEN	TSCHECHIEN	14
28	ROSTOCK	DEUTSCHLAND	14
34	ERFURT	DEUTSCHLAND	13
34	KREFELD	DEUTSCHLAND	13
34	ZLIN	TSCHECHIEN	13
37	AUGSBURG	DEUTSCHLAND	12
37	BRATISLAVA	SLOWAKEI	12
37	TALLINN	ESTLAND	12
40	MAGDEBURG	DEUTSCHLAND	11
40	PARIS Ménagerie	FRANKREICH	11
40	ROM	ITALIEN	11
40	SOSTO	UNGARN	11
40	WROCLAW	POLEN	11
45	DRESDEN	DEUTSCHLAND	10
45	HALLE	DEUTSCHLAND	10
47	RIGA	LETTLAND	9
48	ODENSE	DÄNEMARK	7
49	LJUBLJANA	SLOWENIEN	6
50	LA FLECHE	FRANKREICH	5

Platzierung - wirtschaftliche und organisatorische Faktoren

	Gruppe A 30 Zoos	**>1 Million Besucher**	**78**
1	LEIPZIG	DEUTSCHLAND	70
2	WIEN	ÖSTERREICH	69
3	BERLIN ZOO	DEUTSCHLAND	66
4	ZÜRICH	SCHWEIZ	64
5	HANNOVER	DEUTSCHLAND	62
5	KÖLN	DEUTSCHLAND	62
7	BASEL	SCHWEIZ	61
8	HAMBURG Hagenbeck	DEUTSCHLAND	60
9	STUTTGART Wilhelma	DEUTSCHLAND	58
10	ANTWERPEN	BELGIEN	56
10	KOPENHAGEN	DÄNEMARK	56
12	CHESTER	UK	55
13	GELSENKIRCHEN	DEUTSCHLAND	54
13	PRAG	TSCHECHIEN	54
15	ARNHEIM Burgers	NIEDERLANDE	53
16	AMSTERDAM Artis	NIEDERLANDE	52
16	MÜNSTER	DEUTSCHLAND	52
16	NÜRNBERG	DEUTSCHLAND	52
19	FRANKFURT	DEUTSCHLAND	51
19	MÜNCHEN Hellabrunn	DEUTSCHLAND	51
21	ROTTERDAM	NIEDERLANDE	50
22	BERLIN TIERPARK	DEUTSCHLAND	48
22	BUDAPEST	UNGARN	48
24	DUISBURG	DEUTSCHLAND	47
24	KARLSRUHE	DEUTSCHLAND	47
26	DUBLIN	IRLAND	45
26	EMMEN	NIEDERLANDE	45
28	ZSL LONDON	UK	44
29	BARCELONA	SPANIEN	40
30	MADRID	SPANIEN	38

	Gruppe B 50 Zoos	>500.000 Besucher	
1	OSNABRÜCK	DEUTSCHLAND	51
1	ROSTOCK	DEUTSCHLAND	51
3	MECHELEN Planckendael	BELGIEN	50
3	PAIRI DAIZA Paradisio	BELGIEN	50
5	DRESDEN	DEUTSCHLAND	47
6	KOLMÅRDEN/Tropicarium	SCHWEDEN	45
6	WROCLAW	POLEN	45
8	EDINBURGH	UK	44
8	ERFURT	DEUTSCHLAND	44
10	COLCHESTER	UK	43
11	TWYCROSS	UK	42
12	WUPPERTAL	DEUTSCHLAND	41
13	PILSEN	TSCHECHIEN	40
14	WARSCHAU	POLEN	39
15	KRONBERG OPEL	DEUTSCHLAND	37
15	ODENSE	DÄNEMARK	37
15	SOSTO	UNGARN	37
15	VALENCIA	SPANIEN	37
15	ZSL WHIPSNADE	UK	37
20	BUSSOLENGO	ITALIEN	36
20	HEIDELBERG	DEUTSCHLAND	36
20	LISSABON	PORTUGAL	36
20	PAIGNTON	UK	36
20	ST AIGNAN BEAUVAL	FRANKREICH	36
20	TALLINN	ESTLAND	36

	Gruppe B 50 Zoos	>500.000 Besucher	
26	AMNEVILLE	FRANKREICH	35
26	BRISTOL	UK	35
26	KREFELD	DEUTSCHLAND	35
26	MAGDEBURG	DEUTSCHLAND	35
26	RIGA	LETTLAND	35
26	ZLIN	TSCHECHIEN	35
32	HELSINKI	FINNLAND	34
32	MARWELL	UK	34
32	RHENEN	NIEDERLANDE	34
35	AMERSFOORT	NIEDERLANDE	33
35	DORTMUND	DEUTSCHLAND	33
35	DVUR KÁALOVÉ	TSCHECHIEN	33
38	AUGSBURG	DEUTSCHLAND	30
38	BELFAST	UK	30
38	LA PALMYRE	FRANKREICH	30
38	LJUBLJANA	SLOWENIEN	30
42	HALLE	DEUTSCHLAND	28
42	ROM	ITALIEN	28
46	BRATISLAVA	SLOWAKEI	27
46	ESKILSTUNA	SCHWEDEN	27
44	BOJNICE	SLOWAKEI	25
47	MULHOUSE	FRANKREICH	23
47	PARIS Ménagerie	FRANKREICH	23
49	DOUE LA FONTAINE	FRANKREICH	22
50	LA FLECHE	FRANKREICH	20

Odense

Rhenen

KAPITEL 14

Wie werden diese Zoos im Jahr 2020 aussehen?

Um uns einen Blick in die Zukunft zu ermöglichen, wurde jeder Zoodirektor nach seinem Masterplan, möglichst bis zum Jahr 2020, befragt. Die Resonanz war vorwiegend positiv und ermutigend, obwohl einige Zoos keinen Ausblick geben konnten, sei es, weil entsprechende Pläne nicht existieren oder weil sie nicht veröffentlicht werden können. In jedem Fall können sich die Umstände ändern und kein Plan kann als absolut bindend für die nächsten zehn Jahre gelten.
Ich habe auf der Basis der gesammelten Informationen eine Prognose versucht und dabei die finanzielle und die Spendensituation eines jeden Zoos berücksichtigt. Die Prognose geht davon aus, dass keine größere Katastrophe die Pläne der Zoos wesentlich beeinträchtigt.

Alle Zoos müssen in wichtige neue und bessere Anlagen investieren; die Eigendynamik in diesem Jahrzehnt ist beeinflusst von:

1) den Anforderungen der EU- und nationalen Gesetzgebung, neue Mindeststandards zu erreichen, unter denen viele Tierarten in Zoos gehalten werden können,

2) der Notwendigkeit, mit anderen Besucherattraktionen in der Umgebung wettbewerbsfähig zu bleiben, was regelmäßig neue Besucher-Highlights erfordern wird,

3) dem Druck der Zoofreunde und anderer Unterstützer der Zoos im Hinblick auf Verbesserungen – oftmals verbunden mit ihrer Fähigkeit, Sponsoren zu gewinnen,

4) den Wünschen der Besucher, die häufig in Besucherumfragen geäußert und vom Zoo-Management berücksichtigt werden, um die Haltungsbedingungen für bestimmte Arten zu verbessern.

Die Finanzierung der neuen Investitionen wird aus vielen verschiedenen Quellen stammen; jeder Zoo ist unterschiedlich und hat seinen eigenen Finanzierungsmix.
Finanzielle Unterstützung durch die EU ist in denjenigen Ländern, die erst vor Kurzem der EU beigetreten sind, am ehesten zu erwarten.
Nach meiner Schätzung werden die 80 Zoos dieser Studie mehr als 1,5 Milliarden EUR in der Zeit von 2010 – 2020 investieren – dies sind durchschnittlich mindestens 150 Millionen EUR im Jahr und 18,75 Millionen EUR für jeden Zoo innerhalb dieses Zeitraums.
Im Folgenden sind nur diejenigen Zoos, über die ausreichende Daten vorliegen, berücksichtigt. Sie sind nach Ländern geordnet unter Gruppe-A- (25) und Gruppe-B-Zoos (29).

Wie werden diese Zoos im Jahr 2020 aussehen?

Antwerpen

Nach dem Abschluss des gegenwärtigen Großprojekts für Löwen und andere Tierarten sollen die Anlagen für Tiger und Leoparden entsprechend saniert und vergrößert werden. Eine noch größere Investition wird erforderlich sein, um ein vor Kurzem erworbenes Gelände mit 32 Wohnhäusern, die abgerissen wurden, umzugestalten, um bessere Gehege für die Elefanten, Giraffen und Okapis zu bauen. Affen, die bisher keine Außenanlagen haben, sollen solche erhalten. Auch für andere Tierarten sind bessere Häuser und Anlagen vorgesehen. Dies wird diesen Zoo wesentlich verändern.

Kopenhagen

Nach der begehbaren Flamingo-Voliere mit frei fliegenden Flamingos, Ibissen und Löffelreihern, die 2011 eröffnet werden soll, und dem spannenden Arctic-Ring-Project für Eisbären, arktische Vogelarten und andere, die für 2012 geplant sind, wird es - nach mehreren Jahren großer Investitionen - eine Pause geben. Schimpansen und Braunbären dürften bei der nächsten Verbesserungsphase Priorität haben, möglicherweise sollen Orang-Utans angeschafft werden, die dann ein neues Haus mit Außenanlage benötigen werden.

Berlin Tierpark

Es ist zu früh, über die Details eines neuen Masterplans für den Tierpark zu spekulieren, der 2011 freigegeben werden soll. Es gibt ein Sofortprogramm für die Renovierung und Verbesserung des Alfred-Brehm-Hauses für 2012; seine separate tropische Freiflughalle wird renoviert und die Großkatzen werden Verbesserungen ihrer Außenanlagen erfahren. Ein neues Südostasienhaus, welches in erster Linie Orang-Utans und Gibbons beherbergen soll, wird voraussichtlich 2014 fertiggestellt. Es ist wahrscheinlich, dass es neue Ideen für zukünftige Verän-

Berlin

derungen geben wird, die den Charakter der großen Parklandschaft berücksichtigen – ideal für Anlagen mit Huftieren unterschiedlicher Arten in Gemeinschaftshaltung, die den Tierpark zunehmend vom Zoo Berlin unterscheiden würden. Es gibt Verständnis für die Notwendigkeit, städtische Fördermittel zu reduzieren.

Berlin Zoo

Das größte Projekt für die nächsten 5 Jahre ist die Renovierung und Verbesserung des alten Vogelhauses, das auf die Vollendung des aktuellen Orang-Utan-Projekts folgen wird. Des Weiteren sollen die Nashornanlagen verbessert werden (nur eine Tierart soll hier verbleiben) und die Gehege der Tapire, Bären (außer Eisbären) und verschiedener kleiner Katzenarten.
Der Kinderzoo kann mit Verbesserungen rechnen. Ich wäre nicht überrascht, noch vor 2020 ein neues Paar Großer Pandas in einer schönen, neuen Anlage vorzufinden. Dieser Zoo muss regelmäßig große Summen in historische Gebäude und Denkmäler investieren, wie vor Kurzem beim Giraffen-, Antilopen- und Zebrahaus geschehen; die berühmten Eingangstore und das Restaurant dürften davon voraussichtlich profitieren.

Duisburg

Zu den laufenden Projekten gehören eine neue Anlage für Brillenbären, die möglicherweise mit Nasenbären vergesellschaftet werden, und der neue Kinderzoo. Die Varis werden die ausgezeichnete begehbare Anlage der Kattas auch genießen dürfen. Die gegenwärtige Perspektive ist für die bescheidenen nicht-städtische Mittel nur für Investitionen nutzbar. Die Priorität werden wichtige Verbesserungen der Menschenaffen-, Pavian- und anderer Affenanlagen sowie auch anderer Anlagen im Zoo haben. Um 2020 hofft man, zusätzlichen Platz für eine große neue Anlage mit europäischer Flora und Fauna erwerben zu können.

Frankfurt

Der vor einigen Jahren getroffenen Entscheidung folgend, den Zoo an seinem bisherigen Standort zu belassen, gibt es einen neuen Entwicklungsplan. Die sehr schöne Borgori-Menschenaffen-Anlage, die 2009 eröffnet wurde, und eine im Bau befindliche Brillenbärenanlage mit einem neuen Eingangsbereich sind die ersten Großprojekte. Ihnen werden eventuell eine neue Pinguinanlage und eine Afrikasavanne mit besseren Haltungsbedingungen für die Giraffen folgen. Es würde mich nicht verwundern, um 2020 ein neues Flusspferdhaus und ein verbessertes Grzimek-Haus vorzufinden. Es kann mit Recht erwartet werden, dass dieser Zoo im Jahr 2020 einen beträchtlichen Modernisierungsrückstand aufgeholt haben wird.

Hamburg

Das spannende und innovative Eismeer-Projekt, das 2012 eröffnet werden soll, wird 700 m begehbaren Bereich mit Unterwasser-Einblicken über 3 Ebenen, die den Besucher regelrecht

in die Tierwelt eintauchen lassen, enthalten, mit Felsen und arktischen Gehegen für Eisbären, Seelöwen, Walrösser (die ersten in einem der Zoos aus dieser Studie), Königs- und Humboldtpinguine und andere Meeresvögel.
Ein neues Australien-Haus wird Ende 2011 eröffnet. Die nächsten Prioritäten sind möglicherweise Verbesserungen der bestehenden Anlagen, darunter ein neues Giraffenhaus. Weitere größere Entwicklungen vor 2020 werden die Anschaffung von Nashörnern mit einem entsprechenden Haus und Gehege sein und die Eröffnung eines neuen Südamerikahauses, in das weitere neue Tierarten einziehen sollen. Dieser Zoo wird weiterhin vorn bei der Entwicklung innovativer Projekte bleiben.

Karlsruhe

Dieser Zoo hat das größte Investitionsprogramm in seiner Geschichte gestartet, das den Zoo Karlsruhe verändern wird und zu seinem 150. Geburtstag im Jahr 2015, der mit dem 300. Geburtstag der Stadt Karlsruhe zusammenfällt, abgeschlossen sein soll. Zurzeit stehen die Eröffnungen neuer Gehege am Lauterberg für Schneeleoparden, Rote Pandas, Nasenbären und verschiedene andere Tierarten an, anschließend über mehrere Jahre der Bau einer neuen Afrikasavanne. Der Zoo wird an seiner Nordseite wesentlich erweitert; das vorherige "Tullabad"-Sportcenter wurde angekauft; es wird in ein „Exotenhaus“ mit einem Vivarium, einem zoopädagogischen Zentrum, einem Kinderzoo und Einrichtungen für bereits vorhandene und neu anzuschaffende Säugetiere, Vögel, Reptilien und Amphibien umgewandelt. Für die Zett nach 2015 sind ein neues Elefantenhaus und -gehege geplant sowie die Verbesserung der Löwen- und Flusspferdanlagen. Neue Anlagen für Kamele, Gazellen und andere Säugetiere könnten mit einbezogen werden. Dies sind aufregende Zeiten für den Zoo Karlsruhe, die vor Kurzem mit dem großen Projekt für Eisbären, Seelöwen und Pinguine begonnen haben!

Köln

Nach der Eröffnung des weitläufigen und spannenden Hippodom für Flusspferde und Krokodile anlässlich des 150-jährigen Zoojubliäums im Jahr 2010 wurde ein neuer Masterplan 2020 aufgestellt und vor Kurzem publiziert; er beinhaltet wesentliche Investitionen von mindestens 100 Mio. EUR über einen längeren Zeitraum. Der Zoo hofft, in Kürze 1,5 ha zusätzlicher Grundfläche zu erhalten. Im Jahr 2012 wird eine neue Anlage für Ameisenbären eröffnet. Nach und nach wird der Zoo als Geozoo umstrukturiert; dabei bilden Afrika, Asien und Südamerika die Hauptschwerpunkte. Für mehrere Anlagen sind Aufwertungen vorgesehen, zudem soll vor

Münster

2020 eine Afrikasavanne für Giraffen, Nashörner und Antilopen entstehen, die die derzeitigen Außenanlagen der Giraffen, Impalas, Nashörner und Bisons zusammenführt. Für ein neues Nashornhaus kann eventuell das bisherige Elefantenhaus genutzt werden.
Als zusätzliche Tierart ist eventuell die Anschaffung von Warzenschweinen geplant. Auf längere Sicht soll ein spannendes Projekt, „KlimArktis", Platz für Walrösser bieten. Viele weitere interessante neue Häuser sind in Planung.

Leipzig

Die Eröffnung der mit Spannung für Mitte 2011 erwarteten 1,65-Hektar-Tropenhalle Gondwanaland wird ein weiterer Meilenstein in der jüngsten, großartigen Geschichte dieses Zoos sein. Sie wird für den Zoo weitere 40 Tierarten mit sich bringen, darunter Zwergflusspferde, Komodowarane, Tapire und Servale. Teil des einzigartigen Besuchserlebnisses in diesem 67-Millionen-Euro-Projekt wird eine Indoor-Bootsfahrt durch die Tropenwelt sein. Um das große Gesamtprojekt „Zoo der Zukunft" mit seinen 6 Themenbereichen bis 2015 zu vollenden, sind weitere Investitionen geplant, wie in Kapitel 10 detailliert beschrieben.

München

Das GEO-Zoo-Konzept, hier zum ersten Mal umgesetzt, ist fundamental für die neuen Pläne weiterer Verbesserungen. Große Investitionen sind geplant, beginnend mit der neuen Humboldtpinguin-Anlage, die Anfang 2011 eröffnet wird, und die Erweiterung der Königspinguinanlage im Polarium im darauf folgenden Jahr. Zwergotter werden neu angeschafft. Kinderzoo und Aquarium sollen verbessert werden. Die anschließende Phase wird sich auf die Giraffen konzentrieren; sie sollen in ein neues Haus mit Savannenanlage nahe dem Isartor umziehen und mit Zebras und afrikanischen Antilopenarten vergesellschaftet werden. Der durch diesen Umzug frei werdende Platz im Elefantenhaus wird für die Elefanten wesentliche Verbesserungen mit sich bringen. Danach werden wahrscheinlich die Nashörner, dann Alleinbewohner ihres Hauses, und die Tapire, die ein neues Haus erhalten sollen, an der Reihe sein. All diese Verbesserungen sind vor 2016 zu erwarten und weitere spannende Neuzugänge und Verbesserungen werden sicherlich folgen.

Münster

Höchste Priorität hat die Investition in einen Elefantenpark und die Unterbringungsmöglichkeit für einen Elefantenbullen, um eine Zuchtgruppe zu bilden; seine Vollendung ist für 2014 anvisiert. Wesentliche Verbesserungen für die Giraffen und Löwen sollen folgen, zuvor aber noch für die Leoparden. Nach 2015 soll eine neue Tropenhalle geplant werden, deren Eröffnung vor 2020 zu erwarten ist.

Nürnberg

Das große und spannende DelphinLagune-Projekt (Delfine und Seekühe), das im Sommer 2011 eröffnet wird, wird eine zweite Seelöwenanlage, ein Schmetterlingshaus und einige wichtige

Neuzugänge bei den Säugetieren, außerdem neue Gastronomie und Veranstaltungsorte mit sich bringen. Wegen der hohen Kosten dieses Projekts sind anschließend kleinere Projekte wie für die Brillenbären und Tigeriltisse sowie die Verbesserung des Giraffenhauses geplant. Ich rechne damit, dass vor 2020 ein neues Elefantenhaus mit einer großen Afrikasavanne eröffnet wird, welche den Elefanten und Nashörnern die Möglichkeit zu baden und die Gesellschaft anderer Tierarten bieten und sich bis zu den Giraffen- und Zebraanlagen erstrecken wird. Mit alldem wird der Tierpark Nürnberg zu einer wirklich fantastischen Besucherattraktion.

Stuttgart

Der Masterplan der Wilhelma konzentriert sich auf wesentliche Verbesserungen für die vorhandenen Tierarten, eine bessere Organisation als GEO-Zoo und eine Priorität für bedrohte Tierarten. Das ehrgeizige Entwicklungsprogramm sieht vor, die neue Gorilla- und Bonobo-Anlage 2012 zu eröffnen und anschließend das jetzige Menschenaffenhaus umzugestalten, um für die Orang-Utans und Gibbons bessere Bedingungen zu schaffen. Das Elefantenhaus für die 3 älteren Elefantendamen soll verbessert werden, bevor das neue Großprojekt, ein neues Elefantenhaus mit einer viel größeren Anlage für eine Elefantenherde möglicherweise 2013 – 2015 umgesetzt werden kann. Eine neue Panzernashorn-Anlage, die das jetzige Elefantengehege nutzen wird, wird folgen. Für andere Tierarten wird es vor 2020 eventuell ebenfalls neue oder bessere Anlagen geben, z. B. Löwen, Leoparden, Drills, Lemuren und Tapire. Ein solches Programm würde Wilhelma verändern und auf den neuesten Stand bringen.

Amsterdam

Artis implementiert zurzeit seinen 10-Jahres-Masterplan mit dem derzeit größten Investitionsprogramm unter den niederländischen Zoos in dieser Studie. Das neu gestaltete historische Menschenaffen- und das Vogelhaus werden im Jahr 2011 mit begehbaren Anlagen wiedereröffnet. Die neu gebaute Fasanerie wird im selben Jahr eröffnet. Wesentliche Neuentwicklungen, die um 2015 fertiggestellt werden sollen, sind eine neue Jaguaranlage, eine doppelte und größere Einrichtung für zwei separate Gorillagruppen, eine Pinguin-Unterwassersicht, die Erneuerung des Tierhauses und der Gehege für Löwen und andere Katzenarten und anschließend das größte Projekt, das neue Elefantenhaus und -gehege für eine Zuchtherde in der 1,7-ha-Erweiterung. Um 2020 sollte Artis' Ziel, innovative, moderne Einrichtungen für seine Tiere unter Beibehaltung seiner Gebäude aus dem 19. Jahrhundert zu haben, realisiert sein.

Arnheim

Die Finanzkrise hat die Eröffnung einer weiteren mit Spannung erwarteten innovativen Anlage in Burgers' Zoo verzögert, der im Jahr 2013 seinen 100. Geburtstag feiern wird. Das leicht verzögerte Projekt, das 2015 eröffnet werden dürfte, wird sich erwartungsgemäß auf arktische Tierarten wie u. a. Eisbären konzentrieren. Ich hoffe außerdem, dass die sehr beliebten Orang-Utans wieder zu sehen sein werden und ein spannendes neues Haus und Gehege vorfinden.

Emmen

Emmen

Dieser Zoo, der in den 90er Jahren für seine innovativen Anlagen berühmt war, befindet sich infolge der Pläne, den kompletten Zoo in den „Bereich Es" am Stadtrand von Emmen zu verlagern, in einem Wandel. Mindestens 200 Millionen EUR werden benötigt, dieses ambitionierte und spannende Projekt umzusetzen; sein Vorangehen wird von der Fähigkeit der Stadt Emmen abhängen, genügend Mittel zu beschaffen. Eine Entscheidung wird für Ende 2011 erwartet. Der gegenwärtige Teil im Stadtzentrum wird mindestens bis 2015 genutzt werden; bis dahin soll jährlich mindestens eine neue Anlage, beginnend mit Löwen im Jahr 2011, eröffnet werden.

Falls der Zoo umzieht, soll ein komplett neuer Zoo gebaut und entwickelt werden, der sich wieder durch ein innovatives Konzept hinreichend abhebt, um eine sehr große Anzahl Besucher aus großen Entfernungen anzuziehen. Er würde in Klimazonen eingeteilt sein – Tropen, Wüste, Arktis – und abenteuerliche und spannende Anlagen beherbergen, darunter von Beginn an eine sehr große Tropenhalle mit u. a. Elefanten und Orang-Utans, die beide sehr interessante Außenanlagen mit unterschiedlichen Zugangsmöglichkeiten für Besucher erhalten sollen. Der neue Zoo will das Eintauchen des Besuchers in die Tierwelt in ihrer natürlichen Umgebung realisieren. Ein hoher alter Baumbestand und eine aufwendige Vegetation wären Teil dieses zurzeit eher offenen Geländes. Die Pläne lassen ein sehr interessantes und attraktives Besuchserlebnis erkennen.

Wien

Nach großen Neueröffnungen in den Jahren 2009 – 2010 plant der Tiergarten Schönbrunn bis 2015 die Renovierung und Verbesserung des Affenhauses (auch neue Tierarten wie z. B. Guerezas sind geplant), stark verbesserte und vergrößerte Eisbär-Gehege und die Vergrößerung und Umgestaltung der Giraffenanlage.

Anschließend wäre eine Erweiterung des Zoos denkbar, die neue Anlagen für große europäische Säugetierarten in einer natürlichen Umgebung und/oder eine Afrikasavanne beherbergen könnte. Eine solche Investition würde Wien vorn unter den Top-Zoos halten.

Basel

Der Zoo Basel hat einen Masterplan bis 2020. Dieser Zoo hat eine solide unabhängige finanzielle Unterstützung, die es ihm ermöglicht, realistische und realisierbare Pläne für große Investitionsprojekte in festen Zeitrahmen zu machen. Gegenwärtig werden im „Zolli" die Anlagen für Gorillas, Orang-Utans und Schimpansen weiterentwickelt und verbessert; dieses sehr große Projekt wird ausgezeichnete Außenanlagen mit Panoramafenstern schaffen. Wie immer wird bei diesem Zoo der begrenzte Platz mit mehreren Ebenen sehr gut genutzt; ganz oben sind die Totenkopfäffchen, Klammeraffen und Brüllaffen. Diese spannende Anlage wird 2012 eröffnet. Danach sollen größere Einrichtungen für die Elefanten und Flusspferde Priorität haben; diese werden einen zusätzlichen Hektar Land für den Zoo mit sich bringen. Es wäre nicht sehr überraschend, wenn um 2020 Große Pandas angeschafft würden, besonders, wenn China weiterhin seine Population in Gefangenschaft lebender Tiere vergrößert. In jedem Falle wird der „Zolli" unter den führenden europäischen Zoos ganz vorn sein.

Zürich

Der Zoo Zürich hat einen Masterplan bis 2020 und wie Basel eine sehr solide finanzielle Unterstützung bei der Realisierung seiner ambitionierten Pläne. Zurzeit wird gerade der Pantanal, die neue Südamerika-Anlage, gebaut, die 2012 eröffnet werden soll. Das neue Haus mit einem Gehege von 2 ha wird Ameisenbären, Tapiren, Capybaras und Totenkopfäffchen eine herrliche Unterkunft bieten. Flamingos werden dort ebenfalls auf einem großen See leben. Das nächste

Zürich

größere Projekt wird eine neue Pinguinanlage nahe beim Haupteingang sein, die 2013 eröffnet werden soll. Die größte Neuinvestition ist für den neuen Elefantenpark mit Elefantenhaus für eine Zuchtherde geplant; dieser wird zu den besten Europas gehören und soll 2014 eröffnen. Außerdem soll es eine neue Huftieranlage geben.
Die Renovierung und Verbesserung des Aquariums ist für 2016 vorgesehen. Das darauf folgende Großprojekt wird eine neue Afrikasavanne mit den bislang sehr vermissten Giraffen sein, mit einem neuen Haus und vergesellschaftet mit Nashörnern, Zebras und verschiedenen Antilopenarten. 2020 wird der Zoo Zürich unter den europäischen Zoos ganz vorn stehen.

Barcelona

Die spanische Finanzkrise hat sich auf diesen Stadtzoo und das Timing seines Masterplans direkt ausgewirkt. Kurzfristig werden neue Raubvogel-Volieren gebaut und der Tierbestand aus dem Sahel vergrößert. Der Schlüssel für die Umsetzbarkeit des Masterplans ist der Erwerb eines neuen 5-ha-Geländes für Meerestierarten, das mit dem Transfer von Delfinen, Seelöwen und anderen Tierarten verbunden wäre. Der frei werdende Platz auf dem Zoogelände mit zusätzlichen 3 Hektar wird dem Zoo die Neuorganisation in 3 GEO-Bereiche (Afrika, Asien, Südamerika) und sukzessive die notwendigen Verbesserungen an bestehenden Anlagen ermöglichen. Die Priorität wird ein neues Elefantenhaus und ein Gehege für eine Zuchtgruppe haben. Zunächst ist eine Afrikasavanne für große Tierarten in Gemeinschaftshaltung geplant. Es ist zurzeit unmöglich, einen Zeitplan für die Verfügbarkeit der Mittel aufzustellen. Ich gehe davon aus, dass ein Teil der o. g. Pläne bis 2020 und einige kleinere Verbesserungen in den nächsten Jahren umgesetzt sein könnten. Die komplette Umsetzung würde diesen Zoo verwandeln. Beides der Zoo und das geplante Delfinarium werden in derselben Trägerschaft und Verwaltung verbleiben.

Madrid

Gegenwärtig gibt es für die kommenden 3 Jahre Pläne für höhere jährliche Investitionen in neue und verbesserte Anlagen. Nach der Vergrößerung der Elefantenanlage 2009 werden Elefantenhaus und -anlage 2012 – 2013 wesentlich erweitert um eine Zuchtgruppe unterzubringen. Der gegenwärtige Masterplan sieht außerdem ein neues Flusspferd- und ein neues Schimpansenhaus vor. 2013 sollten die Vergrößerung des Kinderzoos und Verbesserungen des Bärengeheges abgeschlossen sein. Neben anderen Neuanschaffungen sind Riesenotter für den Tierbestand geplant. Um 2020 sollte dieser Zoo wesentlich verbessert sein.

Prag

Die Arbeiten an einem neuen Elefanten- und einem Flusspferd-Haus sollen bald beginnen. Ihnen sollen Verbesserungen der Eisbär-Gehege und Innen- und Außenanlagen für neue Panzernashörner folgen. Eine neue Großvoliere ist außerdem geplant. Es gibt ausreichenden Platz für die Anschaffung zusätzlicher Tierarten zu einem jetzt schon sehr guten Tierbestand.

Chester

Als Teil seines überarbeiteten Masterplans, den er zwischen 2014 und 2024 umzusetzen hofft, erforscht der Zoo Chester eine neue Herangehensweise an Klimazonen. Die Absicht dabei ist es, eine mutige, einprägende Umgebung zu schaffen, die die Erhaltungsprogramme des Zoos mit einer Auswahl von Tierarten in natürlichen Landschaften verbindet. In dieser Herangehensweise gibt es ein einziges gemeinsames Thema.
Die erste Zone, "Endangered Islands" (Inseln in Gefahr), wird den empfindlichen Lebensraum verschiedener Ökosysteme auf Madagaskar, den Maskarenen, den Philippinen und möglicherweise anderen Inselgruppen darstellen. Diese spannende Anlage, die eine Reihe von Show-Häusern und eine Bootsfahrt und Unterwasserausblicke enthalten wird, soll 2014 eröffnet werden. Einziehen sollen hier beide Orang-Utan-Arten, Sumatratiger, Komodowarane, verschiedene Lemuren-Arten, Makaken und Krokodile. Eine weitere große Zonenanlage kann vielleicht noch vor 2020 folgen.
Des Weiteren wird eine "Cheshire heritage"-Zone mit angebundenen Sehenswürdigkeiten um das schöne Herrenhaus aus dem 19. Jahrhundert herum entstehen.

Budapest

Viele historische Gebäude sind 2010 wunderbar restauriert und aufgewertet worden, darunter das alte Giraffenhaus, das alte Büffelhaus und das, was heute das Australienhaus ist. Geplante Neuanschaffungen sind Okapis für das alte Giraffenhaus und Koalas für das Australienhaus. Das große "Magic Mountain"-Projekt mit der Anlage „Magic of Life", einem Museum und einer interaktiven wissenschaftlichen Ausstellung eröffnet 2011. Der Zoo plant, den benachbarten 6,5 ha großen Freizeitpark zu erwerben, der das Zoogelände auf über 17 ha vergrößern wird. Die größte Priorität wird dann ein neuer Elefantenpark für eine Zuchtherde haben. Viele weitere Veränderungen sind geplant, um sicherzustellen, dass der Zoo Budapest einer der besten in Europa bleiben wird.

Planckendael

Die aktuelle Hauptbaustelle ist das 3-ha-Elefantenhaus und -gehege für eine neue Zuchtherde Asiatischer Elefanten mit einem Besucherdurchgang, das 2012 eröffnet werden soll und mit Kerala (Indien) verbunden ist. 2013 soll eine neue Humboldtpinguin-Anlage folgen. Derweil wird die im Jahr 2008 eröffnete Afrikasavanne weiterentwickelt. Es gibt Pläne für die Anschaffung weiterer Tierarten in Gemeinschaftshaltung, falls möglich.

Pairi Daiza

Dieser Zoo, zuvor „Parc Paradisio", war 1994 als Vogelpark gegründet worden. Während er einen herausragenden Vogelbestand und -anlagen hält, entwickelt er sich schnell zu einem umfangreichen Zoo.

Odense

Der neue Australienbereich, in dem es eine begehbare Känguru-Anlage und Volieren gibt, wird 2011 eröffnet, zusammen mit der 1. Bauphase der neuen Afrika-Anlage, die von Geparden und Guerezas bezogen werden soll. Innerhalb von 3 Jahren sollen die 2. und 3. Phase mit einem neuen Elefantenhaus und -gehege, einem verbesserten Flusspferdhaus und Löwen, Nashörnern, Krokodilen und verschiedenen Antilopenarten als Neuzugänge folgen. Zu den weiteren für 2011 – 2012 geplanten Anschaffungen gehören China-Alligatoren im herrlichen Chinabereich des Zoos und eine Anlage mit Flamingos und Seevögeln. Langfristig ist eine Arktisanlage geplant. Dies ist eine wirklich spannende Entwicklungsphase in einem ungewöhnlichen Zoo, der einen Schauraum von Tieren in ihrem menschlichen Kulturraum bildet.

Odense

Dieser Zoo hat vor Kurzem gute Fortschritte gemacht, besonders mit dem beeindruckenden Oceanium mit Pinguinhaus, Tropenhaus und der Entwicklung des „Kiwara"-Bereichs. Der 5-Jahres-Plan bis 2013 umfasst eine neue Afrikasavanne, „ Fishbone Bay" für Meerestierarten und ein großes Zoo-Lernzentrum, das auf städtischem Gelände neben dem Zoo gebaut wird. Es gibt genügend Platz für weitere wichtige Tierarten, die die Besucher gern haben würden, vor allem Elefanten und Bären.

Dortmund

Derweil die Förderung zurzeit sehr begrenzt bleibt, gibt es ehrgeizige Pläne für weitere Verbesserungen des Zoos. Nach einigen wichtigen Projekten in den letzten 3 Jahren wie dem Nebelparder-Gehege baut der Zoo gegenwärtig neue Einrichtungen für Gaure und Amurleoparden und im Kinderzoo. In den nächsten Jahren werden wahrscheinlich ein neues Haus

Dortmund

und Gehege für den Ameisenbären, der im Logo des Zoos verewigt ist, und eine große neue Seelöwenanlage, eventuell mit anderen Wassertierarten, eröffnet.

Dresden

Dieser Zoo hat sich in den letzten 5 Jahren gut entwickelt und wird dies, weitere Unterstützung durch die Stadt Dresden vorausgesetzt, auch weiterhin tun. Er benötigt zusätzliches Land vom benachbarten städtischen Großen Garten, was sich als schwierig erweist.
Der Zoo Dresden erwartet Koalas für sein 2010 eröffnetes Prof. Brandes-Haus. Eine neue Schneeleopardenanlage wird 2011 eröffnet, anschließend eine Patagonien- und eine Schwarzbärenanlage 2012 – 2013. Das alte Affenhaus wird ersetzt, um eine neue Behausung für Affenarten zu schaffen. Ebenso das Orang-Utan-Haus; man hofft, dass Gorillas angeschafft werden können. Wenn der Zoo mehr Platz zur Verfügung hat, soll auch die Elefanten-Außenanlage vergrößert werden. All dies könnte 2020 fertiggestellt sein.

Erfurt

Der Zoopark Erfurt hat sich in letzter Zeit gut entwickelt und besitzt einen ehrgeizigen Masterplan, der über die nächsten 5 Jahre hinausreicht. Das Hauptprojekt, ein neues Elefantenhaus mit einem Gehege von fast 2 Hektar für eine Zuchtgruppe, soll 2011 begonnen und 2013 eröffnet werden. Die Afrikasavanne, zum Teil 2010 eröffnet, soll 2012 fertiggestellt werden. Für die Zeit bis 2012 sind begehbare Lemuren- und verbesserte Anlagen für Siamangs und Geparden geplant. Anschließend folgt der Umbau des alten Elefantenhauses für Giraffen und Zebras. Wesentliche Verbesserungen sind für den Reptilien- und Nachttierbereich desselben Hauses geplant. Man hofft, für die vor Kurzem eröffnete Südamerika-Anlage Ameisenbären anschaffen zu können. Das Großprojekt in der Zeit bis 2020 soll eine große neue Tropenhalle sein, die gegenüber der Känguru-Anlage mit einem separaten öffentlichen Eingang zur Straße hin entstehen soll. Dieser auf einem spannenden Gelände gelegene Zoo soll einer der führenden in Deutschland werden.

Heidelberg

Nach der Eröffnung des großartigen Elefantenhauses und der Anlage im Jahr 2010 sind einige kleinere Verbesserungen und Gehege für 2011 geplant, z. B. für Zwergotter und Binturongs, und ein neues Aqua-Terrarium für madegassische Tierarten im Afrikahaus. Neue Vogelhäuser sollen bereits vorhandene und neu anzuschaffende Tierarten beherbergen. Auch das neue Schimpansen-Außengehege soll vor 2012 eröffnet werden. Für das Jahr 2012 sind außerdem eine neue Löwenanlage und ein großes neues Gehege für Erdmännchen und Stachelschweine vorgesehen.
Unter den neuen Projekten ab 2013 werden eine neue Gorilla-Anlage und eine Afrikasavanne sein, was davon abhängt, dass der Zoo die versprochenen zusätzlichen 2,5 ha auch erhalten wird. Diese große Neuentwicklung wird ein Giraffenhaus, Zebras und verschiedene Antilopenarten beherbergen. Gegen 2020 könnte ich mir die Anschaffung von Krokodilen vorstellen.

Kronberg

Der Bau des neuen Elefantenhauses im Opel-Zoo wird 2011 beginnen und soll mit einer verbesserten Anlage 2012 eröffnet werden; diese spannende Entwicklung wird eine Zuchtgruppe mit sich bringen und für den gesamten Frankfurter Raum von großem Interesse sein. In den Folgejahren wird eine bessere Flusspferdanlage gebaut und Nashörner werden von da an zum Tierbestand gehören. Auch für andere Tierarten sind Verbesserungen geplant. Dieses Jahrzehnt wird ein Meilenstein für den Opel-Zoo.

Magdeburg

Mit der Umsetzung des Masterplans "Vision 2006+" gab es während der vergangenen 2 Jahre beträchtliche Neuentwicklungen, beginnend mit dem beeindruckenden, geräumigen, multifunktionalen Eingangsgebäude (2009), gefolgt vom Amazonashaus (2009) und Africambo 1 (2010). Der Afrika-Savannenbereich steht vor der Vollendung. Das nächste Hauptprojekt ist die Renovierung des Menschenaffenhauses und ein Schimpansen-Außengehege. Gorillas werden dann möglicherweise neu angeschafft. Das größte Projekt in der Geschichte des Zoos wird Africambo 2 sein, zu dem ein neues Elefantenhaus mit -anlage für eine Zuchtgruppe gehören wird sowie eine einzigartige Vergesellschaftung von Nashörnern mit Guerezas. Dies alles soll Ende 2015 eröffnet werden. Danach wird der Zoo seinen Bestand wahrscheinlich stetig erweitern und die bestehenden Anlagen verbessern. Im Jahr 2020 wird dieser Zoo verwandelt sein.

Wie werden diese Zoos im Jahr 2020 aussehen?

Osnabrück

Nach der Eröffnung von Takamanda (2010) wird im Jahr 2011 der 75. Geburtstag des Zoos mit der Eröffnung der Taiga für Eisbären und andere Bärenarten, Bisons, Wölfe, Luchse, Waschbären, Vielfraße und Silberfüchse in einer neuen 1,5-ha-Anlage begangen. Die Schweinsaffen werden sich 2011 ebenfalls einer neuen Anlage erfreuen. Im Zeitraum von 2013 – 2017 wird ein neuer Nordamerikabereich mit Volieren für Vogelarten und Eulen entwickelt, gefolgt von einer neuen Südostasien-Anlage mit Tigern und Gibbons, die 2020 fertiggestellt sein soll.
Dieser Zoo ist auf Erfolgskurs.

Rostock

Der Masterplan 2020 sieht eine wesentliche Wandlung dieses Zoos vor. Ein neues Wapiti-Gehege wird 2011 eröffnet. Die Arbeiten am bahnbrechenden Darwineum-Projekt, das bei Weitem das Größte in der Geschichte des Zoos sein wird, haben begonnen und sollen 2012/13 abgeschlossen sein. Dieses aufregende Projekt wird großzügige Innen- und Außenanlagen für große Gorilla- und Orang-Utan-Zuchtgruppen enthalten, die mit Gibbons vergesellschaftet werden, und weitere Affenarten, Kattas, Riesenschildkröten und verschiedene Vogel- und Reptilienarten beherbergen. Dort soll es auch Bildungs- und Serviceangebote geben.
Danach wird man sich auf neue Eisbärengehege konzentrieren und die lang erwartete Anschaffung von Giraffen - mit neuem Haus und Anlage - sowie Amurtigern. Wenn all das umgesetzt ist, wird Rostock ein führender europäischer Zoo sein.

Wuppertal

Bei der Umsetzung größerer Vorhaben und spannender Neueröffnungen in den letzten Jahren ist der Zoo durch die hinreichend publizierten finanziellen Probleme der Stadt eingeschränkt. Die Investitionspläne sehen bis 2014 wesentliche Verbesserungen vom Okapihaus und -gehege, eine neue Außenanlage für die Bonobos und eine neue Voliere vor. Die Eisbärenanlage wird wesentlich erweitert und verbessert und ein größeres Projekt für die schönen Kleinkatzenarten wird folgen.

Tallinn

Die Umsetzung des Masterplans geschah relativ langsam, vor allem während der Finanzkrise. Nach der Eröffnung des Hauses für Dickhäuter im Jahr 2008 wurden neue Schneeleoparden- und Amur-Tigergehege eröffnet. Ein wichtiges Projekt, das in Angriff genommen wird, sobald Mittel verfügbar sind, ist die neue 7-ha-Afrikasavanne. Mit einem neuen Giraffenhaus wird sie außerdem Zebras, Kudus und andere Antilopenarten beherbergen. Weiterhin sind eine neue Eisbärenanlage und Verbesserungen für die Braunbären-, Wolfs- und die Anlagen verschiedener Affenarten geplant. Es ist zu erwarten, dass all dies zusammen mit dem neuen Haupteingangsgebäude 2020 fertiggestellt sein wird,, das Platz für eine neue Zooschule, ein Konferenzzentrum, ein Restaurant und Büros bieten wird.

Wuppertal

Amnéville

Dieser Zoo eröffnet jedes Jahr eine bedeutende neue Anlage und hat detaillierte Pläne für die nächsten 5 Jahre. Die neue, größere Pinguinanlage eröffnet 2011; im selben Jahr wird das neue Südamerikahaus mit Ameisenbären folgen. Das nächste große Projekt, das einen zusätzlichen Hektar Land erfordert, ist ein neues Gorillahaus mit 3 Außengehegen, basierend auf den Ideen des vor Kurzem eröffneten Orang-Utan-Hauses. Im Anschluss folgen die neue Kodiakbären-Anlage und Verbesserungen für die Braunbären und den Kinderzoo. Um 2016 ist der Einzug von Komodowaranen in den beeindruckenden Reptilienbestand eines neues Vivariums zu erwarten. Amnéville wird in Frankreich unter den besten Zoos bleiben.

La Flèche

Nach der kürzlich erfolgten Anschaffung von Ameisenbären, neuen Anlagen für Ozelots, weiße Löwen und vergesellschaftete afrikanische und südamerikanische Tierarten und der Eröffnung von "Nocturama" sieht der Masterplan des Zoos beträchtliche Investitionen in verbesserte Einrichtungen für die vorhandenen Tierarten vor, z. B. eine Giraffen-Zuchtgruppe in einer neuen Afrikasavanne mit unterschiedlichen Tierarten. Breitmaulnashörner werden neu hinzukommen und ein Vivarium. Außerdem soll ein Hotel gebaut werden.

Bussolengo

Italiens führender Zoo hat ehrgeizige Pläne: Nach beträchtlichen Verbesserungen und Investitionen im Jahr 2010 soll der angrenzende Safaripark zum Jahre 2013 komplett integriert sein. Die Neuorganisation in GEO-Zonen wird fortgeführt. Der Bau neuer Innenanlagen wird Priorität haben, um dem Zoo eine ganzjährige Öffnungszeit zu ermöglichen. Zunächst erwarte ich innerhalb der nächsten zwei Jahre den Bau eines neuen Schimpansenhauses, das für Besucher geöffnet sein wird, möglicherweise mit Platz für Gorillas, die der Zoo anzuschaffen beabsichtigt. Andere Neuanschaffungen auf längere Sicht könnten Koalas, Komodowarane und Okapis sein, die alle Innenanlagen benötigen. 2020 hoffe ich mehr von den fehlenden populären Tierarten zu sehen, wie Pinguine, Riesen- und Zwergotter und Ameisenbären. Dieser Zoo wird zunehmend zu einer Besucherattraktion, nicht zuletzt wegen der Millionen Touristen, die Verona und den Gardasee besuchen.

Rom

Zurzeit werden wesentliche Investitionen getätigt und der strategische 10-Jahres-Plan des Bioparco umgesetzt. Es gibt einen großen Nachholbedarf an Verbesserungen. 2011 – 2012 werden neue Bereiche für die Gibbons und Tamarine gebaut und die Gehege der Orang-Utans und Mangaben modernisiert und erweitert. Auch die Seelöwen und Pinguine werden von neuen Investitionen profitieren. Größere Folgeprojekte umfassen ein neues Aquarium und die komplette Renovierung historischer Gebäude wie des Tigerhauses und des ehemaligen Ägyptenhauses für Elefanten. Die Investitionen haben sich auf mindestens 7 Millionen im Jahr erhöht. Auf dieser Basis wird der Zoo in Rom einen stetigen und signifikanten Fortschritt machen.

Riga

Die Finanzkrise, die Lettland besonders hart getroffen hat, hat das Hauptprojekt des Zoos, dessen Eröffnung zu seinem 100. Geburtstag im Jahr 2012 geplant war, um ein bis zwei Jahre verzögert; es handelt sich dabei um ein neues Elefantenhaus und -gehege, das nach 10 Jahren die Rückkehr der Elefanten in den Zoo Riga ermöglichen wird. Ein im Bau befindliches Projekt, die Afrikasavanne mit Innenbereichen für Zebras, Antilopen und Strauße, wird wohl 2012 eröffnet werden. Es gibt Pläne, in einige sehr schlechte Anlagen zu investieren, wie die für Bären und Flusspferde. Ich glaube, dass all diese lebendigen Projekte vor 2020 abgeschlossen sein werden, die aus dem Zoo Riga einen viel interessanteren und attraktiveren Zoo machen werden.

Amersfoort

Der neue Masterplan wird mit den verbesserten Gehegen für Schimpansen abgeschlossen, die in unmittelbarer Zukunft Priorität haben. Der Zoo wird seinen unverkennbaren Charakter weiterentwickeln. Vor 2020 wird es einige wesentliche Entwicklungen geben, die möglicherweise ein ungewöhnliches Indonesien-Themenhaus mit starken pädagogischen und Abenteuerkomponenten beinhalten sowie die Anschaffung von Komodowaranen und anderer interessanter Tierarten. Außerdem wird möglicherweise eine große Anlage mit europäischen Säugetieren und einer ungewöhnlichen Art, in die Tierwelt einzutauchen, hinzukommen.

Warschau

Warschau

In den letzten Jahren seit 2008 wurde der Zoo mit wesentlichen Investitionen in neue Menschenaffen- und Flusspferdhäuser beträchtlich verbessert. Bis 2013 sollen ein neues Wildvogel-Rehabilitationszentrum, ein CITES-Reptilienzentrum und ein Paludarium eingerichtet werden. Später beabsichtigt der Zoo Warschau eine Afrikasavanne zu eröffnen, in der seine Giraffen, Zebras, Antilopen und Strauße zusammengefasst werden sollen. Ein Ozeanium und neue Gehege für verschiedene Tierarten wie Eisbären und Braunbären sollen entstehen. Ein längerfristiges Projekt ist der Bau eines Schmetterlingshauses.

Wroclaw

Wroclaw beginnt jetzt mit der Arbeit an der größten Investition, die je in einem polnischen Zoo getätigt wurde, dem Africarium/Oceanarium, das 2014 eröffnet werden soll. Dieses bahnbrechende Projekt, unter den allergrößten in Europa, wird eine Tropenhalle von 10 000 m^2 umfassen. Verschiedene afrikanische Ökosysteme werden angesiedelt, die viele Tierarten beherbergen, darunter Nilpferde und Krokodile, Haie, südafrikanische Robben und Pinguine, Seekühe, Zwergmeerkatzen und Erdferkel.

Der Zoo plant den baldigen Erwerb von zusätzlichen 5 Hektar, um eine Afrikasavanne zu bauen. 2011 – 2012 sollen Rote Pandas angeschafft werden und die Totenkopfaffen eine Affeninsel erhalten. Danach sollen indische Tierarten, darunter Nashörner, Languren und Muntjaks den Tierbestand vergrößern. Auf lange Sicht, möglicherweise noch vor 2020, wird das Hauptprojekt eine Bootsfahrt in einer Südostasien-Außenanlage mit Elefanten und Gibbons bilden. Dieser Zoo hat große Pläne und eine spannende Zukunft.

Wie werden diese Zoos im Jahr 2020 aussehen?

Bojnice

In diesem Jahr wird der Zoo die Arbeit an seinem 8-Millionen-Euro-Programm zur Verbesserung der Infrastruktur beginnen, um den Zoo mit seinen Tierhäusern und Gehegen wesentlich weiterzuentwickeln. Diese Vorarbeiten umfassen außerdem ein neues pädagogisches Zentrum, Beschilderungen und andere Informationen, die modernisiert werden. Danach gehören zu den Prioritäten des Zoos, die möglicherweise bis 2020 umgesetzt sein werden, neue Raubtierhäuser und wesentliche Verbesserungen des Elefantenhauses und der Außenanlage. Neue Einrichtungen für Braunbären und andere große europäische Säugetiere sind ebenfalls zu erwarten. Große finanzielle Beschränkungen durch die Regierung verzögern viel nötige Investition.

Bratislava

Nach der Eröffnung des beeindruckenden neuen Menschenaffenhauses im Jahr 2010 soll das alte Schimpansen-/Gibbonhaus in diesem Jahr wieder aufgebaut werden, um die Schimpansen, die zeitweilig im neuen Menschenaffenhaus untergebracht sind, zu beherbergen. Danach können Gorillas das neue Menschenaffenhaus beziehen und Gibbons mit den dort bereits lebenden Orang-Utans vergesellschaftet werden.
Der gegenwärtig schwierigen Finanzsituation unterworfen, sollte der geplante neue Afrikakomplex mit einem neuen Giraffenhaus und einer Savanne für Giraffen, Nashörner, Zebras und Antilopen folgen. Das größte Projekt, das vielleicht bis 2020 vollendet werden kann, ist ein neues Elefantenhaus mit -gehege. Zuvor werden viele Verbesserungen bereits bestehender Anlagen stattgefunden haben.

Ljubljana

Ein sehr ehrgeiziger Masterplan wurde Ende 2007 fertiggestellt, aber mangelde Finanzierungsmöglichkeiten verhinderten, auch nur einen Teil davon umzusetzen. Der Plan sieht eine komplette Umgestaltung des Zoos in 6 GEO-Zonen und Servicebereiche vor, mit dem Erwerb von zusätzlich 15 Hektar angrenzenden Landes; dies würde es dem Zoo bauen, die EU-Standards zu erfüllen und größere Anlagen für Tierarten in Gemeinschaftshaltung zu ermöglichen. Zu den geplanten Neuanschaffungen gehören Nashörner, Erdmännchen, Nasenbären, Pinguine, Krokodile und Flamingos. Je nach Finanzlage könnte der Plan innerhalb von 6 Jahren komplett umgesetzt werden. Zurzeit scheint es so, dass zu 2020 nur die Umsetzung einer wesentlich reduzierten Version oder eines Teils des Plans erwartet werden kann.

Pilsen

Nach der Eröffnung großer neuer Afrika- und Asienanlagen, die 2010 25 % des Zoogeländes ausmachen, wird sich dieser Zoo voraussichtlich vor 2020 weiterentwickeln. Das größte neue Projekt, das eine 13,5-ha-Erweiterung des Zoos mit sich bringt, ist das Südostasien-Projekt mit einem neuen Elefantenhaus für Asiatische Elefanten, Orang-Utans und andere indonesische Tierarten. Die Besucher werden die Tiere von Booten aus in einer entsprechenden Umgebung

Pilsen

betrachten können. Dies wird der krönende Abschluss und die Erfüllung der Träume des Zoodirektors vor 2020 sein.

Zlin

Um seinen Masterplan zu erfüllen und ihn als GEO-Zoo weiterzuentwickeln, ist für diesen Zoo der Erwerb von 15 ha benachbarten Geländes das Wichtigste. Die 1. Phase, Äthiopien, mit Dscheladas, Schliefern und einer Voliere, wird 2011 abgeschlossen. Die zweite für Große Kudus, Streifenhyänen, Erdmännchen und andere Tierarten soll 2013 abgeschlossen sein. Anschließend werden eine Stachelrochen-Anlage und eine neue begehbare Anlage "Tonle Sap" für südostasiatische Säugetiere und Vögel folgen, die 2015 eröffnet werden sollen. In den darauffolgenden 5 Jahren würde ich neue Investitionen in ein Aquarium, ein Flusspferdhaus mit Anlage und eine neue Afrikasavanne erwarten. Die Entwicklung dieses Zoos ist besonders ermutigend, betrachtet man die geringe Bevölkerungsdichte in seinem Einzugsbereich.

Bristol

Der Zoo Bristol hat Masterpläne, die große Investitionen mit sich bringen, für jeden seiner zwei Standorte: die Bristol Zoo Gardens (BZG) und den National Wildlife Conservation Park (NWCP). Der BZG Masterplan sieht für seinen begrenzten Standort eine Einteilung in 3 Hauptzonen vor -Tropenwald, Gebirge und Flusslandschaft – die die vorhandenen Tierarten in spannenden neuen Anlagen beherbergen werden, mit einem Fokus auf Besucherinformationen über Umwelt- und Artenschutzthemen.

Das Gorillahaus wird umgebaut, um dort ausschließlich Gorillas zu beherbergen. All diese Veränderungen sollen 2020 abgeschlossen sein.
Der National Wildlife Conservation Park, ein 55-ha-Gelände, liegt ca. 10 km von den Bristol Zoo Gardens entfernt.
Die Entwicklungsplanungsgenehmigung wurde erteilt, den Masterplan umzusetzen, der für unterschiedliche Lebensräume – Wald, Savanne und Grasland – Vertreter aus Afrika, Asien und Lateinamerika vorsieht sowie einige große Innenanlagen. Es ist geplant, große Säugetierarten anzuschaffen, die in den BGZ nicht vorhanden sind. Zurzeit sind Fördermittel beantragt; angesichts der vorhersehbaren Finanzsituation ist es wahrscheinlich, dass nur die Anfangsphase des ehrgeizigen Masterplans vor 2020 umgesetzt sein wird, doch dies kann sich schnell ändern!

Twycross

Nach der Eröffnung von "Himalaya" mit seinen Schneeleoparden, von "Uda Walawa" und einer neuen Anlage für Asiatische Elefanten im Jahr 2010 plant der Zoo Twycross in den kommenden 5 Jahren weiterhin große Summen in neue und verbesserte Anlagen zu investieren. Darunter befinden sich ein neues Schimpansenhaus, das die unterschiedlichen Schimpansengruppen des Zoos zusammenbringen soll, eine große neue Anlage für Löwen und Hyänen, ein neues Giraffengehege, ein Ersatz-Elefantenhaus für Bullen und die Vollendung des Wasserwege-Projekts. Auf lange Sicht sind Neuzugänge bei verschiedenen Tierarten, z. B. Tiger, und Verbesserungen der meisten bestehenden Anlagen zu erwarten. 2020 wird der Zoo seinen Masterplan weitgehend umgesetzt haben und die Besucherzahlen werden erwartungsgemäß beträchtlich steigen.

Sosto

Nach der Meilenstein-Eröffnung des indonesischen Tropenhauses, der Gorilla-Anlage und der Afrikasavanne im Jahr 2010 wird 2011 eine neue Australienanlage eröffnet. Danach werden die unmittelbaren Prioritäten darin bestehen, viele Anlagen zu verbessern und, wo möglich, Zuchtgruppen einzuführen. Man kann hoffen, dass die neuen Inneneinrichtungen und die ganzjährigen Öffnungszeiten eine viel größere Zahl von Besuchern anziehen werden. Weitere Innenanlagen sind geplant, darunter ein tropisches Vogelhaus, ein Südamerikahaus und ein Schmetterlingshaus, die alle vor 2020 eröffnet sein sollten.
Der Bestand wird weiterhin vergrößert mit der geplanten Anschaffung von Spitzmaulnashörnern – der dritten Nashornart in Sosto – und Brillenbären. Dieser Zoo erhält zunehmend ein europäisches Profil.

Fazit

Das zweite Jahrzehnt dieses Jahrhundert wird weitere wesentliche Verbesserungen der großen europäischen Zoos mit sich bringen. Dieser Fortschritt wird die Effektivität der Bildung und des Artenschutzes vergrößern: Er wird der Anti-Zoo-Lobby entgegenwirken und Europas Bürger in Bezug auf die enorme Bedrohung der Artenvielfalt in der Natur noch mehr wachrütteln.

Kapitel 15

Andere europäische Zoos von besonderer Bedeutung

Einführung

Die 80 Zoos aus meiner Studie erfüllen sorgsam definierte Anforderungen. Es gibt mehr als 200 weitere Zoos, die den EAZA-Anforderungen genügen und viele mehr, die ihnen nicht entsprechen. Unter den EAZA-Mitgliedern gibt es einige kleine hoch spezialisierte Zoos, die aufgrund ihrer anerkannten Zucht, Zoopädagogik und Artenschutzprogramme für die europäischen Zoos von großer Bedeutung sind. Ich habe fünf von ihnen für eine Sonderpräsentation in diesem Buch ausgewählt. Alle fünf Zoos sind Privatzoos und einen Besuch wert. Abgesehen von Apenheul sind alle ganzjährig geöffnet.

Nordens Ark, Sweden

Mehr als 100 000 Besucher www.nordensark.se

Dieser Zoo, 120 km nördlich von Göteborg an der schönen und spektakulären schwedischen Westküste gelegen, ist auf bedrohte Tierarten aus nördlichen Klimazonen spezialisiert. Der Zoo belegt einen Teil des 380-ha-Grundstücks mit Wald, felsigen Hängen und Seen und gehört einer Naturschutzorganisation, die 1988 gegründet wurde und von der schwedischen Königsfamilie gefördert wird.

Abgesehen vom Sumpflandhaus, in dem tropische Amphibien gehalten werden, gibt es einige Tierhäuser und Unterstände in großen Naturgehegen. Zu der begrenzten Auswahl an Säugetieren gehören Amurtiger und Amurleoparden, Schneeleoparden, Rote Pandas, Przewalski-Pferde, Mähnenwölfe und europäische Raubtiere. Auch verschiedene Raubvögel, darunter Wiedereinbürgerungen aus Nordens Ark, finden sich unter den 90 im Zoo vertretenen Tierarten.

Der Zoo erfreut sich großer Beliebtheit in der Zoowelt, besonders wegen seiner Forschungs-, Artenschutz- und Bildungsarbeit. Er besitzt ein eigenes Hotel und Konferenzzentrum.

Durrell Wildlife Conservation Trust, Jersey Zoo, Jersey

Mehr als 100 000 Besucher www.durrell.org

Auf der größten der Kanalinseln gelegen, ist dieser Zoo unzertrennlich mit dem Namen Gerald Durrell und seinem unermüdlichen Einsatz für den Artenschutz verbunden. Er ist in erster Linie Artenschutz-Zentrum, spezialisiert auf stark gefährdete Tierarten tropischer Inseln und Hochlandschaften und deren Wiedereinführung, sofern dies möglich ist. Zum Beispiel gehören die Inseln Madagaskar, Mauritius, St. Lucia und Montserrat zu Durrells Projektpartnern.

Der Zoo hat eine Größe von 17 ha mit abwechslungsreicher Parklandschaft, Wassergärten und Waldgebieten. Unter den 28 größeren Säugetierarten, die hier gehalten werden, sind Orang-Utans, Gorillas, Gibbons, Makaken, Lemuren und Mähnenwölfe anzutreffen.

Es gibt über 100 Vogelarten, Reptilien und Amphibien. Größere Anlagen sind „Jewels of the Forest“ (asiatische Vögel), „Cloud Forest“ (südamerikanische Tierarten), das „Gaherty Reptile and Amphibian Centre“, der „Kirundy Forest“ (Madagaskar), „Central Valley“ und „Discovery Desert“.

Die Krallenaffen, von denen einige frei in einem kleinen Waldgebiet leben, und die Orang-Utans und Gibbons in ihren großen und gut gestalteten Außengehegen sind besonders bemerkenswert. Geführte Rundgänge und „Animal Talks" sind auf höchstem Niveau. Ganz besonders: Durrells Bio-Bauernhof, der 1976 gegründet wurde, versorgt die Tiere mit chemiefreier Nahrung.

Howletts and Port Lympne Wild Animal Parks, England UK

Mehr als 230 000 Besucher/mehr als 170 000 Besucher www.totallywild.net
In Kent im Südosten Englands gelegen, gehören diese beiden Zoos der Familie Aspinall; sie wurden von John Aspinall gegründet. In erster Linie widmen sie sich dem Artenschutz, besonders in Java, Gabun, DR Kongo und Madagaskar. John Aspinalls Traum war ein Park, in dem Wildtiere geschützt leben und Nachwuchs bekommen können, um dann in sichere Gebiete in freier Wildbahn zurückzukehren, was mit dem Erwerb von Howletts (40 ha) und Port Lympne (160 ha) realisiert wurde. Die Gehege in beiden Zoos sind sehr groß, es gibt aber auch einige wenige Tierhäuser.
Howletts hält 52 Säugetierarten und ist auf Primaten, Katzen und Afrikanische Elefanten spezialisiert; der Zoo ist in Europa bekannt für seinen größten Gorillabestand. Mit seinen erfolgreichen Zuchtgruppen unterstützt er viele andere Zoos und führt Gorillas u. a. in Gabun wieder ein. Java-Leoparden, Languren und Nebelleoparden sind weitere Schwerpunkte. Das Gelände ist relativ flach mit schönem alten Baumbestand.
Port Lympne leigt in der Nähe der Küste und besteht zum Teil aus offenem Hügelland, zum Teil aus Waldland mit einem Herrenhaus und großen Blumengärten. Es gibt einen schönen Safariparkbereich mit afrikanischen Huftieren, der mit Führern in Geländewagen besucht werden kann. Die 73 Säugetierarten umfassen Rothschildgiraffen, Steppenzebras, Spitzmaulnashörner, Afrikanische Elefanten, Berberlöwen, Amurtiger, Gorillas und viele Antilopenarten.
Die beiden Einrichtungen sind keine zoologische Gärten, aber für einen Besuch sehr empfehlenswert und in der Zoowelt wegen ihres Einsatzes für viele bedrohte Säugetierarten hoch angesehen.

Weltvogelpark Walsrode, Deutschland

Mehr als 350 000 Besucher www.weltvogelpark.de
Im Norden von Hannover in der Lüneburger Heide liegt der weltberühmte Vogelpark mit über 4 000 Vögeln und 700 Vogelarten, einige von ihnen sind nur hier zu sehen. Walsrode setzt in Europa den Standard für die Vogelzucht, führt die meisten Europäischen Zuchtbücher und versorgt die meisten Zoos aus dieser Studie mit Vögeln. Es gibt Vögel aller Klimazonen und Kontinente. Walsrode ist an vielen Artenschutzprojekten, besonders in Madagaskar, beteiligt.
Der Zoo, in dem es von Vögeln abgesehen nur wenige Tierarten gibt, liegt in einem schönen 36-ha-Gelände, das auch für seinen Rhododendron, seine Azaleen und andere Blütensträucher bekannt ist, und umfasst Landschaftsbereiche mit altem Baumbestand.
Von den Innenanlagen sind das Taman-Burong-Haus (Indonesien), in dem unterschiedlichste tropische Vögel in einer wunderbaren Pflanzenwelt frei fliegen, und das Lorihaus mit 40 Tierarten in üppiger Tropenvegetation zu erwähnen. Andere Tierhäuser zeigen ein großes Spektrum afrikanischer Vögel. Es gibt eine enge Verbindung zum Bali Bird Park. Eine große Halle wird

im Sommer für Vogelschauen und -demonstrationen genutzt. Besondere Sehenswürdigkeiten sind die Pinguine, Pelikane, Schuhschnäbel und Scharlachsichler (50 % der europäischen Zoos haben ihren Bestand aus dem Vogelpark). Es ist ein Zoo, den man als Vogelkundler gesehen haben muss; seine Vegetation ist ebenfalls herausragend. Unter seinen neuen Besitzern dürfte er sich weiterentwickeln.

Apenheul Primatenpark, Niederlande

Mehr als 400 000 Besucher www.apenheul.nl

Nahe bei Apeldoorn, 80 km östlich von Amsterdam, liegt Apenheul – buchstäblich das Zuhause der Affen – ein einmaliger Zoo, weltberühmt für seinen Tierbestand und Zuchtrekorde bei den Menschenaffen und Lemuren. 1971 gegründet, war Apenheul der erste Zoo mit großen begehbaren Anlagen mit südamerikanischen Affen. Die 46 Säugetierarten, hauptsächlich Primaten, leben in einem 12-Hektar-Waldgelände. Die Affen können unter den Besucher umherwandern oder sich auf mit Gräben umgebene Waldinseln zurückziehen; sie können den Kontakt zu den Besuchern, die sie nicht füttern oder streicheln dürfen, oder Zuflucht in ihren Bäumen suchen. Wer geduldig ist, kann damit rechnen, dass einige der 100 Totenkopfäffchen auf seinen Schultern sitzen werden.

Apenheul ist bekannt für seine Flachlandgorilla-, Orang-Utan- und Bonobogruppen und züchtet erfolgreich diese Arten. Die 1999 eröffnete Orang-Utan-Anlage ist mit ihren 4 Inseln mit Hunderten von Baumstämmen und 10 km Seilen und Netzen einmalig. Zusammen mit sechs Innenräumen stellen die Inseln für die Orang-Utans unterschiedliche Erkundungsrouten zur Verfügung. Die Gorillagruppe ist eine der größten in Europa und lebt auf einer großen Waldinsel. Besucher können die natürlichen Verhaltensweisen dieser Affen von einer großen Tribüne aus beobachten, wo die Tierpfleger regelmäßig etwas über die Affen erzählen. Im gesamten Park sind die Beteiligung an In-situ-Projekten und ein hoher Standard der Tierhaltung erkennbar.

Der Zoo ist zwischen November und März geschlossen.

Beauval

Beauval

Kapitel 16

Zoo-Verbände

Einführung

Die EAZA (European Association of Zoos and Aquaria) mit Hauptsitz in Amsterdam ist der Dachverband von über 300 Einrichtungen, zu denen alle zoologischen Gärten aus meiner Studie gehören. Die EAZA ist personell gut ausgestattet und fördert die Zusammenarbeit bei der Abstimmung der Tierbestände und im Naturschutz, insbesondere durch EEP und Bildungsmaßnahmen. Sie nimmt an internationalen Sitzungen und Diskussionen teil und berät nach Bedarf die Europäische Union und andere europäische Gremien und Organisationen.
Alle Verbände, auf die in diesem Kapitel Bezug genommen wird, gehören der EAZA an und entsenden Vertreter ihrer Länder in den EAZA-Rat. Zoos können erst nach einem gründlichen Prüfungsverfahren, das Inspektionen einschließt, Mitglieder der EAZA werden.
Während die EAZA begonnen hat, Tierbestände nicht-europäischer Länder mit einzubeziehen, wie Israel, die Vereinigten Arabischen Emirate und Kasachstan, behandelt dieses Buch ausschließlich europäische zoologische Gärten.

www.eaza.net

Verbände

Im Folgenden werden nur diejenigen Verbände vorgestellt, die für die in diesem Buch behandelten Zoos relevant sind. Die größten Organisationen sind die BIAZA und der VDZ. 30 der 80 Zoos aus unserer Studie sind Mitglieder des VDZ (17 der Gruppe A und 13 der Gruppe B) und 11 sind Mitglieder der BIAZA (3 der Gruppe A und 8 der Gruppe B).

BIAZA (British + Irish Association of Zoos and Aquariums)

Die BIAZA ist die Berufsorganisation für Zoos und Aquarien in Großbritannien und Irland. Der gemeinnützige Verband für Natur- und Artenschutz, Bildung und Wissenschaft wurde1966 gegründet und hat ca. 100 Vollmitglieder, unter denen sich fast alle großen Zoos befinden. Sein Sitz ist in der ZSL im Zoo London; neben einer Vollzeit-Geschäftsführerin, Dr. Miranda Stevenson, gibt es weitere Mitarbeiter. Ziel der BIAZA ist es, ihre Mitglieder in folgenden Belangen zu unterstützen:

- Menschen dafür zu begeistern, sich für den Naturschutz zu engagieren,
- an effektiven, kooperativen Natur- und Artenschutzprogrammen teilzunehmen,
- Bildung, Ausbildung und Forschung im Umweltbereich in höchster Qualität durchzuführen,
- die höchsten Standards in der Tierhaltung und -pflege in Zoos, Aquarien und in der Natur einzuhalten.

Zu den Mitgliedern zählen viele freiwillige Mitglieder, die mit der Zoo- und Aquariengemeinschaft verbunden sind. Die Gesamtzahl der Besucher all dieser Institutionen beläuft sich auf

rund 24 Millionen jährlich, von denen fast 8 Millionen auf die 11 Zoos entfallen, die in dieser Studie behandelt werden.
Der Rat der BIAZA besteht aus 18 Mitgliedern aus verschiedenen Zoos und 4 Hauptgremien. Die BIAZA organisiert in jedem Jahr eine Jahreshauptversammlung und Konferenzen an verschiedenen Mitglieds-Standorten. Neben einem umfangreichen Jahresbericht wird eine vierteljährlich erscheinende Zeitschrift publiziert. Sie verleiht in verschiedenen Kategorien Preise an besonders verdiente Mitglieder. Sie vertritt die Interessen der Mitglieder gegenüber den Ministerien der britischen Regierung, vor allem dem Ministerium für Umwelt, Ernährung und ländliche Angelegenheiten (DEFRA), und in direktem Kontakt mit Politikern, z. B. bei einem jährlichen Empfang mit Abgeordneten und Gästen.

www.biaza.org.uk

VDZ (Verband Deutscher Zoodirektoren e. V.)

Der VDZ entstand im Jahr 1887 in Antwerpen aus dem jährlichen Treffen der mitteleuropäischen Zoodirektoren. Er ist der älteste Zooverband der Welt. Heute zählt er ca. 67 Vollmitglieder aus 49 Zoos in Deutschland, 5 in Österreich, 4 in der Schweiz und 1 in Estland; in früheren Jahren gab es weitere Mitgliedschaften von Zoos in Nachbarländern wie Tschechien, Ungarn und Polen, die heute ihre eigenen Vereinigungen besitzen.
Gerichtsstand ist Berlin, der gegenwärtige Direktor, Dr. Peter Dollinger, arbeitet in Bern. Der Vorstand umfasst jeweils ein Mitglied aus Österreich und der Schweiz. Die Jahreshauptversammlung findet in jeweils wechselnden Mitgliedszoos statt und ist gut besucht von den VDZ-Mitgliedern, unter denen sich Ehrenmitglieder und freiwillige Mitglieder befinden, wie z. B. anerkannte Zoodirektoren im Ruhestand. Von den Mitgliedern werden entsprechende wissenschaftliche Qualifikationen erwartet. Der Vorsitzende, stellvertretende Vorsitzende und Schatzmeister werden für eine 3-jährige Amtsdauer gewählt.
Die Zeitschrift des VDZ, "Der Zoologische Garten", wird vom Tierpark Berlin herausgegeben. Alle Mitglieder außer Gelsenkirchen (Mitgliedschaft in der Schwebe) sind außerdem Vollmitglieder der EAZA und müssen zudem der WAZA angehören. Alle bedeutenden Zoos dieser Länder sind Mitglieder. Die Gesamt-Besucherzahlen belaufen sich auf jährlich ca. 40 Millionen und sind daher bei Weitem die höchsten in Europa. In meiner Umfrage sind 6 der Top 10- und 12 der Top 20-Zoos der Gruppe A VDZ-Mitglieder. In Deutschland gibt es insgesamt schätzungsweise 60 Millionen Zoo- und Aquarienbesucher.
Ziele und Politik des VDZ folgen denen der EAZA und WAZA. Der VDZ arbeitet eng mit der DTG (Deutsche Tierpark Gesellschaft e. V.), die 1976 gegründet wurde und die kleineren deutschen Zoos repräsentiert, dem DWV (Deutscher Wildgehegeverband e. V.) und den kleinen österreichischen (OZO) und schweizerischen (SASZ) Zoovereinigungen zusammen.

www.zoodirektoren.de

NVD (Nederlandse Vereniging van Dierentuinen)

Der niederländische Zooverband, gegründet im Jahre 1966, hat 15 Mitglieder, zu denen alle bedeutenden niederländischen Zoos gehören. Die Gesamt-Besucherzahl liegt bei jährlich 10 Millionen, einer sehr hohen Zahl im Verhältnis zur niederländischen Einwohnerzahl! Das NVD-Büro mit einer Vollzeit-Direktorin, Marielle van Aggelen, befindet sich im Zoo Amsterdam.

Der Mitgliederdachverband hat einen Vorsitzenden, Rechnungsführer und Sekretär und zwei weitere Gremienmitglieder, die alle Mitgliedszoos angehören. Er koordiniert Bildung, Ausbildung, Marketing, nationale Kampagnen, Natur- und Artenschutz, Forschung und die Beziehungen zur niederländischen Regierung. Durch den Natuurbeschermingsfonds, den seine Mitglieder finanziell unterstützen, ist der NVD an speziellen In-situ-Projekten beteiligt (z. B. Flachlandtapire in Brasilien und Grevyzebras in Nordkenia und Somalia).
Alle NVD-Mitglieder sind EAZA-Vollmitglieder, die meisten zudem WAZA-Mitglieder. In meiner Studie sind 2 der Top-10- und 3 der Top-20-Zoos der Gruppe A NVD-Mitglieder.

www.nvddierentuinen.nl

ANPZ (Association Nationale des Parcs et Jardins Zoologiques) and SNDPZ (Syndicat National des Directeurs de Parcs Zoologiques Français)

Die ANPZ, gegründet von französischen Zoos in Privatbesitz, steht Mitgliedern aller französischen Zoos offen, die die entsprechenden Standards erfüllen. Ihr Ziel ist es, Zoos in ihrer Weiterentwicklung zu unterstützen, Mitgliedszoos bei internationalen Tagungen zu vertreten, die Umsetzung der WAZA/EAZA-Artenschutz-Strategie voranzutreiben, an Natur- und Artenschutzprogrammen mitzuarbeiten und die Zoopädagogik im Bereich des Natur- und Artenschutzes in den Mitgliedszoos zu verbessern.
Der SNDPZ ist eine gemeinnützige Organisation, die sich der Fortbildung von Zoodirektoren und Führungskräften in verschiedenen Bereichen, wie Zoobiologie, Rechtsvorschriften, Ethik und Umwelt, widmet. Der SNDPZ organisiert Kongresse, Symposien und Fortbildungen innerhalb der Zoos. Die Mitgliedschaft ist sowohl für Zoos aus dem öffentlichen als auch aus dem privaten Sektor offen. Der SNDPZ unterstützt seine Mitglieder dabei, EAZA- und/oder WAZA-Mitglieder zu werden.
Es gibt in diesen beiden Organisationen insgesamt 43 Mitgliedszoos, von denen 32 EAZA-Mitglieder sind. In meiner Studie sind 7 der 50 Zoos aus der Gruppe B Mitglieder, 2 von ihnen sind unter den Top 10.

www.sndpz.fr

AIZA (Asociación Ibérica de Zoos y Acuarios)

Der spanisch-portugiesische Zooverband wurde 1988 gegründet; ein gesonderter portugiesischer Verband vor Kurzem. Mitglieder sind 34 spanische und 5 portugiesische Zoos und Aquarien. Etwa 16 Millionen Menschen, darunter 3 Millionen Kinder, besuchen die Mitgliedszoos und -aquarien jährlich; besonders die Aquarien und Großaquarien in Spanien zählen sehr viele Besucher.
Der Vorstand umfasst 9 Personen aus Mitgliedszoos; das Sekretariat befindet sich im Zoo Barcelona. Alle wichtigen Zoos außer Lissabon sind Mitglied. Von 39 AIZA-Mitgliedern sind 12 EAZA-Mitglieder. Die Ziele der AIZA folgen der EAZA-Politik, aber die Umsetzung der EU-Richtlinie 1999/22/CE ist den Landesbehörden überlassen und erweist sich als langsam und lückenhaft.
Die AIZA vertritt die Interessen ihrer Mitglieder gegenüber dem Umweltministerium und ist an nationalen und internationalen Verhandlungen beteiligt. Sie koordiniert Bildungs-, Natur- und

Artenschutzaktivitäten, die Tierarzt- und Tierpflegerausbildungsstandards in Mitgliedsinstitutionen sowie die PR und Vertretung auf nationaler und internationaler Ebene.

www.aiza.org.es

UCSZ (Unie Ceskych a Slovenskych Zoologickych Zahhrad)

Der Verband tschechischer und slowakischer zoologischer Gärten hat 19 Mitglieder, unter denen 15 tschechische und 4 slowakische Zoos sind; unter ihnen die größten und wichtigsten Zoos beider Länder. Etwa 7 Millionen Besucher – davon 6 Millionen in der Tschechischen Republik – besuchen jährlich diese Zoos. In der Tschechischen Republik waren 4 der 10 meistbesuchten Sehenswürdigkeiten des Landes die Mitgliedszoos. 15 der 19 Mitglieder sind EAZA-Mitglieder und 12 sind WAZA-Mitglieder.

Die UCSZ, die einen umfangreichen Jahresbericht veröffentlicht, arbeitet mit einem Mitgliederrat, 7 Spezialistengremien und 15 Gruppen, die auf einzelne Tierarten spezialisiert sind. Zusätzlich gibt es eine CEAF-Organisation, die die einzelnen Fördervereine der Zoos zusammenbringt.

Die UCSZ ist sehr aktiv bei der Förderung von In-situ-Projekten und Wiedereinbürgerungen, nicht zuletzt in ihren eigenen Ländern.

Innerhalb der EAZA haben UCSZ-Mitglieder 3 Ratsmitglieder, 2 EEP-Koordinatoren und sind an 12 ESB beteiligt. 1 Zoo aus meiner Studie gehört der Gruppe A und 5 der Gruppe B an.

www.zoo.cz

PZS-SZG Polish Zoological Society, Directors of Polish Zoological Gardens + Aquariums

Im Jahre 1960 gegründet, umfasst dieser Verband die 15 wichtigsten zoologischen Tierbestände in Polen, von denen 9 EAZA-Mitglieder sind. Die Zoos haben über 3 Millionen Besucher jährlich; Warschau hat die höchste Besucherrate. Ein umfangreicher Jahresbericht wird herausgegeben, der sehr detaillierte Informationen zu jedem Mitgliedszoo, seinem Tierbestand und seiner Beteiligung an EEP, ESB und den neuesten Entwicklungen enthält. Die polnischen Zoos arbeiten eng zusammen. Die Vereinigung ist an Bildungs- und Artenschutzprojekten beteiligt und steht in Kontakt mit der polnischen Regierung.

Die Mitgliedszoos wurden alle - mit Ausnahme von Wroclaw (Breslau) and Poznan (Posen) - im 20. Jahrhundert gegründet.

www.zoo.lodz.pdi.net

FHZ Federation of Hungarian Zoos (Magyar Állatkertek Szövetsége)

Im Jahre 1983 gegründet, gehören der FHZ 11 Mitgliedszoos und eine Naturschutz-Organisation an. Von den 11 Zoos sind 6 EAZA-Mitglieder.

Das älteste Mitglied und der erste Zoo in Ungarn ist der Zoo Budapest, gegründet im Jahr 1866, die anderen Mitgliedszoos wurden zwischen 1958 und 1989 gegründet. Die Gesamtbesucherzahl in diesen Zoos beläuft sich auf ca. 3 Millionen.

Es gibt einen Vorstand von 3 gewählten Personen, einem Vorsitzenden, einem stellvertretenden Vorsitzenden und einem Geschäftsführer. Die Mitglieder haben gemeinsame ethische Richt-

linien und die Verpflichtung zu Bildung und Natur- und Artenschutz. Die Aktivitäten des Verbandes konzentrieren sich auf Informationsaustausch, Bildung, Natur- und Artenschutz und die Ausbildung von Tierpflegern und anderem Personal sowie die gemeinschaftliche Förderung der Mitgliedszoos.
Die FHZ kooperiert mit dem dänischen Ministerium für Ländliche Entwicklung, um die Einhaltung der EU-Richtlinie 1999/22/CE zu gewährleisten, die in Ungarn unter strikten und detaillierten Standards, die in einem 2007 verabschiedeten Ministerialerlass aufgelistet sind, umgesetzt wird. Die FHZ hat keine zusätzlichen Standards, da die Richtlinien in einem langen, partizipierenden Prozess entwickelt worden sind, in den sie stark einbezogen war. Die ungarischen Standards stellen Daten für die Tierhaltung zur Verfügung sowie für die Zulassung und Qualifikation von Zoopersonal und Bestandsplanung und deren Genehmigung durch die Behörden.
In meiner Studie gibt es zwei Mitgliedszoos, Budapest und Sosto; beide sind in den Gruppe-A- bzw. Gruppe-B-Zoos hoch bewertet.
Der Verband hat eine Website, fast ausschließlich in ungarischer Sprache, mit Links zu allen Mitgliedern.

www.zoo.hu

DAZA Danish Association of Zoos and Aquaria

DAZA ist der dänische Verband, dem alle wichtigen Tierbestände angehören. Es gibt 16 Mitglieder, darunter 9 große Zoos und 7 Aquarien. Sie ziehen jährlich 4 Millionen Besucher an, was einen außergewöhnlich hohen Prozentsatz der dänischen Bevölkerung ausmacht.
Es gibt ein Komitee von 5 Zoodirektoren mit einem gewählten Vorsitzenden. Die Mitglieder haben gemeinsame ethische Richtlinien und die Verpflichtung zu Bildung, Natur- und Artenschutz und Forschung. Die Aktivitäten des Verbands konzentrieren sich auf den Informationsaustausch, Bildung, Natur- und Artenschutz und Forschung sowie Verwaltung, Marketing und Besucherservices.
Die DAZA kooperiert mit dem Dänischen Justizministerium, um die Einhaltung der Standards sicherzustellen, die per EU-Richtlinie 1999/22/CE von den Mitgliedern in Dänemark unter den am 21.12. 02 verabschiedeten Richtlinien zu erreichen und anzuwenden sind. Von allen Mitgliedern werden hohe Standards erwartet; zu diesem Thema stehen detaillierte Regelungen zur Verfügung.

www.daza.dk

SDF Svenska Djurparksföreningen (Swedish Association of Zoos and Aquaria)/SAZA

Die SDF/SAZA wurde 1991 gegründet und hat 21 Vollmitglieder und 5 assoziierte Mitglieder. Ihr Standort ist der Zoo Kolmården.
In Schweden ist die Geschichte zoologischer Gärten und Aquarien recht jung und weniger berühmt als die der meisten anderen Länder Europas. Heute sind die SAZA-Mitglieder gut organisierte und zunehmend besuchte Parks, die über ein Land verstreut sind, in dem das Platzproblem verglichen mit anderen europäischen Ländern noch sehr gering ist. Die schwedischen Zoos sind EAZA-Mitglieder, die - hauptsächlich mit den Zoos Eskilstuna und Kolmården - an EEP teilnehmen. Aufgrund der fast ganzjährig rauen Klimabedingungen haben sich mehrere schwedische Zoos auf die einheimische Tierwelt und exotische Tiere aus gemäßigten Breiten

und von arktischer Herkunft spezialisiert. Die SAZA-Mitglieder entwickeln Zuchtprogramme für gefährdete nordische Wildtiere in direktem Zusammenhang mit In-situ-Artenschutz.
Ziel der SAZA ist es, ihre Mitglieder gut auszubilden und sie in ihrer Aufgabe zu unterstützen, die wichtigsten Ziele des Natur- und Artenschutzes zu erreichen, sie in ihrem Bildungs- und Forschungsauftrag zu fördern und die Öffentlichkeit zu informieren. Die SAZA ist außerdem an landesinternen und internationalen Kooperationen beteiligt sowie an In-situ-Projekten für Amurtiger und Cross-River-Gorillas.

www.svenska-djurparksforeningen.nu

UIZA Unione Italiana Giardini Zoologici e Acquari

Der italienische Verband UIZA mit Hauptsitz ist Rom besteht aus 11 Vollmitgliedern und 5 ehrenamtlichen Mitgliedern. Die Mitglieder sind führende italienische Zoos und Aquarien mit insgesamt ca. 3 Millionen Besuchern pro Jahr.
Die UIZA kümmert sich vor allem darum, ihre Mitglieder auf nationaler Ebene zu vertreten, Natur- und Artenschutz, Forschung und Bildungsaktivitäten unter ihren Mitgliedern zu fördern und die Anforderungen der EU-Richtlinie 1999/22/CE umzusetzen.

www.uiza.org

OZO Österreichische Zoo Organisation

Die OZO ist die Vereinigung wissenschaftlich geführter österreichischer Zoos und Aquarien; sie hat 7 Mitglieder, darunter 5 Zoos. Vorrangige Ziele sind die Bildung und der Schutz von Natur und Artenvielfalt. Die OZO arbeitet an der Durchführung von Artenschutz- sowie Zucht- und Forschungsprojekten mit. Sie ist an der Ausbildung von Tierpflegern und anderen Berufen, die mit der Haltung von Tieren zu tun haben, beteiligt. Sie unterstützt Behörden, die für Wildtier-Angelegenheiten zuständig sind.
Die OZO-Mitglieder müssen moderne Standards für die Tierhaltung einhalten und ihren Besuchern geeignete Informationen zur Verfügung stellen. Die Kriterien für eine Mitgliedschaft umfassen eine hohe Qualität der Tierhaltung, ein fundiertes Bildungsprogramm und Engagement für Forschungsaktivitäten in Natur- und Artenschutz.
Die OZO fördert gemeinsame Eintrittskarten für die Mitgliedszoos und beteiligt sich an In-situ-Projekten, z. B. mit Bartgeiern und Przewalski-Pferden.

www.ozo.at

ZOOSCHWEIZ Verein wissenschaftlich geleiteter zoologischer Gärten der Schweiz

ZOOSCHWEIZ ist ein kleiner Verband, ähnlich wie die OZO, mit Sitz in Bern. Er hat 5 Mitgliedszoos und ähnliche Ziele und Aufgaben wie die OZO, bietet ihren Mitgliedszoos aber keine gemeinsamen Eintrittskarten an, noch ist er an In-situ-Projekten beteiligt.

www.zoos.ch

KAPITEL 17

Zoo-Steckbriefe

Einführung

Keine zwei Zoos sind gleich, was Zoobesuche immer wieder spannend macht. In den individuellen Zoo-Steckbriefen habe ich ein einheitliches Muster für die Informationen der 80 Zoos verwendet, die in dieser Studie Beachtung finden; mit großer Sorgfalt wurden die Daten erfasst, die jedem Zoo zur Verifizierung zugesandt wurden. Die Zoowelt ist jedoch nicht statisch; Besucher sollten vor einem Besuch die Internetseiten der Zoos nutzen oder die Zoos direkt kontaktieren.

Alle Zoos haben Websites: Viele von ihnen sind hervorragend und enthalten umfassende Besucherinformationen, Nachrichten von Neuzugängen im Zoo, Tiergeburten, Veranstaltungen und Artenschutzprojekten.

Wenig überraschend ist dabei, dass die Verschiedenartigkeit der Zoos dazu führt, dass einige der Informationen schwierig zu präsentieren sind.

Die Steckbriefe sollen zum einen ein nützlicher Führer für Besucher sein, vor allem, um Eintrittspreise und andere Einzelheiten vor dem Besuch zu erfahren, und zum anderen einen Vergleich der Zoos ermöglichen.

Öffnungszeiten

Die meisten Stadtzoos sind ganzjährig geöffnet und haben feste Öffnungszeiten, die je nach Jahreszeit variieren können; oft sind sie mit den Sommer- und Winterzeiten gemäß den Zeitumstellungen identisch. Für Zoobegeisterte ist es von Vorteil, relativ früh oder spät am Tag zu kommen, denn mehrere Tierarten sind dann besonders aktiv; Stadtzoos sind überwiegend ab 09.00 Uhr geöffnet und einige erlauben es den Besuchern, bis zur Dämmerung zu bleiben. Andere haben im Sommer längere Öffnungszeiten, manchmal verbunden mit den Schulferien. In vielen Zoos kann man bis zu einer Stunde vor Ende der Besuchszeit Eintrittskarten kaufen.

Eintrittspreise

Die Altersgrenze für den freien Eintritt von Kindern variiert zwischen 2 bis 6 Jahren.

Der freie oder ermäßigte Eintritt für andere Gruppen wie Rentner oder Besucher mit Behinderung in Begleitung variiert ebenso stark. Jahres- oder Saisonkarten sind sehr verbreitet und lohnen sich meist für Besucher, die einen Zoo mindestens dreimal im Jahr besuchen. In einigen Fällen ermöglichen diese Karten auch freien oder ermäßigten Eintritt für bestimmte andere Zoos. Für Touristen gibt es häufig Stadt-Touristenkarten, die einen ermäßigten Eintritt für den Zoo einschließen. Bei den Familienkarten gibt es große Unterschiede. Einige Zoos, darunter die Mehrheit der Zoos in Großbritannien, haben einen zusätzlichen, freiwilligen Beitrag für den Artenschutz in ihren Preislisten. Die gezeigten Preise sind die ab 2011 geltenden.

Gastronomie

Ich habe nur die größten Gastronomiebetriebe berücksichtigt. Alle Zoos haben kleine Cafés und Kioske, die teilweise aber nur im Sommer geöffnet sind. Zooeigene Betriebe sind diejeni-

Zoo-Kooperation: gegenseitige Zugeständnisse

Zwei Beispiele für freie oder ermäßigte Eintrittspreise für die Jahreskartenbesitzer anderer Zoos sind die folgenden:

- Deutschland, NRW: Dortmund, Duisburg, Gelsenkirchen, Köln, Krefeld, Münster, Wuppertal
- Britische Inseln: Belfast, Bristol, Chester, Colchester, Dublin, Edinburgh, Marwell, Paignton, Twycross

gen, die der Zoo selbst verwaltet und mit eigenem Personal führt. Einige Zoos haben in neue Hotels investiert, unter ihnen Beauval, Hamburg und Kolmården; andere werden es ihnen voraussichtlich gleichtun.

Hunde an der Leine

Einige Zoodirektoren glauben, dass die Hunde der Besucher ihren Zootieren etwas Abwechslung bieten; anderen geht es mehr um die Gesundheit und Sicherheit – sie gestatten keine Hunde im Zoo. Wo Hunde erlaubt sind, muss in den meisten Fällen eine Tages- bzw. Jahreskarte für den Hund gelöst werden. Hunde müssen an der kurzen Leine geführt werden und dürfen keine Tierhäuser betreten; außen gibt es Wasser und Haken zum Anbinden der Hunde.

Beschilderungen

Jede fremdsprachliche Information enthält auf dem Schild zumindest eine Zusammenfassung neben der Tierart. Die Bewertung der Schilder bezieht sich auf deren Qualität und Verständlichkeit; die besten erhalten drei Sterne. Wie alle anderen Organisationen entwickeln sich auch die Zoos ständig weiter. Seit meinem letzten Besuch mögen sich einige Beschilderungen verändert haben.

Keeper Talks

Diese beinhalten aktuelle Kommentare mit guten Informationen über die betreffende Tierart und gehen über die Fütterungszeiten hinaus; beide Aktivitäten können jedoch kombiniert sein.

Zoofreunde/Zoovereine

Dies bezieht sich auf das Vorhandensein einer unabhängigen Gesellschaft mit eigenem Vorstand, in vielen Fällen einer eigenen Zeitschrift, einem Veranstaltungsprogramm, Spendenaktionen und gemeinsamen Besuchen anderer Zoos.
Mitglieder des Zoos oder der Zoovereine sind ein integraler Bestandteil der Zooverwaltung und durch das Zoopersonal organisiert. Ihre Unterstützungsleistungen beinhalten häufig eine Zeitschrift, Jahreskarten und Rabatte für die Zoogastronomie und Zooshops.

Ehrenamtliche Helfer

Ehrenamtliche sind unbezahlte Helfer, die das Zoopersonal in Zeiten mit großem Besucherandrang unterstützen. Häufig sind es engagierte und fachkundige Studenten oder Rentner, die Besucher führen, Aufsicht in den Anlagen führen und die Arbeit der Tierpfleger unterstützen.

Umfang der Innenanlagen/Tierhäuser

Berücksichtigt sind diejenigen Häuser, die für Besucher geöffnet sind und nicht nur auf interessante Anlagen schließen lassen, sondern auch für die Möglichkeiten eines Zoobesuchs bei schlechtem Wetter geeignet sind.

Besonderheiten

Dies ist meine persönliche Auswahl von Anlagen, die im Vergleich mit anderen Zoos besonders gelungen sind; sie werden in Kapitel 12 meist mit 5 oder 6 Sternen bewertet. Bei kleineren Zoos mit begrenztem Tierbestand kann darunter auch Anlage mit eine 4 Sternen sein.

Dublin

Köln

Dierenpark Amersfoort

Kontakt

Name	DierenPark Amersfoort
Adresse	Barchman Wuytierslaan 224, 3819AC Amersfoort, NL
Telefon	+31 (0)33 422 7100
Fax	+31 (0)33 422 7101
E-Mail	info@dierenparkamersfoort.nl
Website	www.dierenparkamersfoort.nl

Öffnungszeiten

Ganzjährig geöffnet

März bis September	9.00 bis 18.00 Uhr
Oktober bis Februar	10.00 bis 17.00 Uhr

Eintrittspreise 2011

	EUR
Erwachsene	18,50
Kinder 3 - 12	15,50
Kinder unter 3	Frei
Jahreskarte - Erwachsene	57,50
Jahreskarte - Kinder	50,00
Ermäßigungen: Senioren ab 65	

Verkehrsanbindung

Auto	A1, dann A28
Parken	Ja, am Zoo, 6,50 EUR pro Tag
Bus	70
Bahnhof	Amersfoort Hauptbahnhof, 20 Minuten Fußweg zum Zoo

Inhaber des Zoos

Privat — 100 % Familienunternehmen

Zoofläche

18 ha

Gründungsjahr

1948

Besucherzahlen

675 000

Tierbestand am 31. 12. 2009

	Anzahl	Arten
Säugetiere	350	56
Vögel	197	46
Reptilien	38	11
Amphibien	4	1
Fische	1 217	8

Dienstleistungen

Gastronomie (zooeigen):
Restaurants, Café, Kioske, Picknickplätze - Parkrestaurant de Olifant, Restaurant de Boerderij, Grand Café de Berenhof

Läden (zooeigen): 2 Zoo-Shops
Streichelzoo: ja   Spielplatz: ja

Hunde

An der Leine erlaubt: ja   Hundezwinger: nein

Fütterung durch Besucher

Streng verboten

Vorführungen etc.

Ja, direkter Kontakt mit Schlangen und Taranteln. Dinobos - Dinosaurier

Plan (2009)

Dierenpark Amersfoort

Bildung

Keeper Talks: im Sommer 5 Termine pro Tag – siehe Tagesprogramm
Zooschule/Bildungszentrum: nein, aber privat geführte Rundgänge

Biodiversity Zentrum:	nein
Zooführer:	nein
Beschilderung: Niederländisch	Bewertung: *

Zoofreunde

Nein

Ehrenamtliche Helfer

Ja, ca. 70 für die geführten Rundgänge

Allgemeine Beschreibung

Der Zoo liegt in einem flachen, waldreichen Gelände mit guter Vegetation und in einigen Bereichen Wasser-Elementen. Eine Besonderheit, die sich vor allem bei kleinen Kindern großer Beliebtheit erfreut, ist ein Labyrinth aus Pfaden, die mit unterschiedlicher Vegetation gesäumt sind, im ursprünglichen Bereich des Zoos. Einen interessanten Themenbereich gibt es in der STAD DER OUDHEID (alten Stadt) zu sehen. Das Elefantenhaus von 2010 ist ungewöhnlich gestaltet: Die Außenanlage ist eine Kopie der Innenanlage, um den Elefanten ein Gefühl von Kontinuität zu geben. Meist können die Elefanten ihren Aufenthaltsort frei wählen. Eine weitere Besonderheit ist das Geschichtenerzählen, das die Tiere mit den Bewohnern ihres Ursprungslandes in Verbindung bringt.

Begehbare Häuser

Elefantenhaus, Die Nacht, Nashornhaus, Museum

Besonderheiten

Elefanten, Die Nacht, Erdmännchen, Pinguine, Tüpfelhyänen, Flamingos, Paviane, Mandschurenkranich, Strauße/Säbelantilopen, Salzkatzen

Benötigte Zeit

Gesamter Zoo: 4 - 5 Stunden   Besonderheiten: 1 - 2 Stunden

Zoo d'Amnéville

Kontakt

Name	Zoo d'Amnéville
Adresse	1, rue du Tigre, Centre Thermal et Touristique 57360 Amnéville, F
Telefon	+33(0) 3 87 70 25 60
Fax	+33(0) 3 87 71 41 45
E-Mail	Zoo.amneville@wanadoo.fr
Website	www.zoo-amneville.com

Öffnungszeiten

Ganzjährig geöffnet

April bis September	9.30 bis 19:30 Uhr
Oktober bis März	9.00 bis zur Dämmerung

Eintrittspreise 2011

	EUR
Erwachsene	27,00
Kinder 3 - 11	22,00
Kinder unter 3	Frei
Jahreskarte - Erwachsene	108,00
Jahreskarte - Kind	88,00

Verkehrsanbindung

Auto	A4 Ausfahrt Amnéville oder A31 Ausfahrt Mondelange, dann Amnéville folgen
Parken	Ja, am Zoo und am Centre Thermal et Touristique kostenlos
Bahnhof	Hagondange in 3 km Entfernung

Inhaber des Zoos

Privat, 100 % Parc Zoologique d'Amnéville Genossenschaft

Zoofläche

18 ha

Gründungsjahr

1986

Besucherzahlen

ca. 630 000

Tierbestand am 2. 6. 2010

	Anzahl	Arten
Säugetiere	501	76
Vögel	707	123
Reptilien	406	82
Amphibien	0	0
Fische	0	0

Dienstleistungen	Gastronomie (zooeigen): Restaurants, Café, Kioske, Picknickplätze - La Terrasse, Pizzeria, La Sandwicherie Läden (zooeigen): Zoo-Shop Streichelzoo: ja Spielplatz: ja
Hunde	An der Leine erlaubt: nein Hundezwinger: nein
Fütterung durch Besucher	Erlaubt, wenn das Futter geeignet ist
Vorführungen etc.	Ja, Greifvögel, Papageien und Seelöwen
Bildung	Keeper Talks: ja Zooschule/Bildungszentrum: ja Biodiversity Zentum: ja Zooführer: ja, 6,00 EUR Beschilderung: Französisch und manchmal deutsch Bewertung: **

Zoo d'Amnéville

Zoofreunde
Nein

Ehrenamtliche Helfer
Nein

Allgemeine Beschreibung
Der Zoo d'Amnéville liegt in unmittelbarer Nähe eines Sport- und Unterhaltungskomplexes mit einem gemeinsam genutzten Parkplatz. Der sehr angenehme zoologische Garten hat einen alten Baumbestand und eine schöne, abwechslungsreiche Vegetation mit viel Bambus. In einigen Teilen des Zoos findet man schöne Wasserelemente. Es gibt gute Artenschutz-Informationen und eine ausgezeichnete Sicht auf die Tiere in ihren Gehegen. Für jedes Jahr sind spannende Neuerungen geplant. Die Gebäude sind mit Ausnahme des großen, beeindruckenden Orang-Utan-Hauses von 2008 nicht sonderlich erwähnenswert. Das Vivarium beherbergt einen sehr interessanten Reptilienbestand.

Begehbare Häuser
Orang-Utan-Haus, Elefantenhaus, Nashornhaus, Vivarium, Giraffenhaus

Besonderheiten
Orang-Utans und Zwergotter, Eisbären, Klammeraffen, Wildkatzen, Kattas, Tiger, Gibbons, Krallenaffen, Greifvogelshow, Leoparden, Siamangs, Kronenkraniche, Kapuzineräffchen, Fischkatzen

Benötigte Zeit
Gesamter Zoo: 8 Stunden Besonderheiten: 3 Stunden

ARTIS AMSTERDAM

Kontakt

Name	Natura Artis Magistra/ Amsterdam Zoo
Adresse	Plantage Kerklaan 38-40, 1018 CZ Amsterdam, NL
Telefon	+31(0) 20 523 3400
Fax	+31(0) 20 523 3419
E-Mail	info@artis.nl
Website	www.artis.nl

Öffnungszeiten

Ganzjährig geöffnet	
Sommer: April bis Oktober	9.00 bis 18.00 Uhr
Winter: November bis März	9.00 bis 17.00 Uhr
Juni bis August	bis zur Dämmerung geöffnet

Eintrittspreise 2011

	EUR
Erwachsene	18,95
Kinder 3 -9	15,50
Kinder unter 3	Frei
Jahreskarte - 1. Erwachsener	72,50
Jahreskarte - 2. Erwachsener und jedes Kind	42,50
Ermäßigungen: Senioren ab 65, Schwerbehinderte	

Verkehrsanbindung

Navi	Sat Nav 9292 ov.nl
Auto	Plantage Middenlaan
Parken	Ja, am Zoo, 8,00 EUR für 6 Stunden, danach 4,00 EUR/Std.
Boot	Artis Zoo Express von Rederij Lovers
Straßenbahn	9 vom Hauptbanhof, 10, 14
Bahnhof	Amsterdam Hbf.

Inhaber des Zoos

Private, gemeinnützige Stiftung, 100 % Natura Artis Magistra
Königliche Zoologische Gesellschaft mit finanzieller Unterstützung durch die Stadtverwaltung Amsterdam

Zoofläche 14 ha

Gründungsjahr 1838

Besucherzahlen ca. 1 200 000

Tierbestand am 31. 12. 2009

	Anzahl	Arten
Säugetiere	516	94
Vögel	730	102
Reptilien	270	74
Amphibien	170	15
Fische	1 706	251

Dienstleistungen

Gastronomie (verpachtet):
Restaurants, Café, Kioske - The Two Cheetahs Restaurant, Butterfly House Café, Flamingo Café, mobile Kioske - im typisch niederländischen Stil restauriert

Läden (zooeigen): Zoo-Shop
Streichelzoo: ja, Kinderbauernhof Spielplatz: ja

Hunde

An der Leine erlaubt: nein Hundezwinger: nein

Fütterung durch Besucher

Streng verboten

Vorführungen etc.

Ja, Zoologisches Museum, Diorama, Planetarium

Bildung

Keeper Talks: ja, täglich mindestens 10
Zooschule/Bildungszentrum: ja
Biodiversity Zentrum: wird im alten Museumsgebäude eröffnet
Zooführer: ja
Beschilderung: Niederländisch und englisch Bewertung: **

Zoofreunde

Nein, aber circa 80 000 Jahreskarteninhaber sind Mitglieder von ARTIS

Artis Amsterdam

Ehrenamtliche Helfer	Ja, ca. 150
Allgemeine Beschreibung	Ein berühmter alter zoologisch-botanischer Garten in Amsterdams ältestem Stadtpark: Eine Oase der Ruhe und des Friedens mitten in der Stadt. Artis hat mehr als 800 Bäume, vor allem Laubbäume, über 200 verschiedene Baumarten und schön bepflanzte Gärten. Der Zoo ist schachbrettartig angelegt und hat eine üppige Vegetation und historische Gebäude. Ein Planetarium, ein Biodiversitäts-Zentrum und ein zoologisches Museum befinden sich ebenfalls auf dem Zoogelände. Eine interessante Besonderheit dieses Zoos ist sein großer Bestand an Wirbellosen, der künfig Teil des geplanten Micro Zoo sein wird. In den vergangenen Jahren gab es einige höchst phantasievolle Projekte, wie z. B. das Schmetterlingshaus. Der Zoo ist mit der Renovierung seiner historischen Gebäude beschäftigt, z. B. dem alten Affen- und dem Vogelhaus, die 2011 mit begehbaren Anlagen neu eröffnet werden. Artis wird sich weiterhin vergrößern, um für größere Säugetiere mehr Platz zu schaffen. Diese großen Investitionen werden Artis in einen Zoo des 21. Jahrhunderts verwandeln und zugleich den historischen Charakter seiner Entstehungszeit, des 19. Jahrhunderts, bewahren.
Begehbare Häuser	Schmetterlingspavilion, Dschungel bei Nacht, Kleinsäugerhaus, Elefantenhaus, Aquarium, Gorillahaus, Primatenhaus, Giraffenhaus, Reptilienhaus, Schimpansenhaus, Vogelhaus, Insectarium/Planetarium, Borneohaus - Krokodile
Besonderheiten	Schmetterlingspavillon, Afrikanische Savanne, Gänsegeier, Südamerikanische Pampa, begehbare Katta-Anlage, Pelikane, Schopfgibbon, Waschbären, Pinguine, Aquarium, Präriehunde
Benötigte Zeit	Gesamter Zoo: 5 - 7 Stunden Besonderheiten: 2 Stunden

Zoo Antwerpen

Kontakt

Name	Antwerp Zoo
Adresse	Koningin Astridplein 26 2018 Antwerp, B
Telefon	+32(0) 3 202 4540
Fax	+32(0) 3 202 4547
E-Mail	info@zooantwerpen.be
Website	www.zooantwerpen.be

Öffnungszeiten

Ganzjährig geöffnet

Mai, Juni und September	10.00 bis 18.00 Uhr
Juli und August	10.00 bis 19.00 Uhr
Oktober, März und April	10.00 bis 17.30 Uhr
November bis Februar	10.00 bis 16.45 Uhr

Eintrittspreise 2011

	EUR
Erwachsene	21,00
Kinder 3 -17	17,00
Kinder unter 3	Frei
Jahreskarte - Erwachsene	93,00
Jahreskarte - 2 Erwachsene und Kinder unter 18	164,00
Ermäßigungen: Senioren ab 60, Schwerbehinderte mit Begleitperson, Planckendael Kombiticket	

Verkehrsanbindung

Der Zoo ist neben dem Antwerpener Hauptbahnhof

Auto	Beschilderung zum Hauptbahnhof/Zoo folgen
Parken	ja, Parkhäuser 5 Minuten Fußweg entfernt
Bus	jeder Bus zum Hauptbahnhof
Straßenbahn	jede Straßenbahn zum Hauptbahnhof
Bahnhof	Antwerpen Hauptbahnhof, 1 Minute entfernt

Inhaber des Zoos

Private, gemeinnützige Stiftung, 100 % KMDA, Königliche Zoologische Gesellschaft Antwerpen mit finanzieller Unterstützung von der Stadtverwaltung Antwerpen und dem regionalen Parlament in Flandern

Zoofläche

11,5 ha

Gründungsjahr

1843

Besucherzahlen

ca. 1 335 000

Zoo Antwerpen

Tierbestand am 31. 12. 2009

	Anzahl	Arten
Säugetiere	333	77
Vögel	703	150
Reptilien	337	68
Amphibien	526	48
Fische	2 751	245

Dienstleistungen

Gastronomie (zooeigen):
Restaurants, Café, Kioske, Picknickplatz - Restaurant Flamingo, Grand Café Paon Royal
Läden (zooeigen): Zoo-Shop
Streichelzoo: ja Spielplatz: ja

Hunde

An der Leine erlaubt: nein Hundezwinger: nein

Fütterung durch Besucher

Streng verboten

Vorführungen etc.

Ja, Seelöwen-Show und Ausstellung im Planetarium

Bildung

Keeper Talks: ja, siehe Programm im Zoo
Zooschule/Bildungszentrum: ja
Biodiversity Zentrum: nein
Zooführer: nein
Beschilderung: Flämisch, französisch und englisch Bewertung: *

Zoofreunde

Nein, aber 200 000 Mitglieder des KMDA Programms für Antwerpen und Planckendael zusammen

Ehrenamtliche Helfer

Ja, ca. 40

Zoo Antwerpen

Allgemeine Beschreibung

Ein schöner, alteingesessener zoologischer Garten, in direkter Nähe des Hauptbahnhofs und der Queen Elizabeth Hall gelegen, für die die KMDA verantwortlich ist. Gut unterhaltene historische Gebäude und alter Baumbestand charakterisieren das Zoogelände. Der Zoo hat ein aktuelles Entwicklungsprogramm, das spannende neue Anlagen für die Löwen, Tiger und Leoparden und die Vergrößerung des Zoogeländes vorsieht.

Begehbare Häuser

Elefanten- und Giraffenhaus, Affenhaus, Tropenhaus, Aquarium, Menschenaffenhaus, Reptilienhaus, Vogelhaus, Planetarium, Flusspferdehaus, Nachthaus

Besonderheiten

Komodowaran, Zwergseidenaffen, Nachthaus, Goldkopf-Löwenaffen, Pinguine, Blauducker, Kleine Pandas, Leguane, Nasenbären, Warane

Benötigte Zeit

Gesamter Zoo: 4 - 6 Stunden Besonderheiten: 1 - 2 Stunden

Burgers' Zoo Arnheim

Kontakt

Name	Burgers' Zoo Arnhem
Adresse	Antoon van Hooffplein 1, 6816 SH Arnhem, NL
Telefon	+31 (0)26 44 24 534
Fax	+31 (0)26 44 30 776
E-Mail	info@burgerszoo.nl
Website	www.burgerszoo.nl

Öffnungszeiten

Ganzjährig geöffnet
Sommer: April bis Oktober 9.00 bis 19.00 Uhr
Winter: November bis März 9.00 bis 17.00 Uhr

Eintrittspreise 2011

	EUR
Erwachsene	18,50
Kinder 4 - 9	16,50
Kinder unter 3	Frei
Jahreskarte - Erwachsene	50,00
Jahreskarte - Kinder	45,00
Jahreskarte – Familie Preisspanne	135,00 - 299,00
Jahreskarteninhaber sind automatisch Mitglieder im Zoo und zahlen ermäßigten Eintritt in anderen Zoos des niederländischen Zooverbands.	
Ermäßigungen: Senioren ab 65, Kombiticket für den Zoo und das Freilicht-museum.	

Verkehrsanbindung

Auto	A12 Arnhem Noord, dann ist der Zoo ausgeschildert
Parken	Ja, am Zoo, 3,00 EUR
Bus	3 von Arnheim Hbf. – 13 während der Urlaubszeit
Bahnhof	Arnheim Hbf.

Inhaber des Zoos

Privat,
100 % Familie Van Hooff

Zoofläche 45 ha

Gründungsjahr 1913

Besucherzahlen ca. 1 520 000

Burgers' Zoo Arnheim

Tierbestand am 31. 12. 2009

	Anzahl	Arten
Säugetiere	529	57
Vögel	1 160	138
Reptilien	223	32
Amphibien	286	17
Fische	2 447	153

Dienstleistungen

Gastronomie (zooeigen):
Bush Restaurant – tropisch, Desert Restaurant – texanisch/mexikanisch, Safari Restaurant – afrikanisch, Park Restaurant – niederländisch, Penguin Corner - Café
Läden (zooeigen): Zoo-Shop
Streichelzoo: nein Spielplatz: ja, Burgers' Abenteuerland

Hunde

An der Leine erlaubt: nein Hundezwinger: nein

Fütterung durch Besucher

Streng verboten

Vorführungen etc.

Nein, aber es gibt Führungen durch den Zoo

Bildung

Keeper Talks: nein
Zooschule/Bildungszentrum: nein
Biodiversity Zentrum: nein
Zooführer: ja, 3,00 EUR
Beschilderung: Niederländisch, deutsch, englisch und französisch
Bewertung: ***

Burgers' Zoo Arnheim

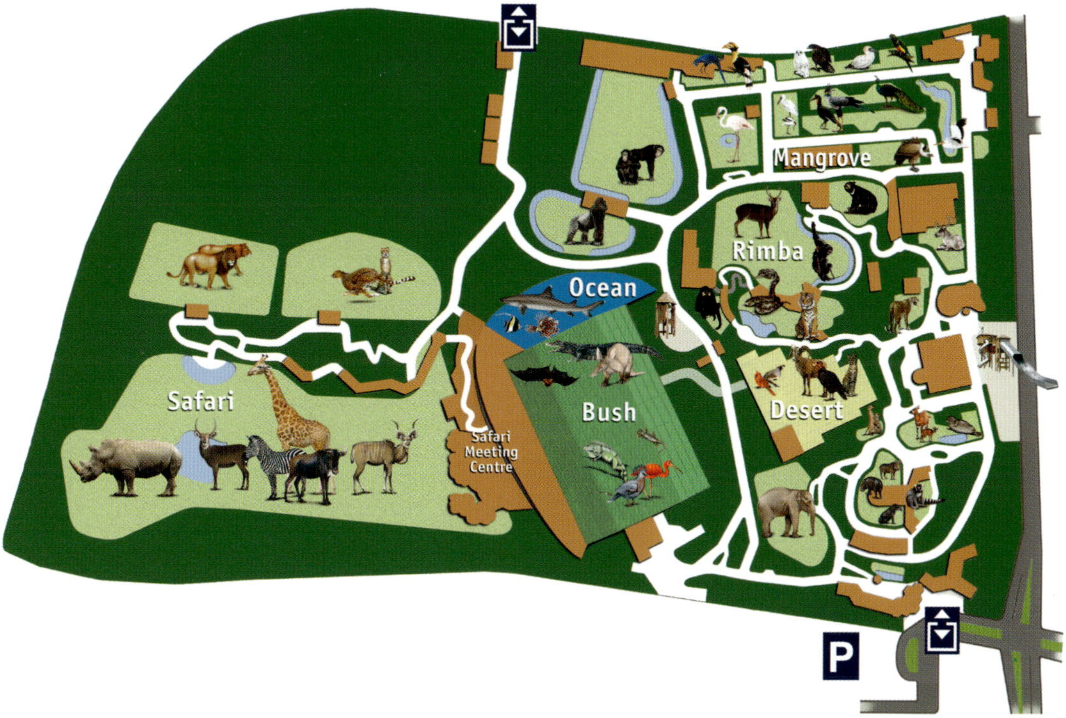

Zoofreunde

Nein. Mitglieder des Zoos sind Jahreskarteninhaber mit verschiedenen Vorteilen.

Ehrenamtliche Helfer

Nein, aber ca. 60 geschulte Ehrenamtliche führen durch den Zoo.

Allgemeine Beschreibung

Der Zoo liegt in einem Waldgebiet und hat gute Wasserelemente; diese positive Ausgangsbasis wurde durch eine umfangreiche, schöne Bepflanzung und viele Felsen und Steinblöcke noch verstärkt.
Dieser sehr schöne zoologische Garten ist weiträumig, gut gestaltet, in Lebensraum-Zonen gegliedert und bietet Raum für Erweiterungen. Die Tiere werden, soweit möglich, in einem ihnen entsprechenden Lebensraum nach Hagenbecks Gestaltungsprinzipien gehalten.

Begehbare Häuser

BUSH - Der tropische Regenwald, Affenhaus, OCEAN - Das tropische Korallenriff, Menschenaffenhaus, MANGROVE - Der tropische Flutwald, DESERT - Die Felsenwüste

Besonderheiten

BUSH, Löwen, Nasenbären, OCEAN, Tiger, Malaienbären und Binturongs, MANGROVE, Leoparden, Zwergotter, DESERT, Siamangs, Flamingos, Afrikanische Savanne, Erdmännchen, Schimpansen

Benötigte Zeit

Gesamter Zoo: 6 - 8 Stunden   Besonderheiten: 3 - 5 Stunden

Zoo Augsburg

Kontakt

Name	Zoologischer Garten Augsburg GmbH
Adresse	Brehmplatz 1, 86161 Augsburg, D
Telefon	+49(0) 821 567149-0
Fax	+49(0) 821 567149-13
E-Mail	info@zoo-augsburg.de
Website	www.zoo-augsburg.de

Öffnungszeiten

Ganzjährig geöffnet

November bis Februar	9.00 bis 16.30 Uhr
März und Oktober	9.00 bis 17.00 Uhr
April, Mai und September	9.00 bis 18.00 Uhr
Juni bis August	9.00 bis 18.30 Uhr

Eintrittspreise

	EUR	
	Sommer Mär bis Okt	Winter Nov bis Feb
Erwachsene	8,00	6,00
Kinder 3 - 15	4,00	3,00
Kinder unter 3	Frei	Frei
Familienticketbuch 4 x Erwachsene & 6 x Kinder	44,00	44,00
Hunde	2,50	2,00
Jahreskarte - Erwachsene	35,00	
Jahreskarte – Kinder 3 - 15	15,00	
Jahreskarte – Zoo & Botanischer Garten	50,00	
Ermäßigungen: Schüler, Studenten, Senioren ab 65, Schwerbehinderte, Angehörige der Streitkräfte und freitags Familien		

Verkehrsanbindung

Auto	A8 Ausfahrt Augsburg Ost oder Augsburg West dann B300
Parken	Ja, am Zoo, kostenlos
Bus	32 von Augsburg Hbf. oder Königsplatz nach Zoo/Botanischer Garten
Bahnhof	Augsburg Hbf.

Inhaber des Zoos

Kommunal, Zoologischer Garten Augsburg GmbH
99,2 % Stadt Augsburg, 0,8 % Privat

Zoofläche

22 ha

Gründungsjahr

1937

Zoo Augsburg

Besucherzahlen ca. 580 000

Tierbestand am 31. 12. 2009

	Anzahl	Arten
Säugetiere	421	50
Vögel	857	178
Reptilien	134	34
Amphibien	68	14
Fische	0	0

Dienstleistungen

Gastronomie (zooeigen):
Restaurant, Café, Kioske, Picknickplätze - Zoo Gaststätte, Halbzeit Bistro

Läden (verpachtet): Zoo-Shop, Miniatureisenbahn
Streichelzoo: ja, Elefantenritte können gebucht werden
Spielplatz: ja

Hunde An der Leine erlaubt: ja Hundezwinger: ja

Fütterung durch Besucher Streng verboten, außer Vögel und Ziegen mit Futter aus den Futterspendern

Vorführungen etc. Nein

Bildung

Keeper Talks: ja - bei der Fütterung der Südafrikanischen Seebären zweimal am Tag
Zooschule/Bildungszentrum: ja
Biodiversity Zentrum: nein
Zooführer: ja, 3,50 EUR
Beschilderung: Deutsch Bewertung: **

Zoofreunde Ja, Freundeskreis Augsburger Zoo
ca. 500 Mitglieder am 31. 12. 2009

Ehrenamtliche Helfer Nein

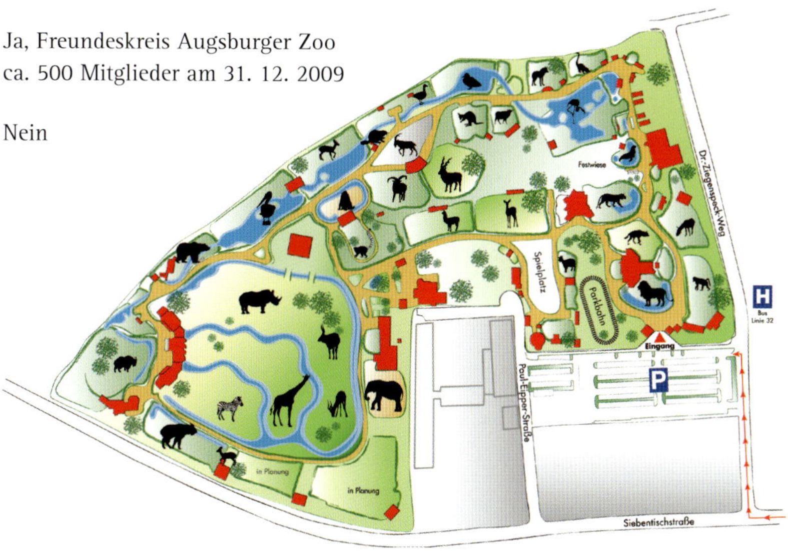

Zoo Augsburg

Allgemeine Beschreibung

Ein schönes Gelände mit Seen und für Vögel sehr geeigneten Wasserelementen, zudem in einigen Bereichen einem guten Baumbestand. Der Zoo Augsburg hat eine angenehme, ruhige Atmosphäre. Die neue begehbare Katta-Anlage mit Bäumen, Wasserelementen und Bepflanzungen ist einfach ein Genuss.

Begehbare Häuser

Elefanten- und Schimpansenhaus, Tigerhaus, Giraffenhaus, Reptilienhaus, Löwenhaus, Tropikhalle (Vogelhaus)

Besonderheiten

Afrikanische Savanne, Pinguine, Fennes, begehbare Katta-Anlage, Vogelhaus, Bieber, Takins, Nasenbären, Vogelteich, Pelikane, Paviane, Löwen, Mähnenwölfe

Benötigte Zeit

Gesamter Zoo: 4 - 6 Stunden

Besonderheiten: 2 Stunden

Zoo Barcelona

Kontakt

Name	Parque Zoológico de Barcelona
Adresse	Parc de la Ciutadella s/n, 08003 Barcelona, E
Telefon	+34(0)93 2256 780
Fax	+34(0)93 2213 853
E-Mail	zoobarcelona@bsmasa.es
Website	www.zoobarcelona.com

Öffnungszeiten

Ganzjährig geöffnet

Sommer: 15. 5. bis 15. 9.	10.00 bis 19.00 Uhr
Frühling und Herbst: 16. 9. bis 31.10. und 16. 3. bis 14. 5.	10.00 bis 18.00 Uhr
Winter: 1. 11. bis 15. 3.	10.00 bis 17.00 Uhr

Eintrittspreise 2011

	EUR
Erwachsene	16,50
Kinder 3 - 16	9,90
Kinder unter 3	Frei
Jahreskarte - Erwachsene	34,00
Jahreskarte - Familie	72,00
Ermäßigungen: Schüler, Studenten, Senioren ab 65 und Schwerbehinderte Jahreskarteninhaber sind Mitglieder des Zoo Clubs	

Verkehrsanbindung

Auto	Den Schildern zum Citadel Park folgen
Parken	kostenpflichtige Parkplätze in der Nähe des Zoos
Bus	14, 17, 36, 39, 40, 41, 45, 51, 57, 59, 100, 141, 157
Straßenbahn	T4 Ciutadella-Vila Olimpica
U-Bahn	L4 und L1
Bahnhof	Estació de França

Inhaber des Zoos Kommunal, 100 % Stadt Barcelona

Zoofläche 13 ha

Gründungsjahr 1892

Besucherzahlen ca. 1 150 000

Zoo Barcelona

Tierbestand am 31. 12. 2009

	Anzahl	Arten
Säugetiere	727	88
Vögel	698	108
Reptilien	432	92
Amphibien	202	18
Fische	149	12

Dienstleistungen

Gastronomie (verpachtet):
Restaurant, Café, Kioske, Picknickplätze - Restaurant La Granja
Läden (verpachtet): Zoo-Shop - Botiga Tienda, Miniatureisenbahn
Streichelzoo; ja, Ponyreiten Spielplatz: ja

Hunde

An der Leine erlaubt: nein Hundezwinger: nein

Fütterung durch Besucher

Streng verboten

Vorführungen etc.

Ja, Delfine und Seelöwen

Bildung

Keeper Talks: ja
Zooschule/Bildungszentrum: ja
Biodiversity Zentrum: nein
Zooführer: ja
Beschilderung: Spanisch, katalanisch und englisch Bewertung: *

Zoofreunde

Nein, aber ca. 100 000 Mitglieder im Zooverein am 31. 12. 2009
Mitglieder des Zoovereins sind Jahreskarteninhaber mit unterschiedlichen Vergünstigungen.

Ehrenamtliche Helfer

Ja, ca. 50

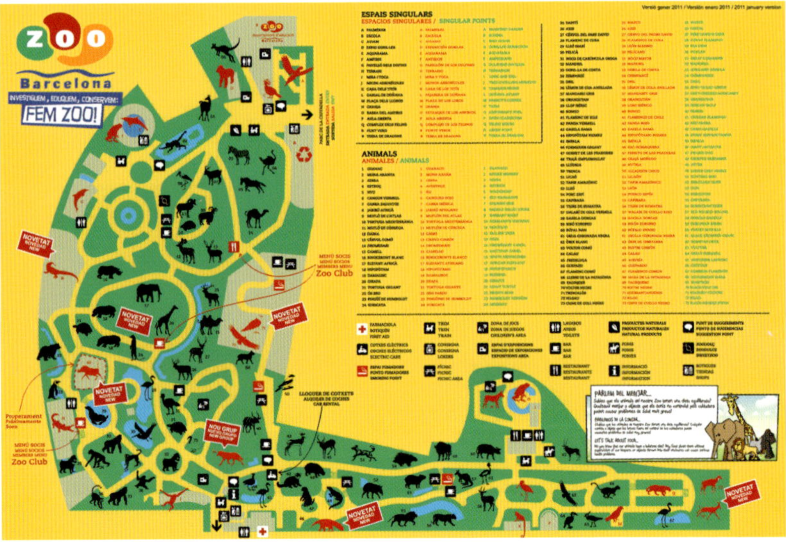

Zoo Barcelona

Allgemeine Beschreibung

Der Zoo Barcelona liegt im Stadtzentrum im Parc de la Ciutadella. Er zeichnet sich durch einen alten Baumbestand, mediterrane Vegetation und schöne Blumenbeete aus. Dem Besucher bietet er einen bemerkenswert umfangreichen Tierbestand: Obwohl die Gehege ziemlich unterschiedlich sind, gibt es ein Verbesserungsprogramm und Pläne, die Meeressäugetiere an einem neuen Standort unterzubringen, um für die verbleibenden Tierarten mehr Platz im Zoo zu schaffen. Besonders erwähnenswert ist die vor Kurzem eröffnete preisgekrönte Komodowaran-Anlage.

Begehbare Häuser

Delfinarium, Vogelhaus, Reptilienhaus, Affenhaus

Besonderheiten

Komodowarane, Seelöwen, Klammeraffen, Schimpansen, Otter, Voliere, Gorillas, Zwergflusspferde

Benötigte Zeit

Gesamter Zoo: 5 - 6 Stunden Besonderheiten: 2 - 3 Stunden

Zoo Basel

Kontakt

Name	Zoo Basel
Adresse	Binningerstr. 40, CH-4011, Basel, CH
Telefon	+41(0) 61 295 3535
Fax	+41(0) 61 281 0005
E-Mail	zoo@zoobasel.ch
Website	www.zoobasel.ch

Öffnungszeiten

Ganzjährig geöffnet

Mai bis August	8.00 bis 18.30 Uhr
September, Oktober, März und April	8.00 bis 18.00 Uhr
November bis Februar	8.00 bis 17.30 Uhr

Eintrittspreise 2011

	CHF
Erwachsene	18,00
Kinder 6 - 16	7,00
Kinder unter 6	Frei
Jugendliche 16 - 25	12,00
Familie – Eltern und ihre Kinder unter 20	39,00
Jahreskarte - Erwachsene	80,00
Jahreskarte – Kinder und Jugendliche 6 - 25	40,00
Jahreskarte – Familie, Eltern und ihre Kinder unter 20	140,00
Ermäßigungen: Senioren ab 62, montags außer Feiertage	

Zoo Basel

Verkehrsanbindung

Auto	A2 CH oder A5 Ausfahrt Basel Süd
Parken	Ja, am Haupteingang des Zoos und bei Heuwaage
Bus	34 und 36 zur Zoohaltestelle Dorenbach
Straßenbahn	1, 8 bis zur Halstestelle Bachletten, 2 zur Haltestelle Dorenbach, 10 und 17 zur Zoohaltestelle
Bahnhof	Basel SBB, 10 Minuten zu Fuß

Inhaber des Zoos

Private, gemeinnützige Einrichtung, Zoologischer Garten Basel AG, mehr als 1 000 Anteilseigner

Zoofläche

12 ha

Gründungsjahr

1874

Besucherzahlen

ca. 1 700 000

Tierbestand am 31. 12. 2009

	Anzahl	Arten
Säugetiere	382	65
Vögel	671	90
Reptilien	254	37
Amphibien	35	9
Fische	3 219	294

Dienstleistungen

Gastronomie (zooeigen):
Restaurant, Café, Kioske - Restaurant à la carte, SB-Restaurant, Die Cafeteria

Läden (zooeigen): Zoo-Shop
Streichelzoo: ja, „Kinderzolli“, direkter Kontakt mit Tieren in großzügigen Gehegen. Kinder ab 8 Jahren können täglich helfen.
Spielplatz: ja

Hunde

An der Leine erlaubt: nein Hundezwinger: nein

Fütterung durch Besucher

Streng verboten

Vorführungen etc.

Ja, im Etoschahaus

Bildung

Keeper Talks: ja
Zooschule/Bildungszentrum: ja
Biodiversity Zentum: ja - Bionics Centre
Zooführer: ja, 7,00 CHF
Beschilderung: Deutsch und französisch Bewertung: **

Zoofreunde

Ja, Verein der Freunde des Zoologischen Gartens Basel
ca. 3 000 Mitglieder am 31. 12. 2009

Ehrenamtliche Helfer

Ja, ca. 50

Allgemeine Beschreibung

Der Zoo Basel,„Zolli“ genannt, ist einer der schönsten Zoos in Europa. Mitten in der Stadt in der Nähe des Hauptbahnhofs gelegen, stellt er eine reizvolle Oase im Stadtzentrum dar. Der wunderbar gestaltete zoologische Garten besitzt einen alten Baumbestand, Gärten und eine abwechslungsreiche Vegetation. Der Platz wurde außerordentlich gut genutzt und landschaftlich mit schönen Perspektiven gestaltet. Wasser-Elemente sind sinnvoll eingesetzt und die Gebäude gut restauriert und unterhalten. Eine anspruchsvolle Gestaltung ist im gesamten Zoo bis hin zu den Gehwegen offenkundig. Die einheimische Tierwelt ist mit Störchen, Reihern und Eichhörnchen, die den Zoo besuchen, gut repräsentiert. Die Anzahl der Innenanlagen ist beeindruckend. Das bemerkenswerte Vivarium, das 75 % aller Arten beherbergt, die in diesem Zoo leben, ist wirklich ein Zoo im Zoo. Auf vier Ebenen bietet es eine thematische Weltreise und deckt ein beeindruckendes Artenspektrum mit Reptilien, Amphibien, Fischen und Korallenriffen ab. Die Menschenaffenanlagen werden gerade wesentlich verbessert und erweitert; sie werden im Sommer 2012 wiedereröffnet.

Begehbare Häuser

Vivarium, Menschenaffenhaus, Elefantenhaus, Etoschahaus, Flusspferdehaus, Primatenhaus, Gamgoas, Giraffen- und Antilopenhaus, Vogelhaus, Australienhaus, Nashornhaus, Bauernhof im Kinderzolli.

Besonderheiten

Vivarium, Totenkopfäffchen, Afrikanische Wildhunde, Flusspferde, Kattas, Wollaffen, Strauße, Geparde, Grant-Zebras, Fischotter, Indische Nashörner, Nilkrokodile, Flamingos, Weiße Pelikane, Somali Wildesel, Krokodile, Etoschahaus (Siedelweber, Scharlachspinte und viele weitere Arten), Gorillas, Schimpansen und Orang-Utans ab 2012

Benötigte Zeit

Gesamter Zoo: 6 - 8 Stunden

Besonderheiten: 2 - 3 Stunden

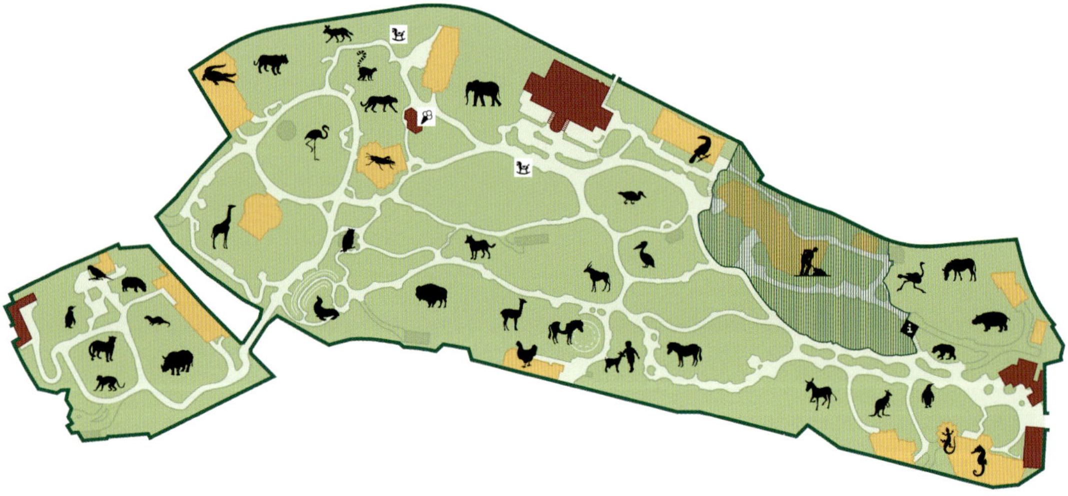

Zooparc de Beauval

Kontakt

Name	Zooparc de Beauval
Adresse	41110 St Aignan sur Cher, F
Telefon	+33(0) 2 54 75 5000
Fax	+33(0) 2 54 74 4001
E-Mail	infos@zoobeauval.com
Website	www.zoobeauval.com

Öffnungszeiten

Ganzjährig geöffnet

Ganzjährig	9.00 Uhr bis Dämmerung

Eintrittspreise 2011

	EUR
Erwachsene	22,00
Kinder 3 - 10	16,00
Kinder unter 3	Frei
Hunde	Frei
Jahreskarte - Erwachsene	66,00
Jahreskarte – Kinder 3 - 10	48,00
Ermäßigungen: Rollstuhlfahrer	

Verkehrsanbindung

Auto	A10/A71/A85 Ausfahrt St Aignan
Parken	Ja, am Zoo, kostenlos
Bahnhof	St Aignan sur Cher

Inhaber des Zoos

Privat 100 % Familie Delord

Zoofläche

30 ha

Gründungsjahr

1980

Besucherzahlen

ca. 550 0000

Tierbestand am 31. 12. 2009

	Anzahl	Arten
Säugetiere	552	87
Vögel	1 513	215
Reptilien	314	51
Amphibien	108	11
Fische	1 770	98

Dienstleistungen	Gastronomie (zooeigen): Hotel, Restaurant, Café, Kioske, Picknickplätze - Hotel und Restaurant Les Jardins de Beauval, Restaurant – Le Tropical, Créperie La Roseraie Läden (zooeigen): 2 Zoo-Shops Streichelzoo: ja, Kinderbauernhof Spielplatz: ja
Hunde	An der Leine erlaubt: ja Hundezwinger: nein
Fütterung durch Besucher	Streng verboten, abgesehen vom Kinderbauernhof
Vorführungen etc.	Ja, März bis November, Greifvögel und Seelöwen
Bildung	Keeper Talks: ja, April bis September 12 verschiedene Termine, siehe Programm Zooschule/Bildungszentrum: ja Biodiversity Zentrum: nein Zooführer: ja, 25,00 EUR Beschilderungen: Französisch Bewertung: ***
Zoofreunde	Nein
Ehrenamtliche Helfer	Nein

Zooparc de Beauval

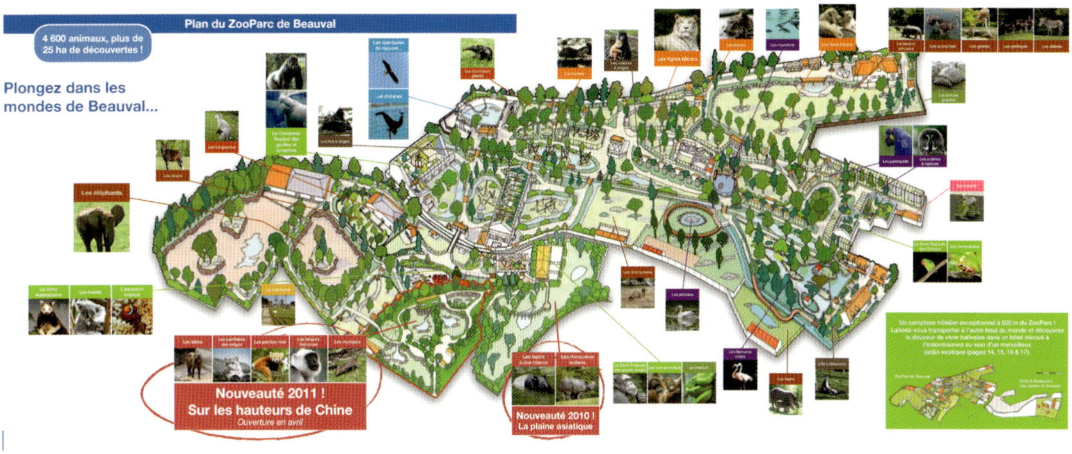

Allgemeine Beschreibung

Südlich des attraktiven Loire-Tals im Osten der Stadt Tours liegt der Zoo Beauval mit seinem speziellen Charme. Seine Anlagen zeugen von kreativen Investitionen und bieten einen gleichmäßig hohen Standard. Das Gelände hat unterschiedliche Landschaftsmerkmale, guten Baumbestand und eine schöne Vegetation sowie hübsche Wasserelemente. Der Weg entlang des Entenflusses im Eingangsbereich ist wirklich bezaubernd. Beschilderungen und Anzeigetafeln sind attraktiv und informativ. Der Tierbestand ist beeindruckend; besonders stark vertreten sind Katzen-, Primaten- und Vogelarten.

Begehbare Häuser

Menschenaffenhaus, Gorillas und Seekühe, Tropisches Vogelhaus, Elefantenhaus, Australienhaus, Vivarium, Tropisches Aquarium

Besonderheiten

Weiße Tiger, Kattas, Waschbären, Baumkängurus, Elefanten, Tüpfelhyänen, Pinguine, Seekühe, Afrikanische Savanne, Ameisenbären, Tropisches Vogelhaus, Gorillas, Tapiranlage, Koalas, Flamingos

Benötigte Zeit

Gesamter Zoo: 6 - 8 Stunden   Besonderheiten: 2 - 3 Stunden

Belfast Zoo

THE ZOO
BELFAST ZOOLOGICAL GARDENS

Kontakt

Name	Belfast Zoological Gardens
Adresse	Antrim Road, Belfast BT36 7PN, UK
Telefon	+44(0) 28 9077 6277
Fax	+44(0) 28 9037 0578
E-Mail	info@belfastzoo.co.uk
Website	www.belfastzoo.co.uk

Öffnungszeiten

Ganzjährig geöffnet

April bis September	10.00 bis 19.00 Uhr
Oktober bis März	10.00 bis 16.00 Uhr

Eintrittspreise 2011

	GBP	
	Okt bis Mär	Apr bis Sep
Erwachsene	7,10	8,90
Kinder 4-17	3,60	4,70
Kinder unter 4	Frei	Frei
Jahreskarte - Erwachsene	25,70	27,00
Familie - 2 Erwachsene und 2 Kinder	19,10	24,50
Jahreskarte - Kind	12,75	13,40
Jahreskarte - Familie	72,00	75,60
Ermäßigungen: Senioren ab 60 und Schwerbehinderte erhalten freien Eintritt		

Verkehrsanbindung

Navi	Sat Nav BT36 7NP
Auto	Von Norden M2 Abzweigung 4, von Süden M1, dann M2
Parken	Ja, am Zoo, kostenlos
Bus	1A, 1B, 1C, 1D, 1E, 1F, 1G, 2A
Bahnhof	Whiteabbey, 3 Meilen entfernt

Inhaber des Zoos Kommunal, 100 % Stadt Belfast

Zoofläche 24 ha

Gründungsjahr 1934

Besucherzahlen ca. 300 000

Tierbestand am 31. 12. 2009

	Anzahl	Arten
Säugetiere	360	67
Vögel	380	63
Reptilien	32	13
Amphibien	3	2
Fische	12	1

Dienstleistungen

Gastronomie (verpachtet):
Restaurant, Café, Kioske, Picknickplätze - Lion's Den Restaurant, Percy's Picnic Pitstop
Läden (zooeigen): Zoo-Shop - Zoovenir
Streichelzoo: nein Spielplatz: ja

Hunde

An der Leine erlaubt: nein Hundezwinger: nein

Fütterung durch Besucher

Streng verboten

Vorführungen etc.

nein

Bildung

Keeper Talks: nein
Zooschule/Bildungszentrum: ja
Biodiversity Zentrum: nein
Zooführer: ja
Beschilderung: Englisch Bewertung: **

Zoofreunde

Ja, ca. 220 Mitglieder am 31. 12. 2009

Ehernamtliche Helfer

Ja, durch die Zoofreunde

Belfast Zoo

Allgemeine Beschreibung

Auf dem Cave Hill mit schöner Aussicht über den Belfast-Lough liegt dieses attraktive hügelige Gelände vor einer spektakulären felsigen Kulisse. Es gibt einen artenreichen heimischen Baumbestand, Sträucher und Pflanzen. Einige Gehwege sind ziemlich steil, aber das Gelände ist für einen schönen zoologischen Garten sehr geeignet. Die meisten Gebäude stammen aus den Jahren 1990 bis 2000.

Begehbare Häuser

Tropischer Regenwald, Menschenaffenhaus, Elefanten- und Giraffenhaus, Affenhaus

Besonderheiten

Brillenbären, Lemuren, Tiger, Asiatische Goldkatzen, Fossas, Nasenbären, Baumkängurus, Pudus, begehbarer Vogelpark, Gorillas, Schimpansen, Krallenaffen/Springtamarine

Benötigte Zeit

Gesamter Zoo: 6 Stunden Besonderheiten: 2 - 3 Stunden

Tierpark Berlin

TIERPARK BERLIN
DER HAUPTSTADT ZOO

Kontakt

Name	Tierpark Berlin Friedrichsfelde
Adresse	Am Tierpark 125, 10319 Berlin, D
Telefon	+49(0) 30 515 310
Fax	+49(0) 30 512 4061
E-Mail	info@tierpark-berlin.de
Website	www.tierpark-berlin.de

Öffnungszeiten

Ganzjährig geöffnet

20. März bis 24. Oktober	9.00 bis 18.00 Uhr
25. Oktober bis 19. März	9.00 bis 17.00 Uhr

Eintrittspreise 2011

	EUR
Erwachsene	12,00
Kinder 5 - 15	6,00
Kinder unter 5	Frei
Hunde	Frei
Jahreskarte - Erwachsene	58,00
Jahreskarte - Kinder 5 - 15	28,00
Jahreskarte - Familie - 2 Erwachsene und 3 Kinder	120,00
Ermäßigungen: Schüler, Studenten, Auszubildende und Schwerbehinderte	

Verkehrsanbindung

Auto	Berlin - Lichtenberg - Friedrichsfelde, Alt -Friedrichsfelde/ Am Tierpark/Treskow Allee Waldow Allee
Parken	Ja, am Zoo, 4,00 EUR
Bus	296, 396 und 194
Straßenbahn	M17, 27, 37
Bahnhof	Tierpark - Linie U5

Inhaber des Zoos

Kommunale Gesellschaft - 100 % Berlin Zoo AG. Ca. 2 800 Anteilseigner, Land Berlin hält 1 Goldene Aktie. Tierpark Berlin Friedrichsfelde GmbH ist eine Tochtergesellschaft der Zoo Berlin AG.

Zoofläche

160 ha

Gründungsjahr

Gegründet 1954,
eröffnet 1955

Besucherzahlen

ca. 1 000 000

Tierbestand am 31. 12. 2009

	Anzahl	Arten
Säugetiere	1 415	191
Vögel	2 425	389
Reptilien	537	102
Amphibien	39	4
Fische	1 228	128

Dienstleistungen

Gastronomie (verpachtet):
Restaurant, Cafeteria, Kioske, Picknickplätze - Café im Tierpark

Läden (verpachtet): Zoo-Shop
Streichelzoo: ja, große Vielfalt von Bauernhoftieren, Haustieren u. a.
Spielplatz: ja

Hunde

An der Leine erlaubt: ja   Hundezwinger: nein

Fütterung durch Besucher

Streng verboten

Vorführungen etc.

Die Geschichte der Berliner Tiergärten im Schloss Friedrichsfelde

Bildung

Keeper Talks: nein
Zooschule/Bildungszentrum: ja
Biodiversity Zentrum: nein
Zooführer: ja, 4,00 EUR
Beschilderung: Deutsch   Bewertung: **

Zoofreunde

Ja, Freunde Hauptstadtzoos
Fördergemeinschaft von Tierpark und Zoo Berlin e. V.
ca. 1 500 Mitglieder am 31. 12. 2009

Tierpark Berlin

Ehrenamtliche Helfer

Ja

Allgemeine Beschreibung

Mit seinem 160-Hektar-Grundstück ist der Tierpark Berlin der zweitgrößte Zoo in dieser Studie. Das überwiegend flache Gelände gehörte ursprünglich zum Schloss Friedrichsfelde, das heute wieder Bestandteil des Tierparks ist und gerade umsichtig restauriert wurde. Formal bepflanzte Gärten führen zum Schloss. Das Gelände ist vorwiegend offen, besitzt aber einen schönen alten Baumbestand und bewaldete Flächen sowie besonders im Schlossbereich einige gute Wasserelemente. Erwähnenswert ist die große Huftieranlage.

Begehbare Häuser

Alfred-Brehm-Haus (Großkatzen, tropische Vögel und Flughunde), Giraffenhaus, Dickhäuterhaus (Elefanten, Nashörner und Seekühe), Krokodilhalle, Affenhaus, Reptilienhaus

Besonderheiten

Dscheladas, Eisbären, Klippschliefer, Pelikane, Giraffen, Kamele, Gibbons, Tiger, Schildkröten, Greifvogel-Volière, begehbare Katta-Anlage, Flughunde

Benötigte Zeit

Gesamter Zoo: 8 - 10 Stunden Besonderheiten: 3 Stunden

ZOO BERLIN
DER HAUPTSTADT ZOO

ZOO AQUARIUM BERLIN
DER HAUPTSTADT ZOO

Zoo Berlin

Kontakt

Name	Zoologischer Garten Berlin
Adresse	Hardenbergplatz 8 10787 Berlin, D
Telefon	+49(0) 30 25 4010
Fax	+49(0) 30 25 401 255
E-Mail	info@zoo-berlin.de
Website	www.zoo-berlin.de

Öffnungszeiten

Jeden Tag im Jahr geöffent

April bis September	9.00 bis 19.00 Uhr
Oktober bis März	9.00 bis 17.00 Uhr
Aquarium ganzjährig	09.00 bis 18.00 Uhr

Eintrittspreise 2011

	EUR	
	Zoo	Zoo und Aquarium
Erwachsene	13,00	20,00
Kinder 5 - 15	6,50	10,00
Kinder unter 5	Frei	Frei
Familie - 1 Erwachsener und Kinder	22,00	33,00
Familie - 2 Erwachsene und Kinder	35,00	50,00
Jahreskarte - Erwachsene	60,00	90,00
Jahreskarte - Kinder 5 - 15	30,00	45,00
Jahreskarte - Erwachsene und Kinder	77,00	115,00
Jahreskarte - 2 Erwachsene und Kinder	122,00	180,00
Ermäßigungen: Schüler, Studenten, Auszubildende, Arbeitslose, Schwerbehinderte mit Begleitperson		

Verkehrsanbindung

Auto	Budapesterstraße/Kudamm
Parken	Parkhaus Nürnberger Straße & Parkhaus Budapester Straße
Bus	Bahnhof Zoologischer Garten 15 Linien
U-Bahn	Zoologischer Garten U2 und U9
Bahnhof	S-Bahn Zoologischer Garten

Inhaber des Zoos

Kommunale Gesellschaft, 100 % Berlin Zoo AG. Ca. 2 800 Anteilseigner, Land Berlin hält 1 Goldene Aktie.

Zoofläche

32 ha

Gründungsjahr

Gegründet 1841, eröffnet 1844

Besucherzahlen

ca. 3 100 000

Tierbestand am 31. 12. 2009

	Anzahl	Arten
Säugetiere	1 147	177
Vögel	2 481	355
Reptilien	485	77
Amphibien	435	46
Fische	5 434	511

Dienstleistungen

Gastronomie (verpachtet):
Restaurant, Cafeteria, Kioske, Picknickplätze - Das Hauptrestaurant, Waldschänke, Bistro Aquarium & Kiosk
Läden (verpachtet): Zoo-Shop
Streichelzoo: ja Spielplatz: ja

Hunde

An der Leine erlaubt: nein Hundezwinger: nein

Fütterung durch Besucher

Streng verboten

Vorführungen etc.

Nein

Bildung

Keeper Talks: Nein, aber diverse Möglichkeiten, Tierfütterungen zu sehen, siehe Tagesprogramm
Zooschule/Bildungszentrum: ja
Biodiversity Zentrum: nein
Zooführer: ja, 4,00 EUR
Beschilderung: Deutsch Bewertung: **

Zoofreunde

Ja, Freunde Hauptstadtzoos
Fördergemeinschaft von Tierpark und Zoo Berlin e. V.
ca. 1 500 Mitglieder am 31. 12. 2009

Ehrenamtliche Helfer

Ja

Zoo Berlin

Allgemeine Beschreibung

Dieser berühmte Zoo ist ein wirklich wunderbarer klassischer zoologischer Garten mit schönem alten Baumbestand und gepflegten Gärten. Der Zoo hat gute Wasserelemente und Bepflanzungen, gut gestaltete Gehege und bildet in der großen Hauptstadt eine Oase der Ruhe. Eropas größter Tierbestand ist hier zu Hause – oftmals in denkmalgeschützten Gebäuden, die gut restauriert wurden. Er wurde als Geburtsort von Knut weltberühmt. 80 Reiher-Paare haben sich im Zoo angesiedelt.

Begehbare Häuser

Aquarium, Affen- und Menschenaffenhaus, Elefantenhaus, Nashorn- und Tapirhaus, Giraffenhaus, Pinguinhaus, Flusspferdehaus, Vogelhaus

Besonderheiten

Flusspferde, Tiger, Elefanten, Zwergflusspferde, Löwen, Bieber, Schimpansen, begehbare Strandvogelvoliere, Königspinguine, Gorillas, begehbare Voliere für Wasservögel, Pelikane, Orang-Utans, Zwergotter

Benötigte Zeit

Gesamter Zoo: 10 Stunden Besonderheiten: 4 Stunden

Zoo Bojnice

Kontakt

Name	Zooloogická Záhrada Bojnice
Adresse	Zámok a okolie 6 97201 Bojnice, SK
Telefon	+421(0) 465 40 29 75
Fax	+421(0) 465 40 32 41
E-Mail	zoobojnice@zoobojnice.sk
Website	www.zoobojnice.sk

Öffnungszeiten

Ganzjährig geöffnet

Februar	8.00 bis 16.00 Uhr
April bis August	8.00 bis 18.00 Uhr
September, Oktober, März und April	8.00 bis 17.00 Uhr
November bis Januar	8.00 bis 15.00 Uhr

Eintrittspreise 2011

	EUR	
	Sommer	Winter
Erwachsene	3,00	2,50
Kinder 4 - 15	1,50	1,00
Kinder unter 4	Frei	Frei
Ermäßigungen: Schüler, Studenten, Senioren ab 65, Schwerbehinderte		

Verkehrsanbindung

Auto	E75 Bratislava –Trencin und dann E572 Trencin - Bojnice
Parken	Ja, kostenpflichtig am Zoo
Bus	Bushaltestelle 600 m vom Zooeingang entfernt
Bahnhof	Prievidza (Stadt) 3 km entfernt

Inhaber des Zoos

Staat, 100 % Umweltministerium

Zoo Bojnice

Zoofläche 41 ha (21 ha genutzt)

Gründungsjahr 1955

Besucherzahlen ca. 370.000

Tierbestand am 31.12.2009

	Anzahl	Arten
Säugetiere	350	80
Vögel	536	136
Reptilien	446	49
Amphibien	55	15
Fische	599	85

Dienstleistungen

Gastronomie (verpachtet):
Restaurant, Cafeteria, Kioske, Picknickplätze
Läden: Zoo-Shop
Streichelzoo: ja, inklusive kleinem Nagetierhaus
Spielplatz: ja

Zoo Bojnice

Hunde	An der Leine erlaubt: nein Hundezwinger: nein
Fütterung durch Besucher	Streng verboten
Vorführungen etc.	Nein
Bildung	Keeper Talks: nein Zooschule/Bildungszentrum: nein Biodiversity Zentrum: nein, ist aber in Planung Zooführer: ja, 5,00 EUR Beschilderung: Slowakisch Bewertung: *
Zoofreunde	Nein
Ehrenamtliche Helfer	Nein
Allgemeine Beschreibung	Ein schönes, welliges Gelände mit großen Laub- und Nadelwaldbereichen, großen natürlichen Felspartien, aber begrenzten Wasservorkommen. Schöner Blick auf das Schloss Bojnice. Die kleinen Gartenflächen des Zoos sind diejenigen, die zuvor zum Schloss gehörten. Man erkennt einen Kontrast zwischen den umzäunten Außenanlagen aus dem 20. und den attraktiveren, offenen Außenanlagen aus dem 21. Jahrhundert, die mit Gräben umgeben sind und angenehme Perspektiven bieten. Der Zoo befindet sich mit neuen Investitionen in einem frühen Stadium des Wandels.
Begehbare Häuser	Elefantenhaus, Primatenhaus, Vivarium
Besonderheiten	Orang-Utans, Große Kudus, Ziegenartige, Hartmann-Zebras, Guanakos, Lamas, Saruskraniche, Bongos, Nandus, Hirschziegenantilopen, Riesenseeadler, Kasuare
Benötigte Zeit	Gesamter Zoo: 3 - 4 Stunden Besonderheiten: 1 - 2 Stunden

ZOO BRATISLAVA

Kontakt

Name	Zoo Bratislava
Adresse	Mlynská Dolina 1, 84227 Bratislava, SK
Telefon	+421(0) 265 42 28 48
Fax	+421(0) 265 42 18 68
E-Mail	zoo@zoobratislava.sk
Website	www.zoobratislava.sk

Öffnungszeiten

Ganzjährig geöffnet

April bis Oktober	9.00 bis 19.00 Uhr
November bis März	10.00 bis 16.00 Uhr

Eintrittspreise 2011

	EUR	
	Sommer	Winter
Erwachsene	4,30	3,30
Kinder 3 - 15	2,70	2,00
Kinder unter 3	Frei	Frei
Familie - 2 Erwachsene und 2 Kinder	12,60	
Heft mit 10 Erwachsenentickets	33,50	
Heft mit 10 Kindertickets	20,00	
Jahreskarte - Erwachsene	33,20	
Jahreskarte - Kind 3 - 6	6,65	
Ermäßigungen: Senioren ab 65, Schüler, Studenten und Schwerbehinderte		

Verkehrsanbindung

Auto	Von der Autobahn aus den braunen Schildern zum Dino Park Zoo folgen
Parken	Ja, am Zoo, kostenlos
Bus	30, 31, 32 ab Bratislava Hbf.; 37, 39, 92 bis HaltestelleZoo
Bahnhof	Bratislava Hbf.

Inhaber des Zoos Kommunal, 100 % Stadt Bratislava

Zoofläche 96 ha

Gründungsjahr 1960

Besucherzahlen ca. 300 000

Tierbestand am 31. 12. 2009

	Anzahl	Arten
Säugetiere	698	88
Vögel	209	45
Reptilien	48	20
Amphibien	0	0
Fische	90	8

Dienstleistungen

Gastronomie (verpachtet):
Cafés, Picknickplätze - 5 Cafés
Läden (verpachtet): Zoo-Shop
Streichelzoo: ja Spielplatz: ja

Hunde

An der Leine erlaubt: nein Hundezwinger: nein

Fütterung durch Besucher

Streng verboten

Vorführungen etc.

Dino Park

Bildung

Keeper Talks: Ja, von Mai bis September täglich möglich, siehe Programm im Zoo
Zooschule/Bildungszentrum: ja
Biodiversity Zentrum: nein
Zooführer: zur Zeit nicht
Beschilderung: Slowakisch Bewertung: **

Zoofreunde

Nein

Ehrenamtliche Helfer

Ja, ca. 2

Zoo Bratislava

Allgemeine Beschreibung

Ein sehr großes, hügeliges Gelände innerhalb der Stadt mit altem Baumbestand. Obwohl ein Flüsschen durch den unteren Teil des Zoos fließt, herscht an anderen Stellen Wassermangel. Ein großer Teil des Zoos wird gegenwärtig nicht genutzt, aber es gibt Zukunftspläne für eine Afrikasavanne. Das große Menschenaffenhaus, 2010 eröffnet, bildet mit seiner sehr guten Innenanlage einen Meilenstein in der Geschichte des Zoos.

Begehbare Häuser

Menschenaffenhaus, Tigerhaus, Löwenhaus, Leoparden- und Jaguarhaus, Vogelhaus

Besonderheiten

Orang-Utans, Gibbons, Varis, Schimpansen, Erdmännchen, Waschbären, Flamingos, Pelikane, Schildkröten

Benötigte Zeit

Gesamter Zoo: 4 - 6 Stunden

Besonderheiten: 1 - 2 Stunden

Bristol Zoo

Kontakt

Name	Bristol Zoo Gardens
Adresse	Clifton,
	Bristol BS8 3HA, UK
Telefon	+44(0)117 974 7300
Fax	+44(0)117 973 6814
E-Mail	information@bristolzoo.org.uk
Website	www.bristolzoo.org.uk

Öffnungszeiten

Ganzjährig geöffnet, außer 1. Weihnachtstag

Sommer: Ende März bis Ende Oktober	9.00 bis 17.30 Uhr
Winter: Ende Oktober bis Ende März	9.00 bis 17.00 Uhr

Eintrittspreise 2011

	GBP
Tagestickets beinhalten eine Spende für den Naturschutz (10 %)	
Erwachsene	14,00
Kinder 3 - 14	8,50
Kinder unter 3	Frei
Familie - 2 Erwachsene und 2 Kinder	40,50
Jahreskarte - Erwachsene	50,00
Jahreskarte - Kinder	20,00
Jahreskarte – 2 Personen gemeinsam	80,00
Ermäßigungen: Schüler, Studenten, Senioren ab 60 und Schwerbehinderte mit Begleitperson; Jahreskarteninhaber erhalten freien Eintritt in Partnerzoos	

Bristol Zoo

Verkehrsanbindung

Auto	M5 Ausfahrt 17 A4018 den Schildern zum Clifton/Zoo folgen, M4/M32 Schildern Richtung Clifton/Zoo folgen
Parken	Parkplatz Nord am Zoo, 3,00 GBP/Tag Ausweichparkplatz West an der College Road, 3,00 GBP/Tag
Bus	8 oder 9 bis zum Haupteingang des Zoos
Bahnhof	Clifton Down Station - 10 Minuten Fußweg zum Zoo, Bristol Temple Meads Station, dann Bus 8 oder 9 zum Zoo
Fahrrad	Fahrradständer am Zoo

Inhaber des Zoos

Gemeinnütziger Verein, 100 % Bristol, Clifton & West of England Zoological Society Limited

Zoofläche

5 ha

Gründungsjahr

1835

Besucherzahlen

ca. 550 000

Tierbestand am 31. 12. 2009

	Anzahl	Arten
Säugetiere	465	57
Vögel	520	74
Reptilien	208	46
Amphibien	253	15
Fische	2 144	126

Dienstleistungen

Gastronomie (verpachtet):
Restaurant, Café, Kioske, Picknickplätze - The Coral Café

Läden (zooeigen): Zoo-Shop
Streichelzoo: ja
Spielplatz: Abenteuerspielplatz - ZooRopia
Erwachsene 7,50 GBP, Kinder 6,40 GBP: ZooRopia ist ein Abenteuerspielplatz, auf welchem Erwachsene und Kinder wie die Affen klettern können – inklusive Training und Klettergurte

Hunde

An der Leine erlaubt: nein
Hundezwinger: nein

Fütterung durch Besucher

Streng verboten.
Ausnahme: Lorifütterung im Wald der Vögel

Vorführungen etc.

Ja

Bristol Zoo

Bildung

Keeper Talks: Ja, 10 täglich - Informationen auf der Website und im Zoo. Keeper Talks und Begegnungen mit Tieren täglich alle 30 Minuten zwischen 11.00 und 16.00 Uhr
Zooschule/Bildungszentrum: ja
Biodiversity Zentrum: nein
Zooführer: ja, 3,00 GBP
Beschilderung: Englisch Bewertung: **

Zoofreunde

Nein, aber Jahreskartenprogramm.
Ca. 12 000 Mitglieder am 31. 12. 2009

Ehrenamtliche Helfer

Ja, ca. 280

Allgemeine Beschreibung

Trotz seines kleinen Geländes ist der Zoo Bristol ein Genuss: Er besitzt die Atmosphäre eines preisgekrönten Gartens, der ein Gefühl für Raum, Farbe und gute Perspektiven vermittelt.
Das Gelände ist flach und überschaubar. Viele Anlagen, wie die Robben- und Pinguinküste, zeugen von einer wirklich guten Planung. Ein neues Erdmännchengehege wird 2011 eröffnet.
Der Zoo war das Zuhause von Alfred, dem einzigen Gorilla im U.K. (1930 bis 1938), und des ersten im U.K. geborenen Gorillas.
Obwohl Bristol der kleinste zoologische Garten dieser Studie ist, ist ein Besuch dieses Zoos ein großes Vergnügen.

Begehbare Häuser

Affendschungel, TWILIGHT WORLD, Okapihaus, Vogelwald, Reptilienhaus, Käferwelt, Gorillahaus, Aquarium, Schmetterlingshaus

Besonderheiten

Asiatische Löwen, Pinguine, begehbare Katta-Anlage, Präriehunde, Südamerikanische Seebären, Kleine Pandas, Riesenschildkröten, Keas

Benötigte Zeit

Gesamter Zoo: 5 Stunden Besonderheiten: 2 Stunden

Zoo Budapest

Kontakt

Name	Budapest Zoo and Botanical Gardens
Adresse	Állatkerti krt. 6-12.
	H - 1146 Budapest, H
Telefon	+36 (0) 1 273 4900
Fax	+36 (0) 1 273 4986
E-Mail	titkarsag@zoobudapest.com
Website	www.zoobudapest.com

Öffnungszeiten

Ganzjährig geöffnet, außer am 24. 12. und am 31. 12.

Januar, Februar, November, Dezember	9.00 bis 17.00 Uhr
März, April, September, Oktober	9.00 bis 18.00 Uhr
Mai, Juni, Juli, August	9.00 bis 19.00 Uhr

Eintrittspreise 2010

	HUF
Erwachsene	1 990
Kinder 2-14	1 390
Kinder unter 2	Frei
Studententicket	1 390
Familie - 2 Erwachsene und 2 Kinder	5 700
Zusätzliches Kind zum Familienticket	980
Nachlässe mit der Budapest-Card	27 %
Palmenhaus und Aquarium im Zooeintritt inbegriffen	

Verkehrsanbindung

Auto	100 m vom Heldenplatz entfernt
Parken	Nur in nahegelegenen Straßen möglich
Trolley Bus	Roter Trolley Bus Nr. 72, 75, 79 bis zur Haltestelle Állatkerti (Zoo)
Bus	Blauer Bus Nr. 20E, 30, 30A, 105 bis zur Haltestelle Heldenplatz
U-Bahn Stationen	200 m bis M1 Gelbe U-Bahnlinie nach Szécheny Furdo

Inhaber des Zoos Kommunal, 100 % Stadt Budapest

Zoofläche 11 ha

Gründungsjahr 1866

Besucherzahlen Ca. 1 000 000

Tierbestand am 31. 12. 2009

	Anzahl	Arten
Säugetier	780	108
Vögel	1 475	195
Reptilien	455	103
Amphibien	561	32
Fische	2 753	282

Dienstleistungen

Gastronomie (verpachtet):
Restaurant, Cafeteria, Kioske, Picknickplätze
Läden (zooeigen): Zoo-Shop
Streichelzoo: ja, mit hervorragender Hamsteranlage
Spielplatz: ja, draußen und überdacht (Zoo Camp und Spielhaus)

Hunde

An der Leine erlaubt: nein   Hundezwinger: nein

Fütterung durch Besucher

Generell nicht erlaubt, außer einige Arten mit speziell ausgewiesenem Futter

Vorführungen etc.

Ja - regelmäßige Kunst- und Fotografieausstellungen, auch ethnografische und wissenschaftliche Ausstellungen. Im Sommer alle 30 Minuten Begegnungen mit Tieren möglich. Zauberberg - Museum des Lebens

Bildung

Keeper Talks: ja
Zooschule/Bildungszentrum: ja
Biodiversity Zentrum: ja
Zooführer: ja
Beschilderung: Ungarisch und englisch   Bewertung: *

Zoo Budapest

Zoofreunde

Ja.
Ca. 2 700 Mitglieder am 31. 12. 2009

Ehrenamtliche Helfer

Ja.
Ca. 70 am 31. 12. 2009

Allgemeine Beschreibung

Der Zoo Budapest ist zugleich traditioneller Stadtzoo und botanischer Garten mit einigen schönen, einfühlsam restaurierten denkmalgeschützten Gebäuden. Die wunderbare Bepflanzung umfasst 2 000 Pflanzen- und viele historische Baumarten. Faszinierend ist der Bonsaibestand in seiner hübschen Umgebung. Das Palmenhaus, Ungarns größter Tropengarten, ist wunderschön.
Der markante große Felsen ist der größte seiner Art in europäischen Zoos.
Der Tierbestand, die Anzahl der Innenanlagen und die Atmosphäre täuschen über die relativ kleine Grundfläche des Zoos hinweg: Er hat einen ganz besonderen Charakter und ein Besuch ist ein Genuss. Es existieren Zukunftspläne für die Erweiterung des Geländes.

Begehbare Häuser

Savannenhaus, Palmenhaus und Aquarium, Schmetterlingshaus, Altes Elefantenhaus, Krokodilhaus, Büffelhaus, Altes Giraffenhaus, Südamerikahaus, Haus für giftige Tiere, Madagaskarhaus, Affenhaus, Gorillahaus, Australienhaus, Insectarium, Orang-Utan-Haus, Indienhaus, Indonesienhaus

Besonderheiten

Gorillas, Großer Teich (Pelikane und Wasservögel), Japanischer Garten (Bonsai-Sammlung), Kleine Pandas, Südamerika-Voliere, Prevost-Schönhörnchen, Erdmännchen, Madagaskarhaus (Lemuren), Zweifinger-Faultiere, Mandrills, Australienhaus, Schildkröten, Mangaben, Afrikanische Savanne (Giraffen), Hirscheber, Palmenhaus (Tukane), Krallenaffen

Benötigte Zeit

Gesamter Zoo: 6 - 8 Stunden   Besonderheiten: 3 - 4 Stunden

Parco Natura Viva

Kontakt

Name	Parco Natura Viva
Adresse	Localita Figara 40, 37012 Bussolengo, Verona, I
Telefon	+39 045 71 70 113
Fax	+39 045 67 70 247
E-Mail	info@parconaturaviva.it
Website	www.parconaturaviva.it

Öffnungszeiten

Geöffnet von Anfang März bis Ende November

Anfang März bis Ende November	9.00 bis 18.00 Uhr
Dezember, Januar und Februar	geschlossen

Eintrittspreise 2010

	EUR	
	Mai bis Okt	Mai bis Okt
Erwachsene	19,00	17,50
Kinder 3 - 12	16,00	14,00
Kind unter 3	Frei	Frei
Jahreskarte - Erwachsene	45,00	
Jahreskarte – Kinder	35,00	
Jahreskarte – Familie - 2 Erwachsene, 2 Kinder	105,00	
Preis für den Safariparkeintritt und ein Fahrzeug für bis zu 9 Personen	18,00	

Verkehrsanbindung

Auto	A4 aus Westen Ausfahrt Peschira, aus Osten Ausfahrt Verona Nord
Parken	Ja, am Zoo, kostenlos
Bus	Bus zum Zoo von Verona Porta Nuova Station
Bahnhof	Verona Porta Nuova

Inhaber des Zoos Privates Unternehmen, 100 % Parco Natura Viva - Garda Zoological Park srl

Zoofläche 45 ha

Gründungsjahr 1969

Besucherzahlen ca. 500 000

Tierbestand am 31. 12. 2009

	Anzahl	Arten
Säugetiere	487	78
Vögel	640	126
Reptilien	306	40
Amphibien	0	0
Fische	152	37

Dienstleistungen

Gastronomie (verpachtet):
Restaurant, Cafeteria, Kioske, Picknickplätze - Simba Restaurant, Panda Bar
Läden (verpachtet): Zoo-Shop - Natura Shop
Streichelzoo: ja Spielplatz: ja

Hunde

An der Leine erlaubt: nein Hundezwinger: ja, kostenlos

Fütterung durch Besucher

Streng verboten

Vorführungen etc.

Ja. Dino - großflächiger Dinosaurier Park

Bildung

Keeper talks: nein, aber Führungen werden angeboten
Zooschule/Bildungszentrum: ja
Biodiversity Zentum: nein
Zooführer: Ja. 8,00 EUR
Beschilderung: Italienisch Bewertung: **

Parco Natura Viva

Zoofreunde

Nein, aber in Planung.

Ehrenamtliche Helfer

In Planung.

Allgemeine Beschreibung

Dieser Zoo im Wandel kombiniert einen zoologischen Garten mit dem benachbarten Safaripark: Ab 2013 werden diese beiden Aspekte integriert sein und Viva Natura wird ein reiner zoologischer Garten ohne Safari-Durchfahrtsbereiche sein. Der Zoo liegt auf einem attraktiven, vielfältigen, welligen Gelände in einer schönen Region in der Nähe des Gardasees. Das abwechslungsreiche Parkland kombiniert Savanne, Grasland und Hanglagen mit mediterraner Vegetation und schönen Wasser- und Fels-Elementen: Dieses vielseitige Gelände ist gut genutzt worden, um attraktive und naturalistische Anlagen zu schaffen.

Eine schöne Besonderheit ist das fröhliche Gezwitscher von mehr als 500 Grünpapageien, die in den Bäumen ihre Nester haben. Es gibt außerdem frei fliegende Störche und Reiher.

Dieser sich stetig weiterentwickelnde und verbessernde Zoos wird als Geo-Zoo konzipiert.

Begehbare Häuser

Tropenhaus – Säugetiere, Reptilien und Vögel

Besonderheiten

Tropenhaus, Kleine Pandas, Totenkopfaffen, Wilde Papageien, Schneeleopard, Kattas, Tapire und Nandus, Davidshirsche, Amurtiger, Varis, Wölfe, Grüne Leguane, Berberaffen, Luchse, Pelikane, Gemeinschaftshaltung von Nashörnern, Flusspferden und Nyalas, Dinosaurierbereich

Benötigte Zeit

Gesamter Zoo: 8 Stunden   Besonderheiten: 3 Stunden

Chester Zoo

Kontakt

Name	Chester Zoo
Adresse	North of England Zoological Society, Cedar House, Caughall Road, Upton-by-Chester, Chester. CH2 1LH, UK
Telefon	+44 (0)1244 380 280
Fax	+44 (0)1244 371 273
E-Mail	info@chesterzoo.org
Website	www.chesterzoo.org

Öffnungszeiten

Ganzjährig geöffnet, außer 25. 12. und 26. 12.

Nebensaison: November, Dezember, Januar, Februar	10.00 bis 16.00 Uhr
Mittlere Saison: März, April, September, Oktober	10.00 bis 17.00 Uhr
Hochsaison: Mai, Juni, Juli, August	10.00 bis 18.00 Uhr

Eintrittspreise

Preis für Tagestickets inkl. 10 % freiwilliger Spende für den Artenschutz			
	GBP		
	Neben-saison	Mittlere Saison	Hoch-saison
Erwachsene	13,60	15,95	16,90
Kinder 3 - 15	9,90	10,95	12,45
Kinder unter 2	Frei	Frei	Frei
Familienticket - 2 Erwachsene und 2 Kinder	41,50	49,50	55,55
Ermäßigter Preis	12,05	14,15	15,25
Ermäßigungen: Schüler, Studenten, Senioren, Schwerbehinderte mit Begleitperson und Besucher, die mit dem Fahrrad anreisen			

Verkehrsanbindung

Navi	Sat Nav Post Code CH2 1EU
Parken	Großzügiger Parkplatz am Haupteingang
Bus	Chester City Centre Bus-Service
Straßenbahn	Bus Nr. 1 von Chester City Centre, montags bis samstags alle 15 Minuten, sonntags halbstündlich
Bahnhof	Chester Hbf. und dann weiter mit dem Bus
Fahrrad	Radwege zum Zoo, 15 % Nachlass für Besucher, die mit dem Rad am Zoo ankommen

Inhaber des Zoos

Gemeinnütziger Verein,
100 % North of England Zoological Society

Zoofläche

50 ha

Gründungsjahr

1931

Chester Zoo

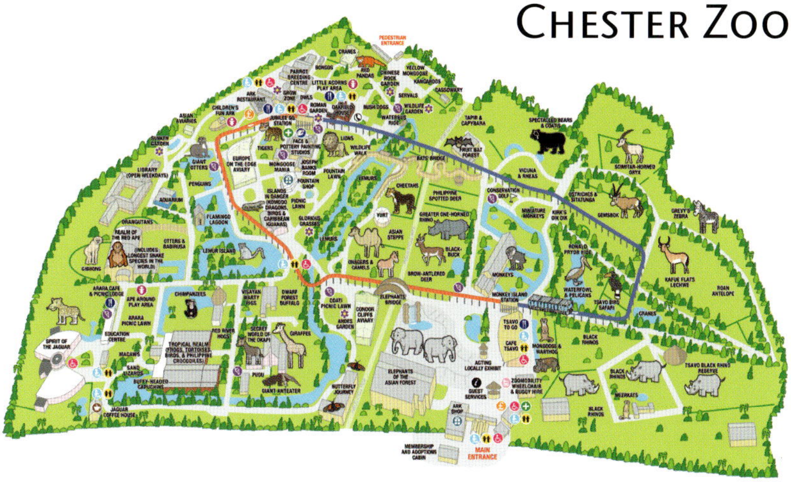

Besucherzahlen

ca. 1 360 000

Tierbestand am 31. 12. 2009

	Anzahl	Arten
Säugetiere	1 864	79
Vögel	1 138	155
Reptilien	230	54
Amphibien	577	24
Fische	3 829	80

Dienstleistungen

Gastronomie (zooeigen):
Restaurant, Café, Kioske, Picknickplätze - Oakfield Manor, Ark Restaurant, Café Tsavo, Jaguar Coffee House, Acorn Pub – nur im Sommer
Läden (zooeigen): 2 Zoo-Shops - Ark Zoo-Shop und Fountains Shop
Streichelzoo: nein
Spielplatz: ja 3, inklusive Abenteuerspielplatz

Hunde

An der Leine erlaubt: nein   Hundezwinger: nein

Fütterung durch Besucher

Streng verboten

Vorführungen etc.

Verschiedene Ausstellungen im Joseph Banks Room

Bildung

Keeper Talks: ja, an bestimmten Tagen zu bestimmten Zeiten
Zooschule/Bildungszentrum: ja
Biodiversity Zentrum: nein
Zooführer: ja, 6,00 GBP
Beschilderung: Englisch   Bewertung: **

Zoofreunde

Nein, aber ca. 35 000 Members of Chester Zoo

Ehrenamtliche Helfer

Ja, ca. 30 (400 in der Hochsaison)

Chester Zoo

Allgemeine Beschreibung

Obwohl das Gelände eher flach und zum Teil mit Bäumen bedeckt ist, wurde es zu einem wunderbaren zoologischen Garten mit schönen Wasserelementen gestaltet. Die Außenanlagen sind in der Regel großzügig und ohne sichtbare Umzäunungen und bieten ein hervorragendes Besuchserlebnis. Die Gebäude, meist jüngeren Baujahrs, sind funktional.

In den Gärten finden sich schöne Beispiele spezialisierter künstlerischer Landschaftsgestaltung, darunter Anden- und asiatische Gärten, Gräserensembles, Brunnen, Rasenflächen mit Stauden, ein Senkgarten und ein römischer Garten. Es gibt außerdem einen Garten mit heimischen Pflanzen.

Eine wunderbare Kombination zoologischer und botanischer Highlights macht den Zoo Chester zum führenden zoologischen Garten des U.K. und zu dessen zweitgrößter kostenpflichtiger Besucherattraktion.

Begehbare Häuser

Elefantenhaus, Secret World of the Okapi, Schmetterlingshaus, Realm of the Red Ape, Tropical Realm (Reptilien und Vögel), Affenhaus, Spirit of the Jaguar, Tsavo Rhino Experience, Aquarium, Schimpansenhaus, Fruit Bat Forest

Besonderheiten

Elefanten, Riesenotter, Rodriguez-Flughund, Jaguare, Nasenbären und Brillenbären, Hornvögel, Kondore, Orang-Utans und Zwergotter, Krallenaffen, Gibbons, Hirscheber und Zwergotter, Wanderu

Benötigte Zeit

Gesamter Zoo: 6 - 8 Stunden

Besonderheiten: 3 - 4 Stunden

Colchester Zoo

Kontakt

Name Colchester Zoo
Adresse Maldon Road, Stanway, Colchester, Essex CO3 0SL, UK
Telefon +44(0)1206 331 292
Fax +44(0)1206 331 392
E-Mail enquiries@colchester-zoo.co.uk
Website www.colchester-zoo.com

Öffnungszeiten

Ganzjährig geöffnet, außer 1. Weihnachtstag

November bis Februar	9.30 bis 16.30 Uhr
März, September und Oktober	9.30 bis 17.00 Uhr
April bis August	9.30 bis 18.00 Uhr

Eintrittspreise 2011

Preise inklusive 1,00 GBP Spende für „Action for the Wild Charity“
Hier Preise der Hauptsaison (Peak Days: +12 %; Nebensaison: -12 %)

	GBP
Erwachsene	16,00
Kinder 3 - 14	10,00
Kinder unter 3	Frei
Jahreskarte - Erwachsene	43,00
Jahreskarte - Kinder 3 - 14	27,00

Ermäßigungen: Schüler, Studenten, Senioren ab 60, Schwerbehinderte mit ihrer Begleitung, Kauf eines Online-Tickets im Voraus
Jahreskarteninhaber erhalten freien Eintritt in Partnerzoos

Verkehrsanbindung

Navi	Sat Nav CO3 0SL
Auto	A12 Ausfahrt 26 A1124, braunen Elefantenschildern folgen
Parken	Ja, am Zoo, kostenlos
Bus	Colchester Busbahnhof, Bussteig 9, mehrere Busse je nach Saison
Bahnhof	Colchester Hbf. - 10 Minuten mit dem Taxi
Fahrrad	Fahrradständer am Zoo

Inhaber des Zoos

Privat, 100 % Colchester Zoo Limited (Familie Tropeano)

Zoofläche

24 ha

Gründungsjahr

1963

Besucherzahlen

ca. 750 000

Colchester Zoo

Tierbestand am 16. 7. 2010

	Anzahl	Arten
Säugetiere	403	88
Vögel	220	47
Reptilien	117	30
Amphibien	50	6
Fische	1 144	69

Dienstleistungen

Gastronomie (verpachtet):
Restaurant, Café, Kioske, Picknickplätze - Café Um Phafa – Hauptrestaurant
Läden (zooeigen): Colchester Zoo Ark Shop, Acacia Shop,
Streichelzoo: ja und Miniatureisenbahn
Spielplatz: ja

Hunde

An der Leine erlaubt: nein Hundezwinger: nein

Fütterung durch Besucher

Streng verboten. Täglich angeleitete Elefanten- und Giraffenfütterungen.

Vorführungen etc.

Ja

Bildung

Keeper Talks: ja, jeden Tag 50 Termine, siehe Information im Zoo. Keeper Talks und Begegnungen mit Tieren täglich zwischen 10.30 und 16.30 Uhr.
Zooschule/Bildungszentrum: ja, inklusive Discovery Center
Biodiversity Zentrum: nein
Zooführer: Ja. 2,99 GBP
Beschilderung: Englisch Bewertung: ***

Zoofreunde

Nein, aber Jahresmitgliedschaften.
Ca. 36.000 Mitglieder am 31. 12. 2009

Ehrenamtliche Helfer

Ja, ca. 15.

Allgemeine Beschreibung

Der Zoo Colchester liegt auf einem steilen Hügelgelände, das vorteilhaft für die Gestaltung der Anlagen genutzt wurde, um unterschiedliche Perspektiven auf die Tiere zu ermöglichen. Viel Planung wurde in die Einrichtung und Vegetation der Gehege investiert. Überall im Zoo gibt es eine abwechslungsreiche Bepflanzung und schöne Wasserelemente. Die umfangreichen und interessanten Informationen sind gut präsentiert.
Es gibt einen gelben, einfacheren Rundweg für Rollstuhlfahrer und Kinderwagen: Er vermeidet die steilsten Hügel. Eine weiterer Pluspunkt sind die vielen überdachten Wege rund um die Gehege. Der Zoo ist in 7 Zonen unterteilt: Anfangszone, Wasserzone, Talzone, Seenlandschaft, Kinderzone, Afrika-Zone und die Höhen.
Die Action-for-the-Wild-Gesellschaft des Colchester Zoo hat in Kwa Zulu Natal, Südafrika, ein 5 000-ha-Reservat gekauft; dort konnten einige einheimische Arten wiedereingeführt werden: Viele pflanzen sich erfolgreich fort. Im Zoo sind Begleitinformationen zu diesem Artenschutzprojekt präsentiert.

Begehbare Häuser

Orang-Utan-Haus, Schimpansenhaus, Elefantenhaus, Worlds Apart (Reptilien), Giraffen- und Nashornhaus, es gibt großzügige Überdachungen zum Beobachten vieler Tierarten

Besonderheiten

Amur-Leoparden, Orang-Utans, Ameisenbären, Erdmännchen, Mandrills, Margays, Binturongs, Krallenaffen, Kuhreiher

Benötigte Zeit

Gesamter Zoo: 6 - 8 Stunden Besonderheiten: 3 Stunden

Zoo Dortmund

Kontakt

Name	Zoo Dortmund
Adresse	Mergelteich Str. 80, 44225 Dortmund, D
Telefon	+49(0) 231 502 8581
Fax	+49(0) 231 712 175
E-Mail	zoo@dortmund.de
Website	www.zoo-dortmund.de

Öffnungszeiten

Ganzjährig geöffnet

16. März bis 15. Oktober	9.00 bis 18.30 Uhr
16. Oktober bis 15. Februar	9.00 bis 16.30 Uhr
16. Februar bis 15. März	9.00 bis 17.30 Uhr

Eintrittspreise 2011

	EUR
Erwachsene	7,50
Kinder 4-17	4,00
Kinder unter 4	Frei
Jahreskarte - Erwachsene	45,00
Jahreskarte - Kinder	24,00
Jahreskarte - Familie	120,00
Ermäßigungen: Zoofreunde, Schüler, Studenten, Sozialpass-Inhaber der Stadt Dortmund, Zivil- und Wehrdienstleistende	

Verkehrsanbindung

Auto	Autobahnring Ausfahrt Dortmund Süd oder B236/B1/B54
Parken	Ja, am Zoo, kostenlos, außer sonn- und feiertags, dann 1,00 EUR
Bus	438, 440, 443, 447, 449, 450, 518
Straßenbahn	U49 Richtung Hacheney
Bahnhof	Dortmund - Tierpark

Inhaber des Zoos

Kommunal, 100 % Stadt Dortmund

Zoofläche

28 ha

Gründungsjahr

1953

Besucherzahlen

ca. 520 000

Zoo Dortmund

Tierbestand am 16. 7. 2010

	Anzahl	Arten
Säugetiere	773	72
Vögel	458	80
Reptilien	49	16
Amphibien	53	9
Fische	142	20

Dienstleistungen

Gastronomie (verpachtet):
Restaurant, Café, Kioske, Picknickplatz - Restaurant Kronen am Zoo, Waldschänke
Läden (verpachtet): Zoo-Shop
Streichelzoo: ja Spielplatz: ja

Hunde

An der Leine erlaubt: nein Hundezwinger: nein

Fütterung durch Besucher

Normalerweise streng verboten, außer unter Anleitung im Streichelzoo.

Vorführungen etc.

Nein

Bildung

Keeper Talks: ja
Zooschule/Bildungszentrum: ja
Biodiversity Zentrum: nein
Zooführer: ja, 1,00 EUR
Beschilderung: Deutsch Bewertung: **

Zoo Dortmund

Zoofreunde	Ja, Zoofreunde Dortmund e. V. Ca. 400 Mitglieder am 31. 12. 2009
Ehrenamtliche Helfer	Ja, ca. 12 am 31. 12. 2009
Allgemeine Beschreibung	Der Zoo Dortmund liegt am Stadtrand in einer schönen Wald- und Parklandschaft. Er besitzt eine umfangreiche Auswahl an Laub- und Nadelbäumen, die mit Informationsschildern versehen sind. Dortmund hat eine bemerkenswerte Ameisenbären-Anlage: Der Zoo führt das Europäische Zuchtbuch und engagiert sich in der Zucht und für den Schutz dieser liebenswerten Tierart. Der Zoo ist sehr sauber und gut geführt und die Beschilderungen erfüllen ihre Aufgabe gut.
Begehbare Häuser	Rumah Hutan (Tropenhaus), Giraffenhaus, Amazonashaus, Nashornhaus, Tamanduahaus, Otterhaus, Löwen- und Tigerhaus
Besonderheiten	Orang-Utans, Jaguarundis, Riesenotter, begehbare Eulenvoliere, Giraffen, Luchse, Pinguine, Löffelhunde, Ameisenbären, Siamangs, Flamingos, Kormorane, Afrikanische Savanne, Waldhunde
Benötigte Zeit	Gesamter Zoo: 6 - 8 Stunden Besonderheiten: 2 - 3 Stunden

BIOPARC
ZOO DE DOUÉ LA FONTAINE

Zoo de Doué-la-Fontaine

Kontakt

Name	BIOPARC Zoo de Doué-la-Fontaine
Adresse	Rue de Cholet, 49700 Doué-la-Fontaine, F
Telefon	+33(0) 2 41 59 18 58
Fax	+33(0) 2 41 59 25 86
E-Mail	infos@zoodoue.fr
Website	www.zoodoue.fr

Öffnungszeiten

Von Februar bis Oktober geöffnet

April, Mai, Juni und September	9.00 bis 19.00 Uhr
Oktober, Februar und März	10.00 bis 18.30 Uhr
Juli und August	9.00 bis 19.30 Uhr

Eintrittspreise 2011

	EUR
Erwachsene	17,50
Kinder 3 - 10	12,00
Kinder unter 3	Frei
Jahreskarte - Erwachsene	32,00
Jahreskarte – Kinder 3 - 10	22,00
Jahreskarte - 2 Erwachsene und 2 Kinder	95,00
Ermäßigungen: Schwerbehinderte	

Verkehrsanbindung

Auto	A65 Ausfahrt Saumur, dann 20 km zum Zoo, ausgeschildert
Parken	Ja, kostenlos
Bus	Vom Bahnhof Saumur zum Zoo
Bahnhof	Saumur

Inhaber des Zoos

Privat, 100 % Familie Gay

Zoofläche

14 ha

Gründungsjahr

1961

Besucherzahlen

ca. 250 000

Tierbestand am 16. 7. 2010

	Anzahl	Arten
Säugetiere	211	37
Vögel	500	42
Reptilien	33	10
Amphibien	0	0
Fische	0	0

Zoo de Doué-la-Fontaine

Dienstleistungen	Gastronomie (zooeigen): Restaurant, Snack Bar, Kioske, Picknickplätze - Restaurant/Bar – Le Camp des Girafes, Panoramarestaurant, Le Calao – Snackbar Läden (zooeigen): Zoo-Shop – La Boutique du BIOPARC Streichelzoo: nein Spielplatz: nein
Hunde	An der Leine erlaubt: nein Hundezwinger: nein
Fütterung durch Besucher	Streng verboten außer bei "Le goûter des girafes" und "La ferme africaine" Schafe und Ziegen
Vorführungen etc.	Nein
Bildung	Keeper Talks: Ja, den ganzen Tag über Termine - siehe Tagesprogramm im Zoo Zooschule/Bildungszentrum: ja Biodiversity Zentrum: nein Zooführer: nein Beschilderung: Französisch und englisch Bewertung: **

Zoo de Doué-la-Fontaine

Zoofreunde Nein

Ehrenamtliche Helfer Nein

Allgemeine Beschreibung

In der Nähe des Loire-Tals gelegen, hat der Doué BIOPARC eine interessante und ungewöhnliche historische Umgebung. Der Zoo ist auf einem Gelände mit ehemaligen Tagebau-Sandgruben angelegt, die auf mehreren Ebenen ausgehoben waren, und besitzt eine üppige subtropische Vegetation mit mehreren Wasserfällen. Es gibt höhlenartige felsige Gehege, die wirklich unvergesslich sind, sowie Europas größte Voliere, eine spektakuläre begehbare Anlage von mehr als 1 ha Grundfläche, einem wunderbaren Bestand südamerikanischer Vögel und einem großen begehbaren Bereich mit Greifvögeln.
Eine Besonderheit dieses Zoos: spektakuläre Begegnungen mit verschiedenen Schlüsseltierarten zu erleben.

Begehbare Häuser Vivarium

Besonderheiten Löwen, Kleine Pandas, Risenotter, Vögel in der großen Volière, Tiger, Varis, Geier, Leoparden, Klammeraffen, Roter Sichler, Schneeleoparden, Tamarine, Flamingos

Benötigte Zeit Gesamter Zoo: 4 - 6 Stunden Besonderheiten: 2 - 3 Stunden

Zoo Dresden

Kontakt

Name	Zoo Dresden GmbH
Adresse	Tiergartenstraße 1, 01219 Dresden, D
Telefon	+49(0)351 47 80 60
Fax	+49(0)351 4 78 06 60
E-Mail	info@zoodresden.de
Website	www.zoo-dresden.de

Öffnungszeiten

Ganzjährig geöffnet

Sommer	8.30 bis 18.30 Uhr
Frühling und Herbst	8.30 bis 17.30 Uhr
Winter	8.30 bis 16.30 Uhr

Eintrittspreise 2011

	EUR
Erwachsene	10,00
Kinder 3 - 16	4,00
Kinder unter 3	Frei
Familie - Erwachsene mit bis zu 4 Kindern	24,00
Jahreskarte - Erwachsene	29,00
Jahreskarte - Kinder	18,00
Jahreskarte – Familie - 2 Erwachsene, 4 Kinder	70,00
Ermäßigungen: Schüler, Studenten, Auszubildende, Schwerbehinderte und Dresdenpass-Inhaber	
Montags erhalten Erwachsene ermäßigten Eintritt, außer an Feiertagen Jahreskarteninhaber erhalten ermäßigten Eintritt in folgende Zoos: Zoo Berlin, Berlin Tierpark, Leipzig, Rostock und München Hellabrunn	

Verkehrsanbindung

Auto	A4 Dresden Altstadt dann B170 südlich, dann ausgeschildert
Parken	gegenüber dem Zoo
Bus	75
Straßenbahn	9, 13
Bahnhof	Dresden Hbf.

Inhaber des Zoos

Kommunal,
Zoo Dresden GmbH,
100 % Stadt Dresden

Zoofläche

13 ha

Gründungsjahr

1861

Besucherzahlen

ca. 740 000

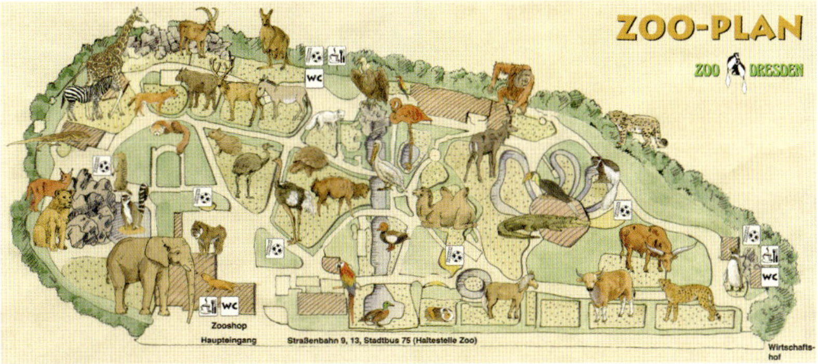

Tierbestand am 16. 7. 2010

	Anzahl	Arten
Säugetiere	433	72
Vögel	622	110
Reptilien	107	35
Amphibien	34	12
Fische	496	61

Dienstleistungen

Gastronomie (verpachtet):
Restaurant, Café, Kioske, Picknickplätze - Drumbo's Welt, Pinguin Café
Läden (verpachtet): Zoo-Shop
Streichelzoo: ja Spielplatz: ja

Hunde

An der Leine erlaubt: nein Hundezwinger: Ja, 2,50 EUR

Fütterung durch Besucher

Streng verboten

Vorführungen etc.

Nein

Bildung	Keeper Talks: ja, täglich 10 Termine - siehe Programm im Zoo Zooschule/Bildungszentrum: ja Biodiversity Zentrum: nein Zooführer: ja Beschilderung: Deutsch Bewertung: **
Zoofreunde	Ja, Zoo Freunde Dresden e. V. Ca. 400 Mitglieder am 31. 12. 2009
Ehrenamtliche Helfer	Nein
Allgemeine Beschreibung	Am Rande von Dresdens berühmtem Großen Garten liegt der Dresdener Zoo, ein schöner, etablierter zoologischer Garten mit altem Baumbestand, Blumenbeeten und abwechslungsreicher Vegetation. Ausgehend von einer traditionellen Strenge mit beeindruckenden Volieren wurden in den vergangenen fünf Jahren bedeutende neue Gebäude für große Säugetiere eröffnet, zuletzt 2010 das Professor-Brandes-Haus, in das Koalas so bald wie möglich einziehen sollen. In Verbindung mit den Plänen, den Tierbestand zu vergrößern, hofft man, auch das Zoogelände erweitern zu können. Der Zoo Dresden ist das Zuhause von Max, dem 4,7 m langen Krokodil, das seit 1958 – damals nur 60 cm lang – im Zoo lebt.
Begehbare Häuser	Professor Brandes-Haus, Orang-Utan-Haus, Afrikahaus, Terrarium
Besonderheiten	Professor Brandes-Haus (besonders Guerezas, Makaken, Wollaffen, Krallenaffen), Afrikahaus (Elefanten und Mandrills), Giraffen, Zebramangusten, begehbare Katta-Anlage, Löwen, Rothunde, Voliere, Kleine Pandas, Polarfüchse
Benötigte Zeit	Gesamter Zoo: 4 - 6 Stunden Besonderheiten: 2 Stunden

Dublin Zoo

Kontakt

Name	Dublin Zoo
Adresse	Phoenix Park, Dublin 8, IRL
Telefon	+353(0) 1 474 8900
Fax	+353(0) 1 671 1660
E-Mail	info@dublinzoo.ie
Website	www.dublinzoo.ie

Öffnungszeiten

März bis September	9.30 bis 18,00 Uhr
Februar und Oktober	9.30 bis 17,00 Uhr
November bis Januar	9.30 bis 16,00 Uhr

Eintrittspreise 2011

	EUR
Erwachsene	15,00
Kinder 3 - 16	10,50
Kinder unter 3	Frei
Familie - 2 Erwachsene und 2 Kinder	43,50
Familie - 2 Erwachsene und 3 Kinder	49,00
Familie - 2 Erwachsene und 4 Kinder	52,00
Jahreskarte - Erwachsene	100,00
Jahreskarte - Familie	160,00
Ermäßigungen: Schüler, Studenten, Senioren ab 60, Schwerbehinderte	

Vehrkehrsanbindung

Auto	R101, dann North Road, dann den Schildern folgen
Parken	Im Phoenix Park, kostenlos
Bus	10, 10A, 25, 25A, 26, 66, 66A, 66B, 67, 67A, 68, 69
Bahnhof	Heuston Station

Inhaber des Zoos Gemeinnütziger Verein, 100 % The Zoological Society of Ireland. Grundstück in staatlichem Besitz.

Zoofläche 40 ha

Gründungsjahr 1830

Besucherzahlen ca. 950 000

Tierbestand am 16. 7. 2010

	Anzahl	Arten
Säugetiere	204	38
Vögel	174	26
Reptilien	71	24
Amphibien	9	2
Fische	0	0

Dienstleistungen

Gastronomie (verpachtet):
Restaurant, Café, Kioske, Picknickplätze - Meerkat Restaurant (mit Fenster zum Erdmännchengehege), Cafés und Kiosk, radelnde Eisverkäufer im Sommer
Läden (zooeigen): Zoo-Shop
Streichelzoo: ja, Kinderbauernhof Spielplatz: ja

Hunde

An der Leine erlaubt: nein Hundezwinger: Ja, 2,50 EUR

Fütterung durch Besucher

Streng verboten

Vorführungen etc.

Ja

Bildung

Keeper Talks: ja, März bis September bis zu 10 Mal täglich zwischen 11.30 und 14.30 Uhr, Oktober bis Februar nur an Wochenenden
Zooschule/Bildungszentrum: ja
Biodiversity Zentrum: ja, Lern- und Entdeckerzentrum
Zooführer: ja, 2,00 EUR
Beschilderung: Englisch Bewertung: *

Zoofreunde

Nein, stattdessen Mitgliedschaft durch Jahreskartenbesitz
Ca 12 500 Mitglieder am 31. 12. 2009

Dublin Zoo

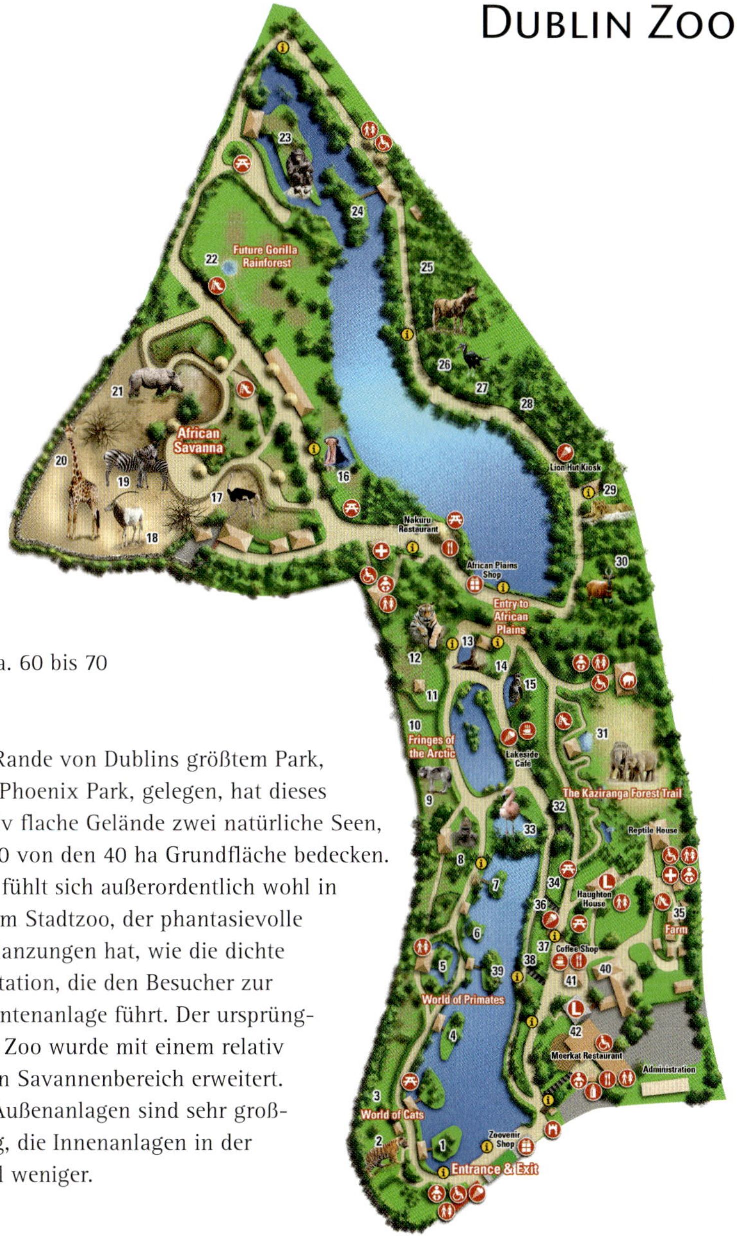

Ehrenamtliche Helfer

Ja, ca. 60 bis 70

Allgemeine Beschreibung

Am Rande von Dublins größtem Park, dem Phoenix Park, gelegen, hat dieses relativ flache Gelände zwei natürliche Seen, die 10 von den 40 ha Grundfläche bedecken. Man fühlt sich außerordentlich wohl in diesem Stadtzoo, der phantasievolle Bepflanzungen hat, wie die dichte Vegetation, die den Besucher zur Elefantenanlage führt. Der ursprüngliche Zoo wurde mit einem relativ neuen Savannenbereich erweitert. Die Außenanlagen sind sehr großzügig, die Innenanlagen in der Regel weniger.

Begehbare Häuser

Elefantenhaus, Südamerikahaus, Löwen- und Tigerhaus, tropisches Vogelhaus, Nashorn- und Flusspferdhaus, Orang-Utan-Haus, Roberts Haus, Schimpansen, Gorillas, Reptilienhaus

Besonderheiten

Elefanten, Mangaben, Rote Varis, Nashörner, Siamangs, Afrikanische Wildhunde, Waldrappe, Vogelsee, Wölfe, Pinguine

Benötigte Zeit

Gesamter Zoo: 6 Stunden

Besonderheiten: 2 - 3 Stunden

Zoo Duisburg

Kontakt

Name	Zoo Duisburg
Adresse	Mülheimer Straße 273, 47058 Duisburg, D
Telefon	+49(0) 203 305 590
Fax	+49(0) 203 305 5922
E-Mail	info@zoo-duisburg.de
Website	www.zoo-duisburg.de

Öffnungszeiten

Ganzjährig geöffnet

März bis Oktober	9.00 bis 17.30 Uhr
November bis Februar	9.00 bis 16.00 Uhr

Besucher dürfen sich bis zur Dämmerung im Zoo aufhalten

Eintrittspreise 2011

	EUR	
	Zoo	Zoo & Delf.
Erwachsene	11,00	14,50
Kinder 3 - 16	5,50	7,00
Kinder unter 3	Frei	Frei
Familie - 1 Elternteil und bis zu 3 Kinder	15,00	20,00
Familie - Eltern und bis zu 3 Kinder	23,50	32,00
Jahreskarte - Erwachsene	40,00	50,00
Jahreskarte - Kinder	20,00	25,00
Jahreskarte - Familie - 1 Elternteil und bis zu 3 Kinder	60,00	75,00
Jahreskarte - Familie - Eltern und bis zu 3 Kinder	75,00	90,00
Ermäßigungen: Schüler, Studenten, Senioren, Schwerbehinderte mit Begleitperson, Angehörige der Streitkräfte Jahreskarteninhaber erhalten Rabatt in NRW Partner-Zoos		

Verkehrsanbindung

Auto	A3/A40 Ausfahrt DU-Kaiserberg
Parken	Ja, am Zoo, 2,50 EUR
Straßenbahn	901 Richtung Zoo/Uni ab Hbf.
Bahnhof	Duisburg Hbf.

Inhaber des Zoos

Kommunale Gesellschaft, Zoo Duisburg AG, 72 % Stadt Duisburg, 25,1 % Zoo-Förderverein, 2,9 % private Anteilseigner

Zoofläche

16 ha

Gründungsjahr

1934

Besucherzahlen

ca. 1 000 000

Tierbestand am 16. 7. 2010

	Anzahl	Arten
Säugetiere	467	79
Vögel	628	79
Reptilien	145	22
Amphibien	7	3
Fische	745	76

Dienstleistungen

Gastronomie (verpachtet):
Restaurant, Cafeteria, Kioske, Picknickplätze - Restaurant Waldschänke
Läden (verpachtet): 2 Zoo-Shops
Streichelzoo: ja
Spielplatz: ja

Hunde

An der Leine erlaubt: nein Hundezwinger: nein

Fütterung durch Besucher

Normalerweise nicht erlaubt, außer bei bestimmten Tierarten zu bestimmten Zeiten unter Aufsicht eines Tierpflegers.

Vorführungen etc.

Zoo-Museum, Delfinarium
Keeper Talks: ja, im Elefantenhaus und im Affen-/Menschenaffenhaus

Bildung

Zooschule/Bildungszentrum: ja
Biodiversity Zentrum: nein
Zoführer: ja, 2,00 EUR
Beschilderung: Deutsch Bewertung: ***

Zoofreunde

Ja, Verein der Freunde des Duisburger Tierpark e. V.
Ca. 6 000 Mitglieder am 31. 12. 2010

Ehrenamtliche Helfer	Ja, ca. 12
Allgemeine Beschreibung	Auch unter dem Namen „A3-Zoo“ bekannt - denn die Autobahn führt direkt durch das Zoogelände - hat der Duisburger Zoo eine gut abgeschirmte, belaubte Fußgängerbrücke, die den östlichen mit dem westlichen Teil des zoologischen Gartens verbindet. Der Zoo grenzt an den Stadtwald im Norden der Stadt, hat eine gute Vegetation und einen alten Baumbestand. Bei der Mehrheit der Anlagen wurden große Anstrengungen unternommen, Fels- und Wasserelemente sowie Rinde als natürliche Basis zu integrieren. Anlagen mit gemischten Tierarten sind gebaut worden, wo immer es möglich war. Duisburgs Partnerstadt ist Wuhan und der Chinesische Garten des Zoos ist sowohl ein Genuss als auch eine Information für Besucher über Bedeutung, Allegorie und Symbolik eines Chinesischen Gartens.
Begehbare Häuser	RWE Delfinarium, Elefantenhaus, Koala-Haus, Aquarium, Giraffenhaus, Affen-/ Menschenaffenhaus, Rio Negro Tropenhalle, Raubtierhaus, Reptilienhaus
Besonderheiten	Delfine, begehbare Katta-Anlage, Wombats, Koalas, Erdmännchen, Ameisenigel, Fossas, Waschbären, Bärenstummelaffen, Nasenbären, Gorillas, Zweifinger-Faultiere, Tamanduas, Tamarine, Tukane, Riesenotter, Mandschurenkraniche, Saruskraniche
Benötigte Zeit	Gesamter Zoo: 5 - 7 Stunden Besonderheiten: 2 - 3 Stunden

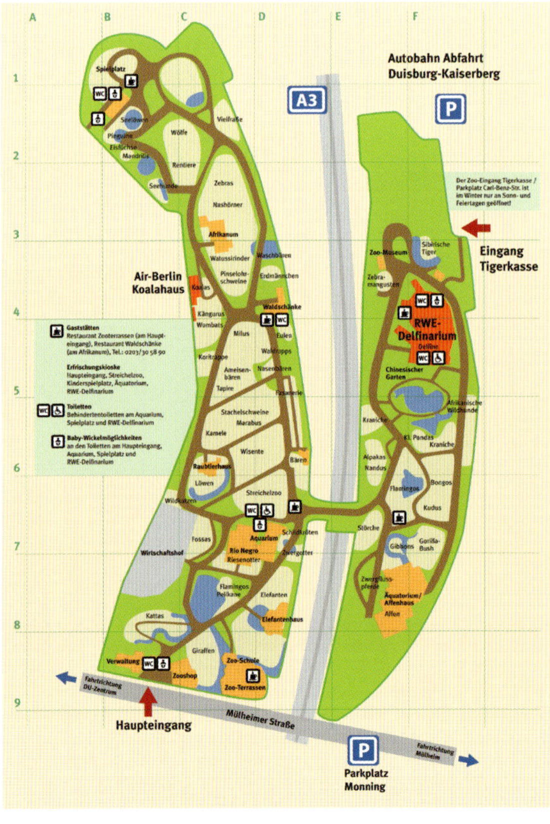

Zoo Dvûr Králové

Kontakt

Name	Zoo Dvûr Králové
Adresse	Stefanikova 1029, 54401 Dvûr Králové Nad Labem, CZ
Telefon	+420(0) 499 329 515
Fax	+420(0) 499 320 564
E-Mail	zoo.dk@zoodvurkralove.cz
Website	www.zoodvurkralove.cz

Öffnungszeiten

Ganzjährig geöffnet

Mai bis Oktober	9.00 bis 18.00 Uhr
November bis April	9.00 bis 16.00 Uhr

Eintrittspreise 2011

	CZK
Erwachsene	110,00
Kinder 3 - 16	50,00
Kinder unter 3	Frei
Familie - 2 Erwachsene und 2 Kinder	340,00
Hund	65,00
Jahreskarte - Erwachsene	2.000,00
Jahreskarte - Familie	1.500,00
Ermäßigungen: Schüler, Studenten, Senioren ab 65, Schwerbehinderte Preise inkl. Safari Bus	

Verkehrsanbindung

Auto	Nationalstraßen 299 und 300, dann Beschilderung folgen
Parken	Ja, am Zoo, kostenlos
Bus	Normalerweise während der Öffnungszeiten Bus von Dvûr Králové Nad Labem Bahnhof
Bahnhof	Dvûr Králové Nad Labem Bahnhof, 3,5 km

Inhaber des Zoos

Gemeinnützige Gesellschaft, 100 % Hradec Králové Region

Zoofläche

70 ha (inkl. 26 ha Safarigelände)

Gründungsjahr

1946

Besucherzahlen

ca. 550 000

Tierbestand am 31. 12. 2010

	Anzahl	Arten
Säugetiere	729	85
Vögel	615	122
Reptilien	197	47
Amphibien	82	10
Fische	299	58

Dienstleistungen

Gastronomie (verpachtet):
Hotel, Safari Lodges und Caravan Park, Restaurant, Kioske
Hotel Safari und Safari Camp
Restaurant U Lemura
Läden (verpachtet): Zoo-Shop
Streichelzoo: ja, Pferdekutschen und Ponyreiten bei schönem Wetter
Spielplatz: ja

Hunde

An der Leine erlaubt: ja — Hundezweinger: nein

Fütterung durch Besucher

Streng verboten

Vorführungen etc.

Dinosaurierwelt
Afrikanische Abendsafari mit Kommentar, 1 Stunde, Juni bis September
Mammut
Tierbegegnungen jeweils um 15.00 Uhr im Sommer

Bildung

Keeper Talks: ja, im Sommer 7 Termine täglich - siehe Tagesprogramm im Zoo
Zooschule/Bildungszentrum: ja
Biodiversity Zentrum: nein
Zooführer: ja, 55,00 CZK
Beschilderung: Tschechisch — Bewertung: *

Zoo Dvûr Králové

Zoofreunde	Ja, Natura Viva o.s. mit ca. 10 Mitglieder
Ehrenamtliche Helfer	Nein
Allgemeine Beschreibung	Der Zoo Dvûr Králové ist bekannt für seinen großen Bestand an Giraffen, Zebras und anderen afrikanischen Huftieren und für ausgezeichnete Zuchterfolge bei diesen Arten: Tiere aus diesem Zoo trifft man in vielen europäischen Zoos an und Besucher können beeindruckende Herden sowohl im Safari-, als auch im Zoobereich sehen. Die Philosophie des Zoos ist es, möglichst wenig Barrieren zu haben, sodass die Sicht auf die Anlagen hervorragend ist. Das Gelände ist ein wenig offen und in vielen Teilen fehlt Wasser, aber es gibt einige sehr attraktive Sträucher im Hauptbereich. Die lokale Handwerkskunst zeigt sich bei den gemalten Schildern im Zoo und besonders bei den sehr beeindruckenden Wandbildern in den neuen Safari Lodges.
Begehbare Häuser	Welt der Vögel, Raubtierhaus, Tropensumpfhaus, Welt des Wassers, Zwergflusspferdhaus, Afrikasavannenhaus, Löwenhaus, Erdmännchenhaus, Primatenhaus, Löwenäffchen/Tamarinhaus
Besonderheiten	Afrikanische Huftiere, Kattas, Löwen, Afrikasavanne, Erdmännchen, Kap-Borstenhörnchen, Javalanguren, Krallenaffen, Löffelhunde
Benötigte Zeit	Gesamter Zoo: 6 - 8 Stunden Besonderheiten: 2 - 3 Stunden

EDINBURGH ZOO

Kontakt

Name	Edinburgh Zoo
Adresse	RZSS 134 Corstophine Road Edinburgh EH12 6TS, UK
Telefon	+44(0)131 334 9171
Fax	+44(0)131 314 0384
E-Mail	info@edinburghzoo.org.uk
Website	www.edinburgh zoo.org.uk

Öffnungszeiten

Ganzjährig geöffnet

April bis September	9.00 bis 18.00 Uhr
Oktober und März	9.00 bis 17.00 Uhr
November bis Februar	9.00 bis 16.30 Uhr

Eintrittspreise 2010

Tagestickets enthalten 10 % freiwillige Spende für den Artenschutz	
	GBP
Erwachsene	15,50
Kinder 3 - 15	11,00
Kinder unter 3	Frei
Familie - 2 Erwachsene und 2 Kinder	47,70
Familie - 2 Erwachsene und 3 Kinder	57,60
Familie - 1 Erwachsener und 2 Kinder	33,70
Familie - 1 Erwachsener und 3 Kinder	43,60
Jahresmitgliedskarte - Erwachsene	56,00
Jahresmitgliedskarte - Kinder	30,00
Ermäßigungen: Gruppen, Schüler, Studenten, Senioren, Schwerbehinderte mit Begleitperson	

Verkehrsanbindung

Navi	Sat Nav EH12 6TS
Auto	Zoo liegt an der A8 Corstophine Road
Parken	Ja, am Zoo, 4,00 GBP pro Tag
Bus	Lothian Busse 12, 26, 31 und Citylink 900, 909, 904
Bahnhof	Edinburgh Waverley und Edinburgh Haymarket
Fahrrad	Fahrrad-Route Carrick Knowe

Inhaber des Zoos Gemeinnütziger Verein, 100 % The Royal Zoological Society of Scotland

Zoofläche 34 ha

Gründungsjahr 1913

Besucherzahlen Ca. 645 000

Tierbestand am 31. 12. 2010

	Anzahl	Arten
Säugetiere	442	77
Vögel	463	60
Reptilien	57	13
Amphibien	32	6
Fische	5	1

Dienstleistungen

Gastronomie (zooeigen):
Jungle Café, Penguin Café, Stripes (nur im Sommer), Picknickplätze
Läden (zooeigen): Zoo-Shop, Hilltop Safari Bus
Streichelzoo: nein Spielplatz: ja

Hunde

An der Leine erlaubt: nein Hundezwinger: nein

Edinburgh Zoo

Fütterung durch Besucher	Streng verboten
Vorführungen etc.	Ja, Pinguinparade um 14.15 Uhr
Bildung	Keeper Talks: ja, 9 Termine täglich zwischen 11.15 und 16.30 Uhr - siehe Programm im Zoo Zooschule/Bildungszentrum: ja Biodiversity Zentrum: nein Zooführer: ja Beschilderung: Englisch Bewertung:**
Zoofreunde	Nein, aber Jahresmitgliedschaft (RZSS) Ca. 21 000 Mitglieder am 31. 12. 2010
Ehrenamtliche Helfer	Ja, ca. 115
Allgemeine Beschreibung	Auf einem sehr hügeligen Gelände liegt der Zoo Edinburgh, eine wohltuende Mischung aus schön angelegten Gärten, Vegetation und weitläufigen Koppeln mit etwas Baumbestand und Wasserelementen. Besonders große Pinguinbecken beherbergen fast 200 Pinguine dreier Arten. Der Zoo bietet außerdem die einzige Möglichkeit im U.K. Koalas zu sehen. Der neue Schimpansenpark "Budongo Trail" hat sehr große Innen- und Außengehege und bietet außergewöhnliche zoopädagogische und Artenschutz-Informationen.
Begehbare Häuser	Budongo Trail (Schimpansen), Zwergflusspferdhaus, Nashornhaus, Living Links (Primaten), Affenhaus, Koala-Haus, Magic Forest (Kleinsäugetiere), Kamelhaus
Besonderheiten	Schimpansen, Totenkopfaffen, Südliche Pudus, Zwergotter, Malaienbären, Kapuzineraffen, Honigdachse, Pinguine (Königs-, Esels- und Felsenpinguine), Jaguare, Manule, Bartkäuze
Benötigte Zeit	Gesamter Zoo: 6 - 8 Stunden Besonderheiten: 2 - 3 Stunden

Dierenpark Emmen

Kontakt

Name	Dierenpark Emmen
Adresse	Hoofdstraat 18 7811 EP Emmen, NL
Telefon	+31(0) 591 850 855
Fax	+31(0) 591 850 851
E-Mail	info@zoo-emmen.nl
Website	www.zoo-emmen.nl

Öffnungszeiten

Ganzjährig geöffnet

März, April, Mai und Oktober	10.00 bis 17.00 Uhr
Juni, Juli, August	10.00 bis 18.00 Uhr
September	10.00 bis 17.30 Uhr
November bis Februar	10.00 bis 16.30 Uhr

Eintrittspreise 2011

	EUR
Erwachsene	19,50
Kinder 3 - 9	17,00
Kinder unter 3	Frei
Jahreskarte - Erwachsene	48,75
Jahreskarte - Kinder	28,90
Jahreskarte - 2 Erwachsene und 2 Kinder	155,30
Ermäßigungen: Senioren ab 65, Schwerbehinderte und einige Reduzierungen im Winter Preise inkl. Yucatan Kinderspielplatz	

Verkehrsanbindung

Auto	Emmen Zentrum
Parken	Ja, am Zoo
Bahnhof	Emmen, 10 Minuten Fußweg, Zoo ausgeschildertt

Inhaber des Zoos

Private Stiftung, Noorderdierenpark B.V. – privat/öffentlich, 100 % Stadt Emmen

Zoofläche

12 ha Emmen Zentrum und 6 ha Emmen Es

Gründungsjahr

1935

Besucherzahlen

ca. 1 000 000

Dierenpark Emmen

Tierbestand am 31. 12. 2009

	Anzahl	Arten
Säugetiere	474	44
Vögel	502	47
Reptilien	124	27
Amphibien	857	6
Fische	4 000	74

Dienstleistungen

Gastronomie (zooeigen):
Restaurants, Café, Kioske, Restaurant t Pariljoen, Het Safari Restaurant, De Olifant Café

Läden (zooeigen): Zoo-Shop
Streichelzoo: ja und Kindertheater
Spielplatz: ja, Eintritt inkl. große Indoor-Spielwelt Yucatan in Emmen Es

Hunde

An der Leine erlaubt: nein Hundezwinger: nein

Fütterung durch Besucher

Streng verboten

Vorführungen etc.

Ja, Biochron und Schmetterlingshaus

Bildung

Keeper Talks: ja, min. 3 Termine täglich - siehe Programm im Zoo
Zooschule/Bildungszentrum: ja, aber Angebote für Schule durch Marketingabteilung organisiert
Biodiversity Zentrum: ja, Biochron (Naturkundemuseum)
Zooführer: ja, 3,00 EUR
Beschilderung: Niederländisch, deutsch und englisch Bewertung: **

Zoofreunde

Nein, aber ca. 80 000 Jahreskarteninhaber, die Zoomitglieder sind

Ehrenamtliche Helfer

Ja, ca. 70

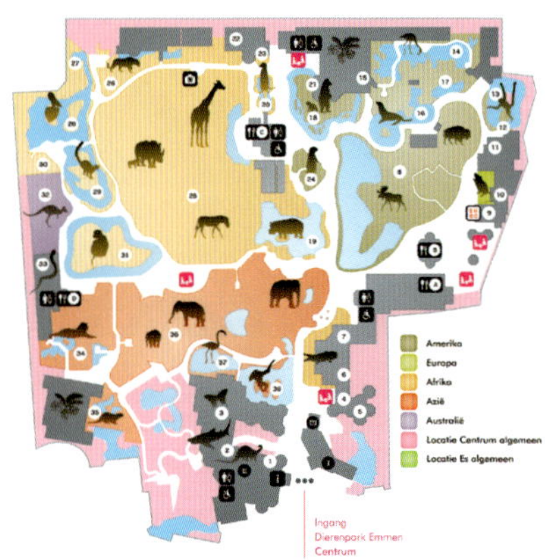

Dierenpark Emmen

Allgemeine Beschreibung

Der Zoo besitzt zwei Standorte, die ca. 500 m auseinanderliegen. Es gibt Pläne, viele Tierarten aus dem zentralen Teil in den neuen umzusiedeln. Ersterer ist ein wunderschöner zoologischer Garten mit hervorragender Vegetation und Wasserelementen, landschaftlich gut gestaltet und eine regelrechte Oase im Stadtzentrum. Die Besucher können sich den Tieren, die häufig in Gemeinschaftshaltung untergebracht sind, in überzeugend natürlicher Umgebung nähern. Die Humboldtpinguinanlage ist herausragend – die beste aller 80 Zoos dieser Studie und ein wirklich erstaunliches Besuchserlebnis. Die freilaufenden Totenkopfaffen sind eine besondere Attraktion. Eine neue Löwenanlage soll im Sommer 2011 eröffnet werden.

Begehbare Häuser

Savannenhaus, Tropenhaus, Affenhaus, Afrikahaus, Asienhaus, Elefantenhaus, Americasa, Oasenhaus, Schmetterlingshaus

Besonderheiten

Pinguine, Erdmännchen, Tropische Schmetterlinge, Haie, Kodiakbären, Paviane, Warane, Totenkopfaffen, Amurtiger, Waldbisons/Elche, Nashornleguane, Elefanten, Zwergotter, Vogelvoliere, Kattas, Nacktmulle, Krokodile

Benötigte Zeit

Gesamter Zoo: 6 - 8 Stunden   Besonderheiten: 3 - 4 Stunden

Zoo Erfurt

Kontakt

Name Thüringer Zoopark Erfurt
Adresse Am Zoopark 1,
99087 Erfurt, D
Telefon +49(0) 361 751 880
Fax +49(0) 361 751 8822
E-Mail zoopark@erfurt.de
Website www.zoopark-erfurt.de

Öffnungszeiten

Ganzjährig geöffnet
April bis Oktober 9.00 bis 18.00 Uhr
November bis März 10.00 bis 16.00 Uhr

Eintrittspreise 2011

	EUR	
	Zoo	Aquarium
Erwachsene	7,00	2,00
Kinder 3 - 18	3,50	1,00
Kinder unter 3	Frei	Frei
Familie - Eltern und ihre Kinder	17,50	5,00
Hunde	1,50	Frei
Jahreskarte - Erwachsene	22,00	14,00
Jahreskarte - Kinder	11,00	7,00
Jahreskarte - Familie - Eltern und ihre Kinder	52,00	
Ermäßigungen: Schwerbehinderte mit Begleitperson, Inhaber des Sozialausweises der Stadt Erfurt		

Verkehrsanbindung

Auto A71 Ausfahrt 8 oder A4 Ausfahrt Erfurt Zentrum/Erfurt Roter Berg und Beschilderung Zoopark
Parken Ja, am Zoo, kostenlos
Straßenbahn 5
Bahnhof Erfurt Hbf., dann Straßenbahn 5 zum Zoo

Inhaber des Zoos

Kommunal,
100 % Stadt Erfurt

Zoofläche

62,5 ha

Gründungsjahr

1959

Besucherzahlen

Ca. 430 000

Tierbestand am 31. 12. 2009

	Anzahl	Arten
Säugetiere	388	59
Vögel	160	32
Reptilien	144	50
Amphibien	68	13
Fische	2 455	286
Aquarium des Zoopark 4 km entfernt		

Dienstleistungen

Gastronomie (verpachtet):
Restaurant, Café, Kioske, Zoogaststätte Weinberghaus, Bistro Hakuna Matata
Läden (verpachtet): Zoo-Shop
Streichelzoo: ja
Spielplatz: ja

Hunde

An der Leine erlaubt: ja Hundezwinger: nein

Fütterung durch Besucher

In der Regel streng verboten, für bestimmte Tierarten, wenn angegeben, erlaubt

Vorführungen etc.

Nein

Bildung

Keeper Talks: ja, versch. Termine - siehe Programm im Zoo
Zooschule/Bildungszentrum: ja
Biodiversity Zentrum: nein
Zooführer: nein
Beschilderung: Deutsch Bewertung: **

Zoofreunde

Ja, Verein der Zoopark Freunde in Erfurt e. V.
Ca. 600 Mitglieder am 31. 12. 2009

Ehrenamtliche Helfer

Nein

Allgemeine Beschreibung

Der vor Kurzem umgestaltete Zoopark liegt ländlich im Norden Erfurts am Roten Berg. Eine neue Bepflanzung im Eingangsbereich verschafft dem Besucher einen äußerst attraktiven ersten Eindruck.
Die Philosophie des Zoos ist es, begehbare Anlagen einzurichten, wann immer es möglich ist. Das Gelände und der zur Verfügung stehende Platz sind dafür sehr geeignet. So können die Besucher Tiere ganz aus der Nähe betrachten. In den letzten fünf Jahren ist vieles verbessert worden; neue Häuser, eine Afrikasavanne und eine begehbare Lemurenanlage sind entstanden. 2011 wird u. a. eine neue Gepardenanlage eröffnet. Der 1861 erbaute thüringer Bauernhof zeigt die landestypische Landwirtschaft mit Haustieren.

Begehbare Häuser

Löwenhaus, Elefantenhaus, Nashornhaus, Affenhaus, Giraffenhaus

Besonderheiten

Löwen, begehbare Känguru-Anlage, Flamingos, Nashörner, begehbare Südamerika-Anlage, Bisons, Erdmännchen, begehbare Anlage für Mesopotamische Damhirsche, Löffelhunde, Klammeraffen, begehbare Makaken-Anlage, Feuerwiesel, Afrikasavanne, Schneeeulen

Benötigte Zeit

Gesamter Zoo: 4 - 6 Stunden Besonderheiten: 2 Stunden

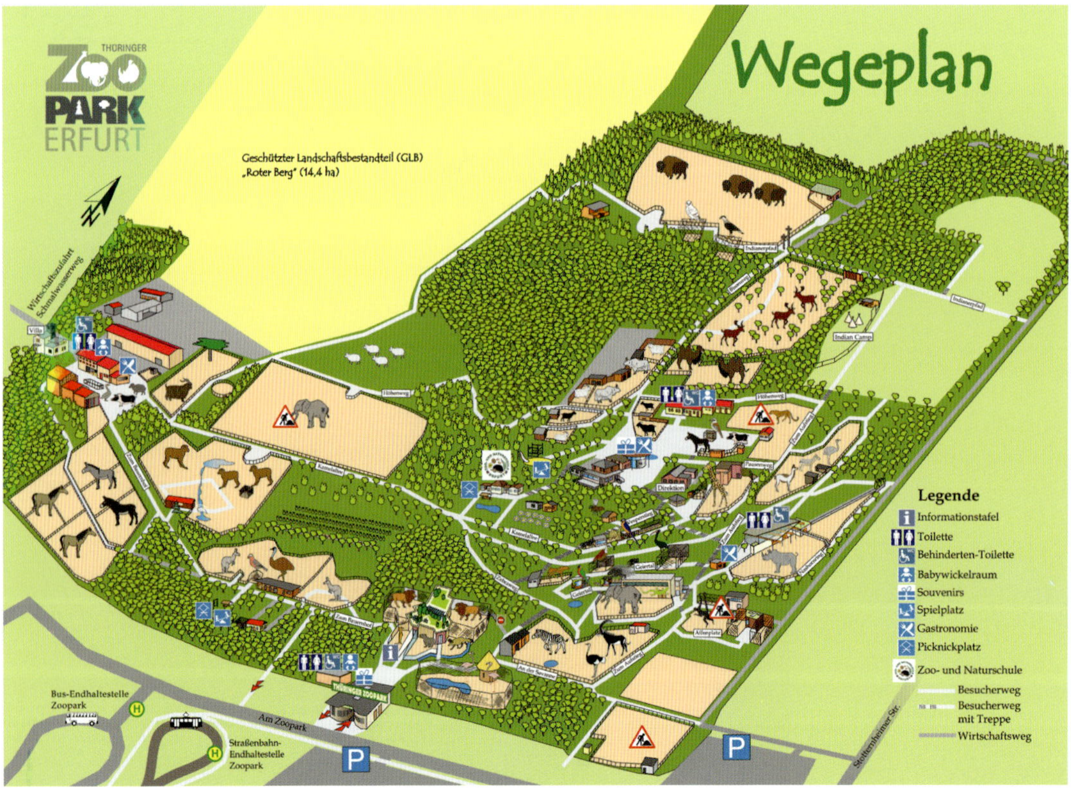

Parken Zoo Eskilstuna

Kontakt

Name	Parken Zoo Eskilstuna
Adresse	Parken Zoo I Eskilstuna AB, 631 86 Eskilstuna, S
Telefon	+46 (0) 16 10 01 00
Fax	+46 (0) 16 10 01 14
E-Mail	info@parkenzoo.se
Website	www.parkenzoo.se

Öffnungszeiten

Zoo geöffnet von Mai bis September

Mai bis Juni	10.00 bis 17.00 Uhr
Juni bis August	10.00 bis 18.00 Uhr
August und September	10.00 bis 17.30 Uhr

Eintrittspreise 2011

	SEK	
	27.6. bis 14.8.	7.5. bis 26.6. und 15.8. bis 18.9.
Erwachsene	200,00	170,00
Kinder 3 - 17	150,00	120,00
Kinder unter 3	Frei	Frei
Jahreskarte - Erwachsene	330,00	
Jahreskarte - Kinder	240,00	

Verkehrsanbindung

Auto	Eskilstuna, Beschilderung Parken Zoo
Parken	Ja, am Zoo, 40,00 SEK pro Tag
Bus	ab Eskilstuna Bahnhof
Bahnhof	Eskilstuna

Inhaber des Zoos

Kommunal, Parken Zoo i Eskilstuna AB, 100 % Stadt Eskilstuna

Zoofläche

14 ha

Gründungsjahr

1956

Besucherzahlen

ca. 255 000 (500 000 im Gesamtkomplex)

Parken Zoo Eskilstuna

Tierbestand am 31. 12. 2010

	Anzahl	Arten
Säugetiere	165	47
Vögel	70	6
Reptilien	96	24
Amphibien	270	16
Fische	68	13

Dienstleistungen

Gastronomie (zooeigen):
Cafés, Kioske, Picknickplätze, Themencafés und -kioske
Läden (zooeigen): Zoo-Shop
Streichelzoo: ja Spielplatz: ja

Hunde

An der Leine erlaubt: nein Hundezwinger: nein

Fütterung durch Besucher

Streng verboten

Vorführungen etc.

Nein

Bildung

Keeper Talks: Ja, im Sommer 15 Termine täglich - siehe Programm im Zoo
Zooschule/Bildungszentrum: ja
Biodiversity Zentrum: nein
Zooführer: nein
Beschilderung: Schwedisch Bewertung: **

Parken Zoo Eskilstuna

Zoofreunde	Nein, aber Fanclub (kommerz. Sponsoren) und unternehmensstrategischer Co-operation Club
Ehrenamtliche Helfer	Nein
Allgemeine Beschreibung	Als Teil eines Unterhaltungs- und Sportkomplexes hat dieser schöne zoologische Garten einen alten Baumbestand und eine gute Vegetation mit Rhododendron und Azaleen. Es gibt sehr gute Außenanlagen. Die Anlagen für die unterschiedlichen Katzenarten sind besonders gut gelungen. Die Kombination unterschiedlicher Attraktionen ist für Zoobegeisterte bedauerlich, denn sie stört in einigen Teilen des Zoos die ruhige, natürliche Atmosphäre.
Begehbare Häuser	Amazonashaus, Leopardenhaus, Reptilienhaus, Komodowaranhaus
Besonderheiten	Weiße Tiger, Manule, Zwergflusspferde, Nebelparder, Sandkatzen, Afrikanische Wildhunde, Pumas, Kleine Pandas, Komodowarane, Amazonashaus
Benötigte Zeit	Gesamter Zoo: 4 - 5 Stunden Besonderheiten: 2 - 3 Stunden

Zoo Frankfurt

ZOO FRANKFURT
Tiere erleben - Natur bewahren

Kontakt

Name	Zoologischer Garten Frankfurt
Adresse	Bernhard-Grzimek-Allee 1, 60316 Frankfurt, D
Telefon	+49(0) 69 212 337 35
Fax	+49(0) 69 212 378 55
E-Mail	info.zoo@stadt-frankfurt.de
Website	www.zoo-frankfurt.de

Öffnungszeiten

Ganzjährig geöffnet

Sommer: April bis Oktober	9.00 bis 19.00 Uhr
Winter: November bis März	9.00 bis 17.00 Uhr

Eintrittspreise 2011

	EUR
Erwachsene	8,00
Kinder 6 - 17	4,00
Kinder unter 6	Frei
Familie - Eltern und ihre Kinder	20,00
Jahreskarte - Erwachsene	60,00
Jahreskarte - Kinder 6 - 17	25,00
Kombi-Jahreskarte mit Palmengarten & Senkenberg Museum - Erwachsene	90,00
Kombi-Jahreskarte mit Palmengarten & Senkenberg Museum - Kinder	40,00
Kombi-Jahreskarte mit Opel-Zoo - Erwachsene	80,00
Kombi-Jahreskarte mit Opel-Zoo - Kinder	32,00
Ermäßigungen: Schüler, Studenten, Rentner, Schwerbehinderte mit Begleitperson, Angehörige der Streitkräfte, letzter Samstag im Monat, Inhaber der Frankfurt Card	

Verkehrsanbindung

Auto	A661 Ausfahrt 13 oder 14, dann Beschilderung zum Zoo
Parken	Ja, in Zoonähe: Zoopassage, City-Parkhaus Ost, Mousonturm und Klinik Rotes Kreuz
Bus	31
Straßenbahn	14
U-Bahn	U6 und U7 zum Zoo
Bahnhof	Frankfurt Hbf., dann U-Bahn

Inhaber des Zoos Kommunal, 100 % Stadt Frankfurt

Zoofläche 12 ha

Gründungsjahr 1858

Besucherzahlen Ca. 1 000 000

Tierbestand am 31. 12. 2009

	Anzahl	Arten
Säugetiere	1319	89
Vögel	382	91
Reptilien	377	68
Amphibien	187	29
Fische	1 580	178

Dienstleistungen

Gastronomie (verpachtet):
Restaurants, Café, Kioske - Sombrero Restaurant
Läden (zooeigen): Zoo-Shop (öffnet im Sommer 2012)
Streichelzoo: ja Spielplatz: ja

Hunde

An der Leine erlaubt: nein Hundezwinger: nein

Fütterung durch Besucher

Streng verboten

Vorführungen etc.

Zwergseebären täglich 11.00 und 15.30 Uhr, Pinguine täglich 10.45 und 15.45 Uhr, Krokodile donnerstags 15.15 Uhr, Tropengewitter im Exotarium 11.30 und 15.30 Uhr, Großkatzen - Nähere Informationen entnehmen Sie bitte den Aushängen. Siehe Ankündigen auf www.zoo-frankfurt.de

Bildung

Keeper Talks: ja, mehrere Termine täglich in Verbindung mit Fütterungen
Zooschule/Bildungszentrum: ja
Biodiversity Zentrum: nein
Zooführer: ja, 3,50 EUR
Beschilderung: Deutsch Bewertung: *

Zoofreunde

Ja, Zoologische Gesellschaft Frankfurt von 1858 e. V.
Ca. 6000 Mitglieder am 31. 12. 2009

Zoo Frankfurt

Ehrenamtliche Helfer

Ja, ca. 50 - 100

Allgemeine Beschreibung

Am Eingang zu diesem bekannten historischen Zoo befindet sich das beeindruckende Zoogesellschaftshaus. In dieser Stadtoase gelangen Besucher zunächst an einen großen See mit Springbrunnen, der von gepflegten Gartenanlagen umgeben ist. Der berühmte Professor Dr. Bernhard Grzimek war 1945 bis 1974 Direktor des Zoos. Die beiden außergewöhnlichsten Gebäude sind das Grzimekhaus mit seinem umfangreichen Nachttierbestand und der neue, schön gestaltete Borgori-Wald mit seiner geräumigen Innen- und Außenanlage. Unsicherheit über die weitere Zukunft des Zoos an diesem Standort hat bis vor Kurzem Investitionen verhindert. Seit die Standortfrage geklärt ist, geht die Investition in neue und bessere Anlagen voran, was bei der Bärenanlage schon umgesetzt ist.

Begehbare Häuser

Grzimekhaus (Nachttierhaus), Giraffenhaus, Exotarium (Niedere Wirbeltiere und Wirbellose), Borgori-Wald (Primaten und mehr), Nashorn-/Flusspferdhaus, Katzendschungel, Faust-Vogelhaus, Affenhaus

Besonderheiten

Grzimekhaus, Borgori-Wald (Gorillas, Orang-Utans, Bonobos, Guerezas), Fingertiere, Fossas, Elsterreiher/Kiwis, Ameisenigel, Sumatratiger, Krallenaffen, Weißwangengibbons

Benötigte Zeit

Gesamter Zoo: 4 - 5 Stunden

Besonderheiten: 2 - 3 Stunden

Zoom Gelsenkirchen

Kontakt

Name	Zoom Erlebniswelt Gelsenkirchen
Adresse	Bleckstraße 64, 45889 Gelsenkirchen, D
Telefon	+49(0) 209 954 50
Fax	+49(0) 209 954 5121
E-Mail	info@zoom-erlebniswelt.de
Website	www.zoom-erlebniswelt.de

Öffnungszeiten

Ganzjährig geöffnet

April bis September	9.00 bis 18.30 Uhr
Oktober und März	9.00 bis 18.00 Uhr
November bis Februar	10.00 bis 17.00 Uhr

Eintrittspreise 2011

	EUR	
	Sommer	Winter
Erwachsene	16,50	11,50
Kinder 4 - 12	11,00	7,50
Kinder unter 4	Frei	Frei
Hunde	4,50	3,50
Jahreskarte - Erwachsene	56,00	
Jahreskarte - Kinder	34,00	
Jahreskarte - Hunde	20,00	
Ermäßigungen: Schüler, Studenten, Senioren ab 65, Schwerbehinderte mit Begleitperson, Angehörige der Streitkräfte Jahreskarteninhaber erhalten Rabatt in NRW Partner-Zoos		

Verkehrsanbindung

Auto	A42 Ausfahrt 18 Grimbergstraße, dann ausgeschildert A2 Ausfahrt 7 B227 oder Ausfahrt 6 B226, dann ausgeschildert
Parken	Ja, am Zoo, 3,50 EUR pro Tag
Straßenbahn	301
Bahnhof	Gelsenkirchen Hbf. und Bf. Zoo

Inhaber des Zoos

Kommunale GmbH, GEW Gesellschaft für Energie und Wirtschaft GmbH
100 % Stadt Gelsenkirchen

Zoofläche

30 ha

Gründungsjahr

2005 - der frühere Ruhr Zoo wurde 1949 gegründet

Besucherzahlen

ca. 1 000 000

Zoom Gelsenkirchen

Tierbestand am 31. 12. 2009

	Anzahl	Arten
Säugetiere	340	45
Vögel	232	37
Reptilien	109	16
Amphibien	0	0
Fische	0	0

Dienstleistungen

Gastronomie (zooeigen):
Restaurants, Café, Kioske, Picknickplätze - RyoKan Seeterrassen Restaurant, Alaska Diner, Pangung Tropengarten Restaurant, Afrika Lodge, Grimberger Hof
Läden (zooeigen): Zoo-Shop - Zoom
Afrikasavanne - Bootsfahrt im Eintrittspreis enthalten
Alaska Ice Adventure - Fahrt im Eintrittspreis enthalten
Streichelzoo: ja
Spielplatz: ja, außergewöhnliche Anlagen:
Indoor - Drachenland (asiatischer Themenspielplatz)
Outdoor - Abenteuerspielplätze

Hunde

An der Leine erlaubt: ja, max.1 pro Person Hundezwinger: nein

Fütterung durch Besucher

Streng verboten, Ausnahme: beaufsichtigt bei bestimmten Gehegen

Vorführungen etc.

Ja, African Queen und Alaska Ice Adventure

Bildung

Keeper Talks: ja, versch. Termine - siehe Tagesprogramm im Zoo
Zooschule/Bildungszentrum: ja
Biodiversity Zentrum: nein
Zooführer: ja, 2,00 EUR
Beschilderung: Deutsch Bewertung: *

Zoofreunde

Nein

Ehrenamtliche Helfer

Nein

Zoom Gelsenkirchen

Allgemeine Beschreibung

Die Zoom Erlebniswelt wurde auf dem Gelände des ehemaligen Ruhr Zoos gebaut und ist ein Erlebniszoo, der in drei verschiedene Zonen unterteilt ist: Alaska, Afrika und Asien. Hohe Investitionen in große Wasserelemente, Hügel und Vegetation haben in jeder dieser Zonen natürlich wirkende Lebensräume entstehen lassen. Die Alaska-Zone bietet Informationen zur indigenen Bevölkerung und den Tieren dieser Region.
Der Zoo hat Stärken bei der Gemeinschaftshaltung unterschiedlicher Arten, z. B. der Zebra- und Antilopenanlage. Die Tierhäuser sind allgemein nicht für Besucher zugänglich - bis auf das neue ELE Tropenparadies, eine beeindruckende Tropenhalle mit über 100 asiatischen Pflanzenarten und großen Innenanlagen für Orang-Utans mit Zwergottern. Die Außenanlagen sind groß und clever unter Vermeidung sichtbarer Barrieren gestaltet.

Begehbare Häuser

ELE Tropenparadies, Afrikanische Dschungelhalle

Besonderheiten

Serengeti-View (mit Giraffen), Braunbären, Erdmännchen, Paviane, Eisbären, Prevost-Schönhörnchen, ELE Tropenparadies, Kodiakbären, Servale, Orang-Utans, Löwen, Seelöwen, Schimpansen, Flusspferde, Languren

Benötigte Zeit

Gesamter Zoo: 6 - 7 Stunden Besonderheiten: 3 - 4 Stunden

Zoo Halle

Kontakt

Name	Zoo Halle
Adresse	Fasanenstraße 5A, 06114 Halle/Saale, D
Telefon	+49(0) 345 520 3300
Fax	+49(0) 345 520 3444
E-Mail	office@zoo-halle.de
Website	www.zoo-halle.de

Öffnungszeiten

Ganzjährig geöffnet

Sommer: April bis Oktober	9.00 bis 18.00/19.30 Uhr an Wochenenden
Winter: November bis März	09.00 bis 17.00 Uhr

Eintrittspreise 2011

	EUR
Erwachsene	8,50
Kinder 4 - 17	3,50
Kinder unter 4	Frei
Familie - 1 Elternteil und bis zu 3 Kinder	11,50
Familie - Eltern und bis zu 3 Kinder	19,50
Hunde	2,00
Jahreskarte - Erwachsene	45,00
Jahreskarte - Kinder	20,00
Ermäßigungen: Schüler, Studenten, Rentner, Schwerbehinderte mit Begleitperson, Angehörige der Streitkräfte und Inhaber des Halle-Passes	

Verkehrsanbindung

Auto	B6 Halle Nord, dann Beschilderung zum Zoo
Parken	Ja, am Zoo, 9,00 EUR pro Tag
Straßenbahn	3 und 12
Bahnhof	Halle Hbf. dann S-Bahn Richtung Trotha

Inhaber des Zoos

Kommunal, Zoologischer Garten Halle GmbH
100 % Stadt Halle

Zoofläche

9,5 ha

Gründungsjahr

1901

Besucherzahlen

Ca. 340 000

Tierbestand am 31. 12. 2010

	Anzahl	Arten
Säugetiere	387	59
Vögel	604	106
Reptilien	87	25
Amphibien	31	4
Fische	470	48

Dienstleistungen

Gastronomie (verpachtet):
Restaurants, Cafeteria, Kioske, Picknickplatz - Restaurant Villa Einzug, Bergterrassen, Biergarten bei den Bären

Läden (zooeigen): Zoo-Shop
Streichelzoo: ja, besonders gute interaktive Spiel- und Lernmöglichkeiten
Spielplatz: ja

Hunde

An der Leine erlaubt: ja Hundezwinger: nein

Fütterung durch Besucher

Streng verboten, außer für bestimmte Haustierarten, mit Futter aus den Automaten im Zoo

Vorführungen etc.

Seelöwen

Zoo Halle

Bildung

Keeper Talks: ja, 3 Termine – siehe Tagesprogramm im Zoo
Zooschule/Bildungszentrum: ja, Umweltbildung
Biodiversity Zentrum: nein
Zooführer: ja, 3,00 EUR
Beschilderung: Deutsch   Bewertung: **

Zoofreunde

Ja, Verein der Förderer und Freunde des Halleschen Bergzoo e. V.
Ca. 60 Mitglieder am 31. 12. 2009

Ehrenamtliche Helfer

Nein

Allgemeine Beschreibung

In Halle ist der Zoo unter dem Namen „Bergzoo“ bekannt - wegen seiner Lage auf dem Reilsberg im Norden der Stadt. Der Zoo hat einige historische Gebäude im landestypischen Stil, die dem Gelände seinen besonderen Charakter verleihen. Der Zoo ist besonders sauber und ordentlich; die schwierige Hügellage wurde mit Blumen und Sträuchern attraktiv bepflanzt. Das Motto des Zoos „klein, aber fein“ ist absolut zutreffend.
Das vor Kurzem erbaute Krokodilhaus ist sehr renommiert. Der Zoo hat die Möglichkeit, weitere 1,5 ha bewaldete Fläche zu erwerben.

Begehbare Häuser

Krokodilhaus, Schimpansenhaus, Kleintierhaus, Elefantenhaus, Affenhaus, Zwergflusspferdhaus, Raubtierhaus, Totenkopfäffchenhaus

Besonderheiten

Krokodile, Totenkopfäffchen, Krallenaffen, Flugvoliere, Alligatoren, Weißgesichtssakis, Schildkröten, begehbare Australienvoliere, Pinguine, Pelikane, Geiervoliere, Pudus, Chileflamingos, Warane, Opossums

Benötigte Zeit

Gesamter Zoo: 4 - 5 Stunden   Besonderheiten: 1 - 2 Stunden

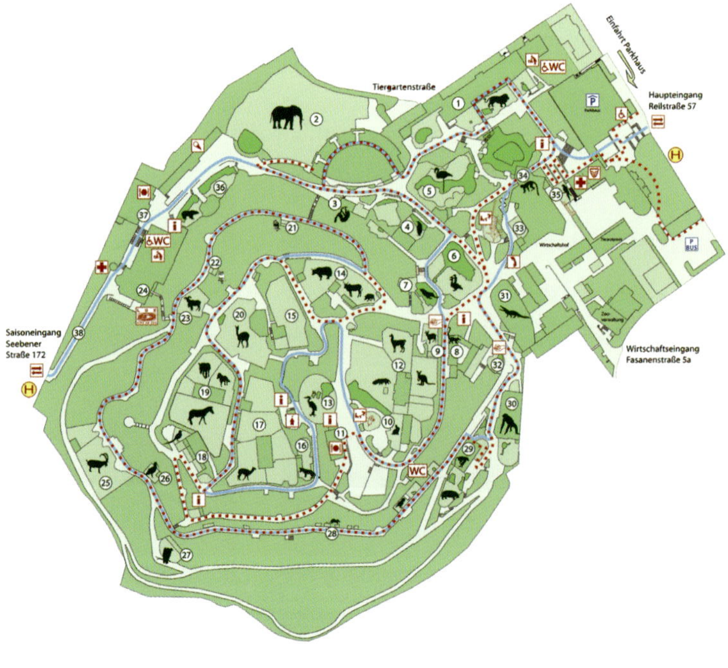

Tierpark Hagenbeck

Kontakt

Name	Tierpark Hagenbeck GmbH, Hamburg
Adresse	Lokstedter Grenzstraße 2, 22572 Hamburg, D
Telefon	+49(0) 40 53 00 33-0
Fax	+49(0) 40 00 33-341
E-Mail	info@hagenbeck.de
Website	www.hagenbeck.de

Öffnungszeiten

Ganzjährig geöffnet

6. März bis 30. Juni	9.00 bis 18.00 Uhr
Juli und August	9.00 bis 19.00 Uhr
1. September bis 24. Oktober	9.00 bis 18.00 Uhr
25. Oktober bis 5. März	9.00 bis 16.30 Uhr
Heiligabend und Silvester	9.00 bis 13.00 Uhr

Eintrittspreise 2011

	EUR		
	nur Zoo	Zoo & Aquarium	nur Aquarium
Erwachsene	17,00	27,00	14,00
Kinder 4 - 16	12,00	18,00	10,00
Kinder unter 4	Frei	Frei	Frei
Familie - 2 Erwachsene & 2 Kinder	53,00	80,00	43,00
Familie - 2 Erwachsene & 3 Kinder	61,00	90,00	49,00
Jahreskarte - Erwachsene	90,00	145,00	70,00
Jahreskarte - Kinder	50,00	90,00	45,00

Verkehrsanbindung

Auto	A7 von Norden oder Süden Ausfahrt Hamburg Stellingen, Zoo ausgeschildert
Parken	Parkhaus am Haupteingang, 3,50 EUR Parkplatz am Gazellenkamp, 3,50 EUR/Tag (nur im Sommer)
Bus	22, 39, 181, 281 bis Haltestelle Hagenbecks Tierpark
U-Bahn	Linie U2 bis Hagenbecks Tierpark
Bahnhof	Hamburg Hbf.

Inhaber des Zoos

Private Gesellschaft, Carl Hagenbeck GmbH
Der Tierpark Hagenbeck ist eine familienbetriebene gemeinnützige Organisation

Zoofläche

25 ha Zoo und 0,8 ha Aquarium

Gründungsjahr

1848 Hagenbeck Gesellschaft, 1907 Tierpark Hagenbeck

Besucherzahlen

ca. 1 650 000

Tierpark Hagenbeck

Tierbestand am 31. 12. 2009

	Anzahl	Arten
Säugetiere	647	61
Vögel	790	112
Reptilien	171	44
Amphibien	17	2
Fische	11 067	144

Dienstleistungen

Übernachtungsmöglichkeiten und Gastronomie (zooeigen):
Hotel, Restaurant, Café, Kioske, Picknickplatz - Tierpark Hotel (preisgekröntes Lindner Park-Hotel Hagenbeck mit 158 Zimmern), Flamingo Lodge Restaurant (geöffnet im Sommer, großzügig, herrlicher Blick auf das Afrikapanorama), Restaurant am Spielplatz (geöffnet im Winter, mit Blick über den See und die japanische Insel), Café im Orang-Utan-Haus (mit Blick auf Orang-Utans und Zwergotter), versch. Kioske
Läden (zooeigen): 2 Shops im Sommer, 1 Shop (am Haupteingang) im Winter geöffnet
Streichelzoo: ja, Ponyreiten und Kutschenfahrten, 2,00 EUR für ca. 10 Minuten
Spielplatz: ja

Hunde

An der Leine erlaubt: nein
Hundezwinger: nein

Fütterung durch Besucher

Beaufsichtigte Elefantenfütterung mit Futter aus dem Futterhof des Zoos
Beaufsichtigte Giraffenfütterung mit Akazienzweigen/-blättern
Paviane mit Futter aus dem Zoo Shop

Vorführungen etc.

Dinosaurier, Zoo-Abendveranstaltungen im Sommer

Bildung

Keeper Talks: ja, mehrere Termine täglich - siehe Programm am Eingang
Tropen-Aquarium: Fütterung der Krokodile und Haie zweimal wöchentlich
Zooschule/Bildungszentrum: ja
Biodiversity Zentrum: nein, aber Zooschule am Elefantenhaus für alle Besucher
Zooführer: nein
Beschilderung: Deutsch
Bewertung: ***

Zoofreunde

Ja, Verein der Freunde des Tierparks Hagenbeck e. V. mit ca. 2 600 Mitglieder am 31. 12. 2009

Ehrenamtliche Helfer

Ja, ca, 20 Führer vom Verein der Freunde des Tierparks Hagenbeck e. V.

TIERPARK HAGENBECK

Allgemeine Beschreibung

Dieser historische Zoo, der eine wunderbare Landschaftsoase in der Stadt bildet, besitzt einen abwechslungsreichen und gut bewirtschafteten Laub- und Nadelbaumbestand sowie reichhaltige Wasser- und Felselemente.
Der Zoo hat aus drei Gründen ein ganz besonderes Ambiente: Zum einen führte Zoogründer Carl Hagenbeck „naturalistische" Anlagen ein, indem er offensichtliche Barrieren vermied, sodass der Besucher sich ins Tierreich hineinversetzt fühlen konnte. Moderne Zoos sind diesen Ideen sehr verpflichtet. Desweiteren verleihen ihm architektonische Elemente, wie die Thai Sala und die japanische Brücke, einen besonderen Charakter und ein kulturelles Bewusstsein.
Als dritter Punkt sind die Perspektiven und Blickrichtungen der Gestaltung von 1907 außergewöhnlich. Die Wegbeschilderung für Besucher ist sehr gut umgesetzt. Ein besonderes Hihglight sind die Muntjaks, Maras und Wasservögel, die sich frei im Park bewegen.
Das Orang-Utan-Haus und das Tropen-Aquarium, das sich über drei Ebenen erstreckt, sind herausragende Anlagen. Gute Fortschritte macht das neue Großprojekt „Eismeer"; es wird eine Anlage mit Eisbären, Seelöwen, Walrossen, Pinguinen und Seevögeln sowie umfangreiche Informationen enthalten; 2012 soll es für Besucher öffnen.

Begehbare Häuser

Orang-Utan-Haus, Tropen-Aquarium, Mandrillhaus, Löwenhaus, Elefantenhaus, Giraffenhaus, Riesenotterhaus, Nasenbärenhaus, Vogelhaus, Arahaus, Känguruhaus

Besonderheiten - Zoo

Orang-Utans und Zwergotter, Störche, Elefanten, Nasenbären, Flamingos, Krokodiltejus, Chinaleoparden, Riesenotter, Aras, Dorfweber, Kamtschatkabären, Grüne Hundkopfboas, Onager, Mähnenspringer

Besonderheiten - Aquarium

Kattas, Boas, Schildkröten, Hai-Atoll, Nilkrokodile, Pythons, Flughunde

Benötigte Zeit

Gesamter Zoo: 6 - 8 Stunden Besonderheiten: 3 - 4 Stunden

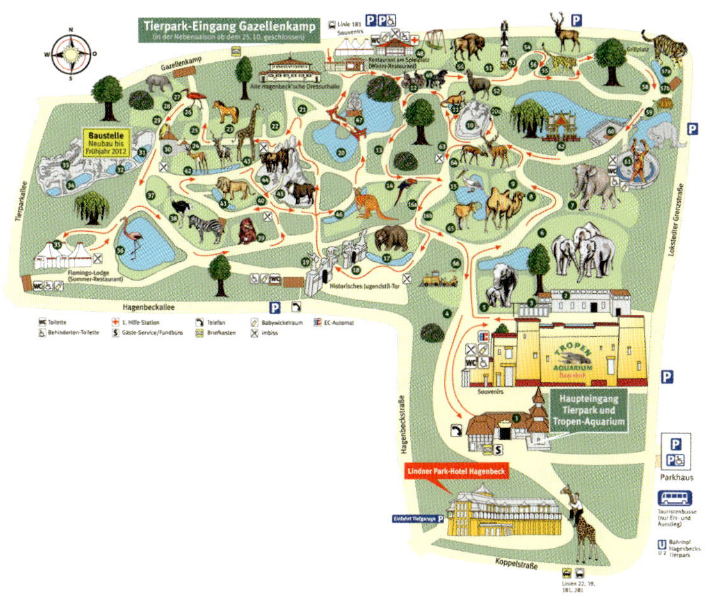

Zoo Hannover

Kontakt

Name	Erlebnis-Zoo Hannover
Adresse	Adenauerallee 3, 30175 Hannover, D
Telefon	+49(0) 511 280 74 163
Fax	+49(0) 511 280 74 212
E-Mail	info@zoo-hannover.de
Website	www.zoo-hannover.de

Öffnungszeiten

Ganzjährig geöffnet

März bis Oktober	9.00 bis 18.00 Uhr
November bis März	10.00 bis 16.00 Uhr

Eintrittspreise 2011

		EUR
	Sommer	Winter
Erwachsene	23,00	16,00
Kinder 3 - 5	13,00	10,00
Kinder unter 3	Frei	Frei
Kinder & Jugendliche 6 - 17	16,00	13,00
Hunde	9,00	9,00
Jahreskarte - Erwachsene	79,00	
Jahreskarte - Kinder & Jugendliche 3 - 17	57,00	
Jahreskarte - Familie - 2 Erwachsene und ihre Kinder	169,00	
Jahreskarte - Hunde	54,00	
Ermäßigungen: Rentner, Schwerbehinderte mit Begleitperson; Eintrittspreise inkl. Sambesi Bootstour etc.		

Verkehrsanbindung

Auto	A7 Ausfahrt 60 auf A37 nach B6, dann ausgeschildert A2 Ausfahrt 47 auf A37 nach B3, dann ausgeschildert
Parken	Ja, am Zoo, 3,50 EUR pro Tag
Bus	128 und 134
Bahnhof	Hannover Hbf.

Inhaber des Zoos

Regional/Kommunal,
Zoo Hannover GmbH
96 % Region Hannover,
4 % Zoofreunde Hannover

Zoofläche

22 ha

Gründungsjahr

1865

Besucherzahlen

ca. 1 600 000

Zoo Hannover

Tierbestand am 31. 12. 010

	Anzahl	Arten
Säugetiere	625	88
Vögel	617	81
Reptilien	65	16
Amphibien	10	2
Fische	2 067	38

Dienstleistungen

Gastronomie (zooeigen):
Restaurants, Cafeteria, Kioske, Picknickplatz - Gasthaus Meyer mit Biergarten, Mullewapp „Tante Millis Futtertrog“, Bauer Meyers Spieker, Wok-Station und Palast Bistro im Dschungelpalast, Café Kifaru, Yukon Market Hall, Pasteria „Mamma Mia“, Eiscafé Luigi Amarone
Läden (zooeigen): 5 Zoo-Shops - Smith and Johnson Trading Station, Basar, Yukon Store, Waldemars Wundertüte und Tatzi Tatz Wunderland
Sambesi Bootstouren von April bis Oktober
Streichelzoo: ja, Streichelwiese im Mullewapp, Sommer-Rodelbahnen
Spielplatz: ja, mehrere inkl. Abenteuerspielplatz „Brodelburg”

Hunde

An der Leine erlaubt: ja   Hundezwinger: nein

Fütterung durch Besucher

Streng verboten - außer im Streichelland Mullewapp mit Futter aus dem Zoo-Shop

Vorführungen etc.

Ja, Showarena – siehe Tagesprogramm, Elefanten-Show, Robben und Seelöwen, Bauer Meyers Tiershow

Bildung

Keeper Talks: ja, bis zu 23 Show-Fütterungen täglich – siehe Programm im Zoo
Zooschule/Bildungszentrum: ja
Biodiversity Zentrum: nein
Zooführer: ja, 9,95 EUR
Beschilderung: Deutsch   Bewertung: *

Zoo Hannover

Zoofreunde

Ja, Zoofreunde Hannover e. V.
Ca. 700 Mitglieder am 31. 12. 2009

Ehrenamtliche Helfer

Nein

Allgemeine Beschreibung

Der Erlebnis-Zoo Hannover ist zwar kein traditioneller zoologischer Garten, aber ein Zoo mit interessanter, spannender Atmosphäre. Mittlerweile gibt es 7 Themenwelten – Sambesi, Gorillaberg, Dschungelpalast, Meyers Hof, Mullewapp Kinderland, Outback und Yukon Bay.
Jede dieser Themenwelten bringt den Besucher zu einer Wertschätzung der betreffenden Regionen. Zu den Themenanlagen zählen der ungewöhnliche Dschungelpalast, in dem eine Elefantenherde lebt (hier 2010 erstmalig 5 Elefantengeburten in einem Jahr in einem Zoo), und die beeindruckende neue Yukon-Bay-Anlage mit Wellenmaschinen in den Eisbär- und Seelöwengehegen. Der 4 Hektar große Sambesi-Bereich hält für den Besucher eine besondere Attraktion bereit: Bei einer Bootsfahrt über den großen See kann man alle am Seeufer gelegenen Anlagen vom Wasser aus betrachten. Die attraktive Vegetation repräsentiert typische Pflanzenarten der unterschiedlichen Weltzonen. Ein Schwerpunkt des Zoos ist die Gemeinschaftshaltung unterschiedlicher Tierarten. Der Zoo ist außerdem für seine Themenrestaurants und die Geschäfte mit regionalen Spezialitäten bekannt. Über 1000 externe Veranstaltungen finden in den Event-Locations des Zoos statt, von denen die wunderschöne Indische Palasthalle besonders erwähnenswert ist.

Begehbare Häuser

Urwaldhaus, Tropenhaus, Giraffenhaus, Affenhaus, Flusspferdhöhle, Henrys Unterwasserwelt, Maushaus

Besonderheiten

Yukon Bay (Eisbären, Seelöwen, Timberwölfe), Flusspferde, Sambesi (Afrikasavanne), Elefanten, Pinguine, Zweifinger-Faultiere, Gorillaberg, Wombats, Pelikane, Krallenaffen, Greifvogelvoliere, Kleine Pandas, Loris, Meyers Hof

Benötigte Zeit

Gesamter Zoo: 6 - 8 Stunden   Besonderheiten: 3 - 4 Stunden

Zoo Heidelberg

ZOO HEIDELBERG

Kontakt

Name	Zoo Heidelberg
Adresse	Tiergartenstraße 3, 69120, Heidelberg, D
Telefon	+49(0) 6221 645 50
Fax	+49(0) 6221 645 588
E-Mail	info@zoo-heidelberg.de
Website	www.zoo-heidelberg.de

Öffnungszeiten

Ganzjährig geöffnet

April bis September	9.00 bis 19.00 Uhr
Oktober und März	9.00 bis 18.00 Uhr
November bis Februar	9.00 bis 17.00 Uhr

Eintrittspreise 2011

	EUR
Erwachsene	8,00
Kinder 3 - 17	4,00
Kinder unter 3	Frei
Hunde	Frei
Jahreskarte - Erwachsene	40,00
Jahreskarte - Kinder	15,00
Jahreskarte - Familie - Eltern und ihre Kinder	80,00
Ermäßigungen: Schüler, Studenten, Rentner, Schwerbehinderte mit Begleitperson	

Verkehrsanbindung

Auto	A5/A656
Parken	Ja, am Zoo und Parkhaus Uniklinik beim Zoo, 2,00 EUR für 5 Stunden
Bus	31 und 32 von Hbf.
Bahnhof	Heidelberg Hbf.

Inhaber des Zoos

Gemeinnützige Gesellschaft,
Tiergarten Heidelberg gGmbH
99 % Stadt Heidelberg,
1 % Geheimrat Prof. Dr. Carl Bosch
Erben und Verein der
Tiergartenfreunde e. V.

Zoofläche

10 ha

Gründungsjahr

1933, aber eröffnet 1934

Besucherzahlen

Ca.. 580 000

Zoo Heidelberg

Tierbestand am 31. 12. 2009

	Anzahl	Arten
Säugetiere	594	63
Vögel	472	95
Reptilien	51	8
Amphibien	5	2
Fische	276	4

Dienstleistungen

Gastronomie (verpachtet):
Restaurants, Cafeteria, Kioske, Picknickplatz - Restaurant Fody's Arena
Läden (zooeigen): Zoo-Shop
Streichelzoo: ja
Spielplatz: ja, mehrere

Hunde

An der Leine erlaubt: ja, aber nicht in Häusern Hundezwinger: nein

Fütterung durch Besucher

Streng verboten, außer wenn Automaten an Gehegen stehen

Vorführungen etc.

„Die kleinen, geheimen Stars des Heidelberger Zoos", Tierbegegnungen täglich um 12.00 Uhr, Flugvorführung um 15.00 Uhr bei gutem Wetter
Seelöwenshow um 11.00 und 16.00 Uhr außer freitags

Bildung

Keeper Talks: ja, mehrere Termine täglich - siehe Tagesprogramm im Zoo
Zooschule/Bildungszentrum: ja
Biodiversity Zentrum: nein
Zooführer: ja, 2,50 EUR
Beschilderung: Deutsch und englisch Bewertung: **

Zoofreunde

Ja, Tiergartenfreunde Heidelberg e. V.
Ca. 400 Mitglieder am 31. 12. 2009

Ehrenamtliche Helfer

Ja, ca. 40

Zoo Heidelberg

Allgemeine Beschreibung

Am Rande der Universitätsstadt Heidelberg bietet dieser zoologische Garten eine schöne Atmosphäre: Er besitzt eine reichhaltige Vegetation, stellt gute Informationen zur Verfügung und hat einen besonderen Schwerpunkt in der Tierbeschäftigung. Das neue Elefantenhaus mit seiner Anlage ist vorzüglich. Es gibt Pläne, das Gelände um 2,5 ha zu erweitern um eine Afrikasavanne einzurichten, sodass Giraffen im Zoo gehalten werden können.

Begehbare Häuser

Elefantenhaus, Raubtierhaus, Menschenaffenhaus, Affenhaus

Besonderheiten

Elefanten, Hermeline, Küstenpanorama (Watvögel), Kleine Pandas, Präriehunde, Keas, Bengalkatzen, Erdmännchen, Riesenseeadler, Sumatratiger, Asiatische Goldkatzen

Benötigte Zeit

Gesamter Zoo: 3 - 4 Stunden Besonderheiten: 1 - 2 Stunden

Helsinki Zoo

Kontakt

Name	Korkeasaari/Helsinki Zoo
Adresse	Korkeasaari-Högholmen, 00099 Helsinki, FIN
Telefon	+358(0) 9310 1615
Fax	+358(0) 9310 37902
E-Mail	info@hel.fi
Website	www.korkeasaari.fi

Öffnungszeiten

Ganzjährig geöffnet, außer Heiligabend

Mai bis August	10.00 bis 20.00 Uhr
April und September	10.00 bis 18.00 Uhr
Oktober bis März	10.00 bis 16.00 Uhr

Eintrittspreise 2011

	EUR
Erwachsene	10,00
Kinder 6 - 17	5,00
Kinder unter 6	Frei
Familie - 2 Erwachsene und 3 Kinder 6 - 17	30,00
Jahreskarte - Erwachsene	40,00
Jahreskarte - Kinder	16,00
Jahreskarte - Familie - 2 Erwachsene und 3 Kinder 6 - 17	70,00
Ermäßigungen: Schüler, Studenten, Senioren ab 65, Arbeitslose, Schwerbehinderte mit Begleitperson	
Kombiticket für Fähre und Zoo auf der Fähre erhältlich	

Verkehrsanbindung

Auto	Über Itävaylä, Kulossari, Mustikkamaa
Parken	auf der Nachbarinsel
Bus	11 und Fähre (Mai bis September)
Bahnhof	Hauptbahnhof 20 Minuten
Boot (Mai bis Sept.)	Kauppatori Fähre vom Pier am Präsidentenpalast

Inhaber des Zoos Kommunal, 100 % Stadt Helsinki

Zoofläche 23 ha

Gründungsjahr 1889

Besucherzahlen Ca. 550 000

Tierbestand am 31. 12. 2008

	Anzahl	Arten
Säugetiere	209	43
Vögel	198	40
Reptilien	71	29
Amphibien	107	13
Fische	9	4

Dienstleistungen

Gastronomie (verpachtet):
Restaurants, Cafeteria, Cafés, Kioske, Picknickplatz - Restaurant Pukki, Safari Café und Watchman's Cottage
Läden (verpachtet): 2 Zoo-Shops - Safari und Korkeasaari
Streichelzoo: nein — Spielplatz: ja

Hunde

An der Leine erlaubt: nein — Hundezwinger: nein

Fütterung durch Besucher

Streng verboten

Vorführungen etc.

Nein

Bildung

Keeper Talks: ja, mehrere Termine – siehe Tagesprogramm im Zoo
Zooschule/Bildungszentrum: ja
Biodiversity Zentrum: nein
Zooführer: ja, 3,00 EUR
Beschilderung: Finnisch und schwedisch — Bewertung: ***

Zoofreunde

Ja
Ca. 40 Mitglieder am 31. 12. 2009

Ehrenamtliche Helfer

Ja, ca. 70

Helsinki Zoo

Allgemeine Beschreibung

Der Zoo Helsinki hat eine interessante Insellage im Bereich des Hafens. Die meisten Besucher nutzen den Bus über eine Brücke oder die Fährverbindung. Die Insel ist felsig und hügelig mit wenig Baumbestand. Man hat sich sehr bemüht, Bäume und Sträucher zu pflanzen; inzwischen gibt es über 1 000 Pflanzenarten im Zoo. Der Zoo Helsinki ist auf Tierarten der nördlichen und gemäßigten Breiten spezialisiert.

Begehbare Häuser

Afrikasiahaus, Amazonashaus, Borealia (finnische Fauna)

Besonderheiten

Schneeleoparden, Otter, Amurtiger, Europäischer Nerz, Manule, Takin, Rentiere

Benötigte Zeit

Gesamter Zoo: 4 - 5 Stunden   Besonderheiten: 1 - 2 Stunden

Zoo Karlsruhe

Kontakt

Name	Zoo Karlsruhe
Adresse	Ettlinger Straße 6, 76137 Karlsruhe, D
Telefon	+49(0) 721 133 6801
Fax	+49(0) 721 133 6809
E-Mail	office@zoo.karlsruhe.de
Website	www.karlsruhe.de/zoo

Öffnungszeiten

Ganzjährig geöffnet

Februar, März und 16.-31. Oktober	9.00 bis 17.00 Uhr
April und 01.-15. Oktober	9.00 bis 17.30 Uhr
Mai bis September	8.00 bis 18.00 Uhr
November bis Januar	9.00 bis 16.00 Uhr

Eintrittspreise 2011

Zoo und Stadtgarten	EUR
Erwachsene	6,50
Kinder 6 - 15	3,00
Kinder unter 6	Frei
Jahreskarte - Erwachsene	30,00
Jahreskarte - Kinder	21,00
Ermäßigungen: Schüler, Studenten, Rentner, Schwerbehinderte mit Begleitperson und Angehörige der Streitkräfte	

Verkehrsanbindung

Auto	A5 oder A8 Karlsruhe Mitte bis Zentrum/Hbf.
Parken	Ja, Festplatz, Hbf. und Luisenstraße
Straßenbahn	S1, S4, S11, S41 zum Hbf.
Bahnhof	Karlsruhe Hbf. - Zoo gegenüber des Haupteingangs

Inhaber des Zoos

Kommunal, 100 % Stadt Karlsruhe

Zoofläche

9,5 ha plus 3,5 ha ab 2011
18 ha Tierpark Oberwald

Gründungsjahr

1865

Besucherzahlen

Ca. 1 000 000

Tierbestand am 31. 12. 2009

	Anzahl	Arten
Säugetiere	310	52
Vögel	528	61
Reptilien	27	9
Amphibien	12	2
Fische	25	4

Dienstleistungen

Gastronomie (zooeigen):
Restaurant, Café, Kioske - Zoo Terrassen Restaurant,
Café an der Wolfanlage (Café Karle), Schuler Gastronomie
Läden (verpachtet): Zoo-Shop
Streichelzoo: ja
Spielplatz: ja

Hunde

An der Leine erlaubt: nein, außer im Tierpark Oberwald
Hundezwinger: nein

Fütterung durch Besucher

Streng verboten, im Streichelzoo aber erlaubt

Vorführungen etc.

Nein

Bildung

Keeper Talks: ja, Elefanten - siehe Programm im Zoo
Zooschule/Bildungszentrum: ja
Biodiversity Zentrum: nein
Zooführer: ja, 1,00 EUR
Beschilderung: Deutsch Bewertung: *

Zoofreunde

Ja, Zoofreunde Karlsruhe e. V.
Ca. 185 Mitglieder am 31. 12. 2009

Zoo Karlsruhe

Ehrenamtliche Helfer

Nein

Allgemeine Beschreibung

Der Zoo Karlsruhe ist ein Tierpark mit Stadtgarten; er bildet eine Oase auf einer Fläche von 22 ha im Stadtzentrum. Der Zoo hat in den letzten Jahren in attraktive neue Anlagen für Eisbären, Seelöwen und Pinguine investiert. Für das Jahr 2015, zum 150-jährigen Bestehen des Zoos, sind einige spannende Neuerungen geplant. Dazu gehört der Umbau des Tullabads zu Exotica, einer vielfältigen zoologischen und pädagogischen Erfahrung zusätzlich zu den hier untergebrachten Tierarten.
Der Zoo hat gute Wasserelemente; der bewaldete Lauterberg bietet vielen Tierarten, besonders den Schneeleoparden, eine natürliche Umgebung.

Begehbare Häuser

Elefanten- und Flusspferdhaus, Giraffenhaus, Raubtierhaus, Südamerikahaus, Menschenaffenhaus

Besonderheiten

Eisbären, Schneeleoparden, Flamingos, Seelöwen, Kropfgazellen, Tierpark Oberwald, Pinguine, Kleine Pandas

Benötigte Zeit

Gesamter Zoo: 4 - 5 Stunden
Besonderheiten: 2 Stunden

Zoo Köln

KÖLNER ZOO

Kontakt

Name	Kölner Zoo
Adresse	Riehler Straße 173, 50735 Köln, D
Phone	+49(0) 221 778 50
Fax	+49(0) 221 778 5111
E-Mail	info@koelnerzoo.de
Website	www.koelnerzoo.de

Öffnungszeiten

Ganzjährig geöffnet

Sommer: Mitte März bis Mitte Oktober	9.00 bis 18.00 Uhr
Winter: Mitte Oktober bis Mitte März	9.00 bis 17.00 Uhr
Aquarium - ganzjährig	9.00 bis 18.00 Uhr

Eintrittspreise 2011

Zoo und Aquarium	EUR
Erwachsene	15,00
Kinder 4 - 14	7,50
Kinder unter 4	Frei
Jahreskarte - Erwachsene	75,00
Jahreskarte - Kinder	45,00
Jahreskarte – Familie - Eltern und 2 Kinder	200,00
Ermäßigungen: Schüler, Studenten, Rentner, Schwerbehinderte mit Begleitperson	
Montags (außer feiertags) & täglich nach 16:00 Uhr reduzierter Eintrittspreis Jahreskarteninhaber erhalten Rabatt in NRW Partner-Zoos	

Verkehrsanbindung

Auto	Von Süden: A3/A4 dann Köln Zentrum, ausgeschildert Von Norden: A1/A57 dann Köln Zentrum, ausgeschildert
Parken	Ja, am Zoo, 3,00 EUR pro Tag
Bus	140 bis Zoo/Flora oder Zoo Express vom Domplatz
U-Bahn	Nr. 18 bis Zoo/Flora

Zoo Köln

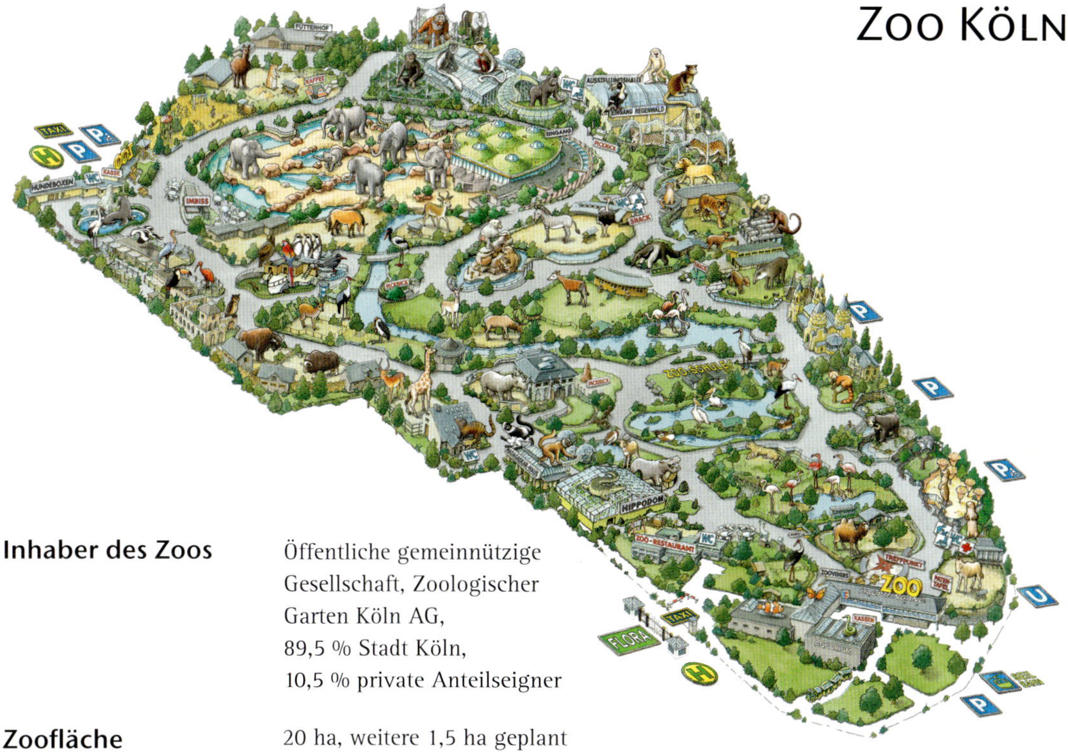

Inhaber des Zoos
Öffentliche gemeinnützige Gesellschaft, Zoologischer Garten Köln AG,
89,5 % Stadt Köln,
10,5 % private Anteilseigner

Zoofläche
20 ha, weitere 1,5 ha geplant

Gründungsjahr
1860

Besucherzahlen
ca. 1 700 000

Tierbestand am 31. 12. 2010

	Anzahl	Arten
Säugetiere	501	66
Vögel	1 290	202
Reptilien	479	80
Amphibien	318	37
Fische	5 550	234

Dienstleistungen
Gastronomie (zooeigen):
Restaurant, Cafeteria, Kioske, Picknickplatz - Zoo Restaurant, Café Kunterbunt, Imbiss am Elefantenpark, Zebrasserie
Läden (zooeigen): Zoo-Shop - Zoovenirs (durch Zoofreunde betrieben)
Streichelzoo: nein, in Planungsphase
Spielplatz: ja

Hunde
An der Leine erlaubt: nein — Hundezwinger: ja

Fütterung durch Besucher
Streng verboten

Vorführungen etc.
Seelöwenshow, Vogelshow, Ausstellung über die Geschichte des Zoos

Zoo Köln

Bildung

Keeper Talks: ja, 7 Termine täglich – siehe Tagesprogramm im Zoo
Tages- und Nachttouren
Zooschule/Bildungszentrum: ja
Biodiversity Zentrum: nein
Zooführer: nein
Beschilderung: Deutsch Bewertung: ***

Zoofreunde

Ja, Die Freunde des Kölner Zoos e. V.
Ca. 5 000 Mitglieder am 31. 12. 2009

Ehrenamtliche Helfer

Ja, ca. 75

Allgemeine Beschreibung

Der Kölner Zoo ist ein sehr schöner Stadtzoo mit altem Baumbestand und attraktiven Gärten in der Nähe des Rheinufers. Der großräumige, mit neuester Technik ausgestattete Elefantenpark stellt mit seinen 2,5 ha Grundfläche einen der eindrucksvollsten in dieser Studie dar. Es gibt mehr als 25 Primatenarten. Das Aquarium umfasst ein Terrarium und ein Insektarium. Der Zoo besitzt eine ausgezeichnete Atmosphäre. Die Besucher haben eine gute Sicht auf fantasievolle Anlagen, die den Tieren natürliche Lebensräume bieten, und es gibt einige ungewöhnliche Arten von Sträuchern und Pflanzen.

Begehbare Häuser

Elefantenhaus, Tropenhaus (Regenwald), Menschenaffenhaus (Urwaldhaus), Hippodom (Flusspferde und Krokodile), Altes Elefantenhaus, Giraffenhaus, Aquarium, Madagaskarhaus, Südamerikahaus

Besonderheiten

Elefanten, Bonobos, Kleine Pandas, Paviane, Flusspferde, Erdmännchen, Rotbauchtamarine, Voliere, Krokodile, Waschbären, Tapire/Wasserschweine, Pelikane, Geparden, Fischotter, Ringelschwanzmungos, Flamingos, Socorro-Tauben, Marabus

Benötigte Zeit

Gesamter Zoo: 6 - 8 Stunden Besonderheiten: 3 - 4 Stunden

Kolmårdens Djurpark

Kontakt

Name	Kolmårdens Djurpark/ Kolmården Zoo
Adresse	61892 Kolmården, S
Telefon	+46 (0) 11 24 9000
Fax	+46(0) 11 24 9040
E-Mail	info@kolmarden.com
Website	www.kolmarden.com

Öffnungszeiten

Zoo und Safari Park von Mai bis September geöffnet
täglich 10.00 bis 17.00 Uhr*
*Für sieben Wochen, Ende Juni bis Mitte August sind Zoo und Safari Park bis 18.00 Uhrgeöffnet
Das Tropicarium ist ganzjährig geöffnet
täglich 10.00 bis 15.00 Uhr

Eintrittspreise 2011

	SEK	
	Zoo und Safari Park	Tropicarium
Erwachsene	295,00	100,00
Kinder 3 - 12	185,00	60,00
Kinder unter 3	Frei	Frei
Jahreskarte - Erwachsene	590,00	290,00
Jahreskarte - Kinder	390,00	170,00
Obige Preise davon abhängig, ob Besucher ihr eigenes Fahrzeug oder Zoo Bus (30,00 SEK/Person) für den Safari Park nutzen Ermäßigungen: Schüler, Studenten, Senioren ab 65, Schwerbehinderte mit Begleitperson		

Verkehrsanbindung

Auto	E4 Ausfahrt Kolmården, ausgeschildert
Parken	Ja, kostenlos
Bahnhof	Kolmården

Inhaber des Zoos

Private Gesellschaft, Scandinavian Parks and Resorts Company Limited
Das Tropicarium gehört einer anderen Gesellschaft

Zoofläche

172 ha (140 ha Zoo, 32 ha Safari Park)

Gründungsjahr

1965

Besucherzahlen

Zoo und Safari Park:	ca. 550 000
Tropicarium:	ca. 130 000

Kolmårdens Djurpark

Tierbestand am 31. 12. 2010

	Zoo und Safari Park		Tropicarium	
	Anzahl	Arten	Anzahl	Arten
Säugetiere	650	62	30	5
Vögel	103	19	45	17
Reptilien	4	1	180	40
Amphibien	0	0	30	13
Fische	0	0	500	115

Dienstleistungen

Übernachtungsmöglichkeiten und Gastronomie (zooeigen):
Hotel, Restaurant, Cafeteria, Kioske, Picknickplatz - Vildmarkshotellet und Restaurant, 7 Cafés im Zoo
Läden (zooeigen): 7 themenorientierte Zoo-Shops
Streichelzoo: ja, großer Kinderbauernhof
Spielplatz: ja, inkl. Themenpark Bamses Värld und Abenteuerspielplatz Wild Camp

Hunde

An der Leine erlaubt: nein Hundezwinger: nein

Fütterung durch Besucher

Streng verboten

Vorführungen etc.

Ja, Greifvogelshow, Delfinshow, Seelöwenshow, Animal Planet Exhibition

Bildung

Keeper Talks: nein
Zooschule/Bildungszentrum: ja, Zooschule inkl. Übernachtungsmöglichkeit
Biodiversity Zentrum: nein
Zooführer: ja
Beschilderung: Schwedisch Bewertung: **

Kolmårdens Djurpark

Zoofreunde	Nein
Ehrenamtliche Helfer	Nein
Allgemeine Beschreibung	Kolmårdens Tierbestand ist der größte ganz Schwedens und unterscheidet sich von allen anderen aus dieser Studie. Kolmårdens zoologisches Angebot ist ungewöhnlich komplex, da es drei getrennte Welten beherbergt: den Kolmården Zoo Park, den Kolmården Safari Park und das Tropicarium. Letzteres ist unter anderer Trägerschaft, befindet sich aber am Haupteingang des Zoos. Der Zoo liegt in einer überwiegend mit Nadelbäumen bedeckten, felsigen, für diese Gegend charakteristischen Landschaft in Küstennähe. Da er teilweise leicht abfallend ist, bietet er für viele Tierarten eine reizvolle natürliche Umgebung. Der an den Zoo Park angrenzende Safaripark ist ebenfall felsig und bewaldet. Neben afrikanischen und asiatischen Savannen-Tierarten gibt es einen Bereich mit skandinavischer Fauna. Es gibt diverse besonders schöne Außenanlagen. Die Delfinanlage ist spektakulär und kann im Sommer auch nachts besucht werden.
Begehbare Häuser	Marine World (inkl. Delfine), Menschenaffenhaus, Kolosseum (Dickhäuter), Tiger World
Besonderheiten - Zoo and Safari Park	Delfine, Schneeleoparden, Erdmännchen, Wölfe, Seelöwen, Amurtiger, Vielfraße, Luchse, Pinguine, Braunbären, Rothunde, Löwen im Safari Park
Besonderheiten - Tropicarium	Alligatoren, Klapperschlangen, Leguane, Krallenaffen, Australische Wasseragamen
Benötigte Zeit	Gesamter Zoo: 6 - 8 Stunden — Besonderheiten: 4 - 5 Stunden

Zoo Kopenhagen

Kontakt

Name	Zoo København / Zoo Kopenhagen
Adresse	Roskildevej 38, 2000 Frederiksberg, DK
Telefon	+45 (0) 72 200 200
Fax	+45(0) 72 200 2193
E-Mail	zoo@zoo.dk
Website	www.zoo.dk

Öffnungszeiten

Ganzjährig geöffnet

November bis März	10.00 bis 16.00 Uhr
April, Mai, September, Oktober	10.00 bis 17.00 Uhr
Juni bis August	10.00 bis 18.00/21.00 Uhr

Eintrittspreise 2011

	DKK	
	Mär bis Okt	Nov bis Feb
Erwachsene	140,00	110,00
Kinder 3 - 11	80,00	50,00
Jahreskarte - Erwachsene	440,00	Frei
Jahreskarte - Kinder	275,00	
Ermäßigungen: Senioren ab 65, Schüler, Studenten, Schwerbehinderte mit Begleitperson		
Jahreskarte berechtigt zum kostenlosen Eintritt in 3 weitere dänische Zoos		

Verkehrsanbindung

Auto	Kopenhagen Zentrum Richtung Vesterbrogade/Roskildevej
Bus	6A, 28
Bahnhof	Kopenhagen Hbf.

Inhaber des Zoos

Gemeinnützige Stiftung Zoologisk Have København mit Unterstützung durch die Regierung, Schirmherr ist der Prinzgemahl

Zoofläche 11 ha

Gründungsjahr 1859

Besucherzahlen Ca. 1 300 000

Zoo Kopenhagen

Tierbestand am 16. 7. 2010

	Anzahl	Arten
Säugetiere	597	65
Vögel	471	82
Reptilien	242	44
Amphibien	383	22
Fische	442	15

Dienstleistungen

Gastronomie (zooeigen):
Restaurant, Café, Kioske, Picknickplätze - Restaurant Provianten, Café Karen Blixen
Läden (zooeigen): Zoo-Shop
Streichelzoo: ja, außerdem Ponyreiten und Bauernhof
Spielplatz: ja

Hunde

An der Leine erlaubt: nein Hundezwinger: nein

Fütterung durch Besucher

Streng verboten

Vorführungen etc.

Ja, Greifvogelshow. Täglich Veranstaltungen von 11.00 bis 15.30 Uhr (Fütterungen, Vorführungen und Tierbegegnungen) - siehe Tagesprogramm

Bildung

Keeper Talks: ja
Zooschule/Bildungszentrum: ja, ausgezeichnete Zooschule
Biodiversity Zentrum: nein
Zooführer: ja, 45,00 DKK
Beschilderung: Dänisch und etwas englisch Bewertung: *

Zoofreunde

Nein, aber Club für Jahreskarteninhaber und Sponsoren

Zoo Kopenhagen

Ehrenamtliche Helfer

Nein

Allgemeine Beschreibung

Der Zoo Kopenhagen bildet ein schönes Beispiel für einen traditionellen Stadtzoo und macht einen hervorragenden Gebrauch von einem relativ kleinen Gelände, das durch eine Hauptstraße unterteilt ist und an einen großen Naturpark grenzt. Das überwiegend flache Gelände besitzt einen alten Baumbestand und eine schöne Vegetation. Der Zoo ist außergewöhnlich sauber, hat eine attraktive Atmosphäre und zeugt von Umweltbewusstsein. Große Investitionen in den vergangenen zehn Jahren haben einige hervorragende Gebäude entstehen lassen und die denkmalgeschützten Gebäude sind renoviert und gut instandgehalten.
Die neue Flamingo-Anlage wird 2011 eröffnet, im Jahr 2012 folgt „Arctic Ring".
Eine Erweiterung des Geländes ist in Zukunft denkbar.

Begehbare Häuser

Elefantenhaus, Giraffenhaus, Bauernhof, Flusspferdhaus, Schmetterlingshaus, Primatenwelt, Ibishaus, Reptilienhaus, Haus für nachtaktive Tiere, Tropisches Vögel- und Reptilienhaus, Menschenaffendschungel

Besonderheiten

Asiatische Elefanten, Seehunde, Giraffen, Flusspferde, Aras, Loris, Tropenhaus, Krallenaffen, Beutelteufel, Afrikanische Savanne, Ibisse

Benötigte Zeit

Gesamter Zoo: 6 - 8 Stunden   Besonderheiten: 3 - 4 Stunden

Zoo Krefeld

Kontakt

Name	Zoo Krefeld
Adresse	Uerdingerstraße 377, 47800 Krefeld, D
Telefon	+49(0) 2151 955 20
Fax	+49(0) 2151 955 233
E-Mail	info@zookrefeld.de
Website	www.zookrefeld.de

Öffnungszeiten

Ganzjährig geöffnet

Sommer: Mai bis September	8.00 bis 20.00 Uhr
Winter: Oktober bis April	9.00 bis 17.00 Uhr

Eintrittspreise 2011

	EUR
Erwachsene	8,50
Kinder 3 - 16	4,00
Kinder unter 3	Frei
Familie – 1 Elternteil und bis zu 4 Kinder	15,00
Familie – Eltern und bis zu 4 Kinder	22,00
Hunde	2,00
Jahreskarte - Erwachsene	30,00
Jahreskarte - Kinder	15,00
Jahreskarte – Familie - 1 Elternteil und bis zu 4 Kinder	60,00
Jahreskarte - Familie - Eltern und bis zu 4 Kinder	75,00
Ermäßigungen: Schüler, Studenten, Rentner, Schwerbehinderte mit Begleitperson Jahreskarteninhaber erhalten Rabatt in NRW Partner-Zoos	

Verkehrsanbindung

Auto	A57 Ausfahrt 13, dann ausgeschildert
Parken	Ja, am Zoo, kostenlos
Straßenbahn	042 und 043 vom Hbf. bis Grotenburg/Zoo
Bahnhof	Krefeld Hbf.

Inhaber des Zoos

Gemeinnützige Gesellschaft, Zoo Krefeld gGmbH
74,9 % Stadt Krefeld, 25,1 % ZooFreunde Krefeld

Zoofläche 14 ha

Gründungsjahr 1938

Besucherzahlen Ca. 380 000

Tierbestand am 31. 12. 2008

	Anzahl	Arten
Säugetiere	336	64
Vögel	425	96
Reptilien	85	14
Amphibien	35	4
Fische	400	20

Dienstleistungen

Gastronomie (verpachtet):
Restaurant, Café, Kioske - Restaurant Grotenburg Schlösschen

Läden (zooeigen): Zoo-Shop
Streichelzoo: ja
Spielplatz: ja

Hunde

An der Leine erlaubt: ja, aber nicht in Tropenhäusern Hundezwinger: nein

Fütterung durch Besucher

Streng verboten

Vorführungen etc.

Seelöwen

Bildung

Keeper Talks: ja, nur im Sommer, 5 Termine täglich – siehe Tagesprogramm
Zooschule/Bildungszentrum: ja, Forscherhaus
Biodiversity Zentrum: nein
Zooführer: ja, 3,50 EUR
Beschilderung: Deutsch Bewertung: *

Zoofreunde

Ja, ZooFreunde Krefeld e. V.
Ca. 3 000 Mitglieder am 31. 12. 2009

Ehrenamtliche Helfer

Ja, ca. 30

Zoo Krefeld

Allgemeine Beschreibung

Dieser erfreuliche zoologische Garten grenzt an das ziemlich dominierende Krefelder Fußballstadion. Er hat einen alten Baumbestand und mehrere schöne Wasserelemente.
Die drei Tropenhäuser, die vor mehr als zehn Jahren gebaut wurden, etablierten den Zoo zu jener Zeit als einen der führenden Deutschlands. Er hat einen guten Tierbestand und genießt, was die Zucht gefährdeter Arten angeht, einen guten Ruf. Der Zoo Krefeld ist auf ungewöhnliche südamerikanische Tierarten spezialisiert, wie den interessanten Kleinen Ameisenbären. Ein aktuelles Bauprojekt sind die dringend benötigten Außenanlagen für die Menschenaffen.

Begehbare Häuser

Dickhäuterhaus, Vogeltropenhaus, Affentropenhaus, Regenwaldhaus

Besonderheiten

Regenwaldhaus, Tiger, Baumkängurus, Löffelhunde, Vogeltropenhaus, Kleine Pandas, Guerezas, SchmetterlingsDschungel, Fischotter, Flamingos

Benötigte Zeit

Gesamter Zoo: 4 - 5 Stunden Besonderheiten: 1 - 2 Stunden

Opel - Zoo Kronberg

Kontakt

Name	Opel - Zoo Kronberg
Adresse	Königsteinerstraße 35, 61476 Kronberg, D
Telefon	+49(0) 6173 3259 030
Fax	+49(0) 6173 78 994
E-Mail	info@opel-zoo.de
Website	www.opelzoo.de

Öffnungszeiten

Ganzjährig geöffnet

Sommer	8.00 bis 18.00 Uhr
Winter	09.00 bis 17.00 Uhr

Während der Sommerferien in Hessen ist der Zoo bis 19:00 geöffnet
Die Besucher dürfen bis zum Einbruch der Dunkelheit im Zoo bleiben

Eintrittspreise 2011

	EUR
Erwachsene	10,50
Kinder 3 - 14	6,50
Kinder unter 3	Frei
Hunde	0,50
Jahreskarte - Erwachsene	40,00
Jahreskarte - Kinder	15,00
Ermäßigungen: Schwerbehinderte mit Begleitperson Kombinierte Jahreskarten mit dem Zoo Frankfurt erhältlich	

Verkehrsanbindung

Auto	B455 zwischen Kronberg und Königstein
Parken	Ja, am Zoo, kostenlos
Bus	917 von Kronberg Bahnhof Richtung Falkenstein
Bahnhof	Kronberg Hbf.

Inhaber des Zoos Gemeinnützige private Stiftung, 100 % Von Opel Hessische Zoostiftung

Zoofläche 27 ha

Gründungsjahr 1956

Besucherzahlen Ca. 650 000

Tierbestand am 31. 12. 2009

	Anzahl	Arten
Säugetiere	384	56
Vögel	231	58
Reptilien	179	27
Amphibien	149	11
Fische	229	29

Dienstleistungen

Gastronomie (verpachtet):
Restaurant, Café, Kioske - Restaurant Lodge am Haupteingang, Restaurant Sambesi
Läden (zooeigen): Zoo-Shop
Streichelzoo: ja, außerdem Pony- und Kamelreiten
Spielplatz: ja

Hunde

An der Leine erlaubt: ja   Hundezwinger: nein

Fütterung durch Besucher

Besucher dürfen Tiere, falls kein Futterverbot am Gehege angebracht ist, füttern. Das Füttern der Tiere ist ausschließlich mit den vom Zoo angebotenen Karotten und Trockenfutter erlaubt.

Vorführungen etc.

Ja, Ausstellung im Hessischen Bauernhof

Bildung

Keeper Talks: nein
Zooschule/Bildungszentrum: ja
Biodiversity Zentrum: nein
Zooführer: ja, 3,50 EUR
Beschilderung: Deutsch   Bewertung: **

Opel - Zoo Kronberg

Zoofreunde
Ja, Freunde und Förderer des Opel-Zoo e. V.
Ca. 70 Mitglieder am 31. 12. 2009

Ehrenamtliche Helfer
Nein

Allgemeine Beschreibung
Der Opel-Zoo in Kronberg nordwestlich von Frankfurt bietet mit seiner Hanglage schöne Aussichten auf die Taunusregion. Steine und Felsen wurden als attraktive Anlagenbegrenzungen eingesetzt und geben dem Besucher einen hervorragenden Eindruck von den generell großzügigen Anlagen.
Das Gelände ist eine Naturlandschaft, in der aber natürliche Wasserelemente fehlen. Großen Wert hat man auf die Fußwege sowie auf eine kreative Bepflanzung gelegt.

Begehbare Häuser
Giraffenhaus, Reptilienhaus, Elefantenhaus, Aquarium (in Zooschule)

Besonderheiten
Giraffen, Nyalas, begehbare Voliere, Zebras, Bergriedböcke, Afrikasavanne, Mesopotamische Damhirsche

Benötigte Zeit
Gesamter Zoo: 3 - 4 Stunden   Besonderheiten: 1 - 2 Stunden

Zoo de la Flèche

Kontakt

Name	Zoo de la Flèche
Adresse	72200 La Flèche, F
Telefon	+33(0) 2 43 48 19 19
Fax	+33(0) 2 43 48 19 18
E-Mail	info@zoo-la-fleche.com
Website	www.zoo-la-fleche.com

Öffnungszeiten

Ganzjährig geöffnet, außer 25. 12. und 1. 1.

April, Mai, Juni und September	9.30 bis 18.00 Uhr
Juli und August	9.30 bis 19.00 Uhr
Oktober bis März	10.00 bis 17.30 Uhr

Eintrittspreise 2011

	EUR
Erwachsene	18,50
Kinder 3 - 11	15,00
Kinder unter 3	Frei
Jahreskarte - Erwachsene	54,00
Jahreskarte - Kinder 3 - 11	43,50
Ermäßigungen: Schüler, Studenten und Schwerbehinderte	

Verkehrsanbindung

Auto	A 11 Ausfahrt Durtal oder Sablé
Parken	Ja, am Zoo, kostenlos
Bahnhof	Le Mans

Inhaber des Zoos Privat, 100 % Da Cunha Company

Zoofläche 14 ha

Gründungsjahr 1946

Besucherzahlen Ca. 220 000

Zoo de la Flèche

Tierbestand am 31. 12. 2009

	Anzahl	Arten
Säugetiere	167	51
Vögel	156	43
Reptilien	45	19
Amphibien	0	0
Fische	0	0

Dienstleistungen

Gastronomie (zooeigen):
Imbiss, Café, Snack Bar, Kioske, Picknickplatz - La Bananaraie (Imbiss), Clementine's Café, Casa Piazza
Läden (zooeigen): Zoo-Shop
Streichelzoo: ja, La Minie-Ferme   Spielplatz: ja

Hunde

An der Leine erlaubt: nein   Hundezwinger: nein

Fütterung durch Besucher

Streng verboten

Vorführungen etc.

Ja, von April bis September, Greifvögel, Marine World, Parrot Jungle

Bildung

Keeper Talks: Ja, mehrere Termine – siehe Tagesprogramm im Zoo
Zooschule/Bildungszentrum: nein
Biodiversity Zentrum: nein
Zooführer: ja, 5,00 EUR
Beschilderung: Französisch   Bewertung: ***

Zoofreunde

Nein

Ehrenamtliche Helfer

Nein

Zoo de la Flèche

Allgemeine Beschreibung	Dieses Gelände besitzt eine schöne Vegetation und mehrere Wasserfälle und weitere Wasserelemente, die besonders gut in einer Eisbärenanlage eingesetzt sind. Bambus ist reichlich vorhanden und die Außenanlagen von guter Qualität, besonders die der Klammeraffen, die den alten Baumbestand genießen. Tierhäuser, zu denen Besucher Zugang haben, gibt es kaum.
Begehbare Häuser	Vivarium
Besonderheiten	Eisbären, Klammeraffen, Grizzlybären, Sakis/Krallenaffen, Braunbären, Nasenbären, Weiße Löwen, Kleine Pandas
Benötigte Zeit	Gesamter Zoo: 4 - 5 Stunden Besonderheiten: 1 - 2 Stunden

Zoo de la Palmyre

Kontakt

Name	Zoo de la Palmyre
Adresse	6 Avenue de Royan, 17570 Les Mathes, F
Telefon	+33(0) 5 46 22 46 06
Fax	+33(0) 5 46 23 62 97
E-Mail	admin@zoo-palmyre.fr
Website	www.zoo-palmyre.fr

Öffnungszeiten

Ganzjährig geöffnet

April bis September	9.00 bis 19.00 Uhr
Oktober bis März	9.00 bis 18.00 Uhr

Eintrittspreise 2011

	EUR
Erwachsene	15,00
Kinder 3 - 12	11,00
Jahreskarte - Erwachsene	45,00
Jahreskarte - Kinder	33,00

Verkehrsanbindung

Auto	A10 Ausfahrt 35 Saintes von Norden, Ausfahrt 37 Mirambeau von Süden
Parken	Ja, am Zoo, kostenlos
Bus	Juli bis September vom Bahnhof Royan
Bahnhof	Royan

Besucherzahlen Ca. 750 000

Inhaber des Zoos Privat,
100 % Familienunternehmen -
mehrheitlich Patrick Caillé

Zoofläche 18 ha

Gründungsjahr 1966

Zoo de la Palmyre

Tierbestand am 31. 12. 2009

	Anzahl	Arten
Säugetiere	800	67
Vögel	686	33
Reptilien	110	16
Amphibien	0	0
Fische	0	0

Dienstleistungen

Gastronomie (zooeigen): Kioske und Picknickplatz
Läden (zooeigen): Zoo-Shop
Streichelzoo: nein Spielplatz: nein

Hunde

An der Leine erlaubt: nein Hundezwinger: nein

Fütterung durch Besucher

Für Affen und Menschenaffen streng verboten, aber generell dürfen Besucher, wenn es sicher ist, große Pflanzenfresser mit entsprechendem Futter aus Automaten füttern

Vorführungen etc.

Ja, April bis Oktober, Seelöwenshow und Papageienshow

Bildung

Keeper Talks: nein
Zooschule/Bildungszentrum: nein, aber Workshops
Biodiversity Zentrum: nein
Zooführer: ja, 5,00 EUR
Beschilderung: Französisch Bewertung: **

Zoo de la Palmyre

Zoofreunde

Nein

Ehrenamtliche Helfer

Nein

Allgemeine Beschreibung

La Palmyre, in äußerst attraktiver Lage an der Atlantikküste, besitzt ein Gelände mit sandigem Untergrund, zahlreichen Strandkiefern sowie einigen alten Bäumen. Der Eingangsbereich des Zoos wirkt mit seiner Flamingo-Anlage, Trauerweiden und einem Wasserfall atemberaubend farbenfroh. Es ist eine schöne Atmosphäre für die Besucher, von denen 90 % Touristen sind. Der Rundweg durch den Zoo ist als Einwegsystem konzipiert; er ist gut ausgeschildert, gut angelegt und sehr sauber. Die großen Pflanzenfresser dürfen mit Futter aus den Futterautomaten des Zoos gefüttert werden, was ungewöhnlich ist und dazu führt, dass die Tiere neugierig auf den Besucher reagieren und nah herankommen.
Die vor Kurzem erbaute Menschenaffen-Anlage bleibt besonders in Erinnerung.

Begehbare Häuser

Menschenaffenhaus, Reptilienhaus, Krallenaffenhaus, Fledermaushaus, Affenhaus, Lemuren- und Kapuzinerhaus

Besonderheiten

Gorillas, Kleine Pandas, Afrikasavanne, Orang-Utans, Flamingos, Fledermaushaus, Schimpansen, Pelikane, Scharlachsichler, Aras, Gänsegeier

Benötigte Zeit

Gesamter Zoo: 5 - 6 Stunden — Besonderheiten: 2 - 3 Stunden

Zoo Leipzig

Kontakt

Name Zoo Leipzig
Adresse Pfaffendorfer Straße 29,
04105 Leipzig, D
Telefon +49(0) 341 59 33 500
Fax +49(0) 341 59 33 303
E-Mail office@zoo-leipzig.de
Website www.zoo-leipzig.de

Öffnungszeiten

Ganzjährig geöffnet

Mai bis September	9.00 bis 19.00 Uhr
Oktober und April	9.00 bis 18.00 Uhr
November bis März	9.00 bis 17.00 Uhr

Eintrittspreise 2011

	EUR	
	bis 30. 6. 2011	ab 1. 7. 2011
Erwachsene	13,00	17,00
Kinder 4-14	9,00	10,00
Familie - Eltern und ihre Kinder	34,00	43,00
Jahreskarte - Erwachsene	60,00	65,00
Jahreskarte - Kinder	40,00	40,00
Jahreskarte – Familie - Eltern und ihre Kinder	155,00	165,00
Kostenlos: Schwerstbehinderte mit Begleitperson Ermäßigungen: Schüler, Studenten, Rentner, Schwerbehinderte, Angehörige der Streitkräfte, Inhaber der Leipzig-Card oder des Leipzig-Passes		

Verkehrsanbindung

Auto	A9 Ausfahrt Leipzig West, Richtung Zentrum, dann ausgeschildert A14 Ausfahrt Leipzig Mitte, dann ausgeschildert
Parken	Ja, am Zoo, 4,50 EUR pro Tag
Straßenbahn	Linie 12 nach Gohlis-Nord bis Zoo
Bahnhof	Leipzig Hbf.

Inhaber des Zoos

Kommunal,
Zoo Leipzig gGmbH,
100 % Stadt Leipzig

Zoofläche

27 ha

Gründungsjahr

1878

Besucherzahlen

Ca. 1 750 000

Tierbestand am 31. 12. 2009

	Anzahl	Arten
Säugetiere	446	88
Vögel	738	146
Reptilien	215	62
Amphibien	35	11
Fische	2551	386

Dienstleistungen

Gastronomie (verpachtet):
Restaurant, Café, Kioske - Kiwara Lodge Restaurant, Teichcafé Kandler, Restaurant Marché im Gründergarten, Urwalddorf, Hacienda Las Casas Restaurant, Marché Patakan Restaurant Gondwanaland (ab Juli 2011)
Läden (zooeigen): 3 Zoo-Shops
Streichelzoo: ja — Spielplatz: ja

Hunde

An der Leine erlaubt: nein — Hundezwinger: nein

Fütterung durch Besucher

Streng verboten

Vorführungen etc.

Ja

Bildung

Keeper Talks: ja, tägliche Termine – siehe Tagesprogramm im Zoo
Zooschule/Bildungszentrum: ja
Biodiversity Zentrum: ja, Entdeckerhaus Arche
Zooführer: ja, deutsch und englisch, 3,50 EUR
Beschilderung: Deutsch — Bewertung: **

Zoofreunde

Ja, Freundes- u. Förderkreis des Zoologischen Gartens Leipzig e. V.
Ca. 500 Mitglieder am 31. 12. 2009

Ehrenamtliche Helfer

Nein

Zoo Leipzig

Allgemeine Beschreibung

Ein historischer Zoo im Innenstadtbereich, der mehrfach erweitert wurde. Ein schönes Gelände mit einem Fluss und altem Baumbestand sowie artenreicher Vegetation. Der Zoo befindet sich in einem weit fortgeschrittenen Stadium der Umgestaltung zum „Zoo der Zukunft“, mit einer Mischung gut renovierter historischer und beeindruckender neuer Anlagen. Durch die enge Kooperation mit dem Max-Planck-Institut in Pongoland ist der Zoo Leipzig von besonderer wissenschaftlicher Bedeutung.
Europas größte Tropenhalle Gondwanaland wird am 1. 7. 2011 eröffnet.

Begehbare Häuser

Menschenaffenhaus (Pongoland), Aquarium, Terrarium, Elefantenhaus, Vogelhaus, Giraffenhaus, Affenhaus

Besonderheiten

Pongoland (Schimpansen, Gorillas, Orang-Utans und Bonobos), Afrikasavanne (mit Giraffenhaus), Löwen, Erdmännchen, Tüpfelhyänen, Elefanten, Lippenbären, Tiger, Seebären, Voliere für asiatische Vögel, Pelikane, Mandschurenkraniche, Gondwanaland (ab 1. 7. 2011)

Benötigte Zeit

Gesamter Zoo: 6 - 8 Stunden   Besonderheiten: 3 - 4 Stunden

Zoo Lissabon

Kontakt

Name	Jardim Zoologico de Lisboa/ Zoo Lissabon
Adresse	Praça Marechal Humberto Delgado, Sete-Rios Lisbon, P
Telefon	+351 (0) 217 232 900
Fax	+351 (0) 217 232 901
E-Mail	info@zoolisboa.pt
Website	www.zoo.pt

Öffnungszeiten

Ganzjährig geöffnet

Sommer: Ende März bis Ende September	10.00 bis 20.00 Uhr
Winter: Ende September bis Ende März	10.00 bis 18.00 Uhr

Eintrittspreise 2011

	EUR
Erwachsene	17,00
Kinder 3 - 11	12,50
Kinder unter 3	Frei
Jahreskarte - Erwachsene	83,00
Jahreskarte - Kinder	60,00
Jahreskarte - Familie	60,00 pro Familienmitglied
Ermäßigungen: Senioren ab 65	

Verkehrsanbindung

Auto	2ª Ringstraße nach Estrada da Luz, ausgeschildert
Parken	Ja, am Zoo, teilweise kostenlos
Bus	16, 31, 54, 70, 701, 725, 746, 755, 768 und 96 Aeroshuttle
Metro	Linha Azul (Blaue Linie) nach Jardim Zoologico
Bahnhof	Linha de Sul (Südliche Line) Sete-Rios nach Jardim Zoologico

Besucherzahlen

Ca. 730 000

Inhaber des Zoos

Private gemeinnützige Organisation, kommunal unterstützt

Zoofläche

24 ha

Gründungsjahr

1884

Tierbestand am 31. 12. 2009

	Anzahl	Arten
Säugetiere	611	120
Vögel	644	129
Reptilien	359	51
Amphibien	15	5
Fische	7	1

Dienstleistungen

Gastronomie (zooeigen):
Restaurant, Café, Kioske, Picknickplatz - Animax Gastronomie direkt am Zoo, sehr schön am Wasser mit hervorragendem Blick über den Zooeingang
Läden (zooeigen): Zoo-Shop, Zoo Eisenbahn, Seilbahn
Streichelzoo: ja, Kinderbauernhof — Spielplatz: ja

Hunde

An der Leine erlaubt: nein — Hundezwinger: nein

Fütterung durch Besucher

Streng verboten

Vorführungen etc.

Ja, Vogelflugshow, Delfine und Seelöwen,
Präsentationen von: Schlangen und Echsen, Tigern sowie Menschenaffen

Bildung

Keeper Talks: ja
Zooschule/Bildungszentrum: ja
Biodiversity Zentrum: nein
Zooführer: ja, 25,90 EUR
Beschilderung: Portugiesisch und englisch — Bewertung: ***

Zoofreunde

Ja, Amigos do Zoo
Ca. 1 800 Mitglieder und ca. 180 Firmenmitgliedschafte am 31. 12. 2009

Ehrenamtliche Helfer

Ja, ca. 100

Allgemeine Beschreibung

Lissabon ist ein schöner, historischer, attraktiver zoologischer Garten im Stadtzentrum mit abwechslungsreicher, farbenfroher Vegetation sowohl aus gemäßigten als auch aus subtropischen Breiten. Der Zoo besitzt einen schönen Tierbestand, eine ausgezeichnete Beschilderung und eine reizvoll pulsierende Atmosphäre. Einige Anlagen, die unter dem Standard liegen, sind systematisch erfasst.
Es gibt ein paar Innenanlagen, die für Besucher geöffnet sind; hier findet man gute Informationen zu den Tieren und zum Artenschutz, ein fantasievolles Flair und eine begeisterte Art und Weise, Tiere zu präsentieren. Es gibt einige Inseln, schöne Wasserelemente und eine gute Sicht auf die Tiere in den meisten Gehegen.

Zoo Lissabon

Begehbare Häuser Temple of the Apes, Delfinarium, Reptilienhaus

Besonderheiten Schimpansen, Kleine Pandas, Okapis, Delfine, Erdmännchen, Guerezas, Tiger, Stachelschweine, Freiflug-Show

Benötigte Zeit Gesamter Zoo: 6 - 8 Stunden Besonderheiten: 3 - 4 Stunden

Zoo Ljubljana

Kontakt

Name	Zoo Ljubljana
Adresse	Vecna Pot 70, 1000 Ljubljana, SLO
Telefon	+386 (0) 1 2442 188
Fax	+386 (0) 1 2442 185
E-Mail	info@zoo.si
Website	www.zoo.si

Öffnungszeiten

Ganzjährig geöffnet

April bis September	9.00 bis 19.00 Uhr
Oktober und März	9.00 bis 18.00 Uhr
November bis Februar	9.00 bis 17.00 Uhr

Eintrittspreise 2011

	EUR
Erwachsene	7,00
Kinder unter 2	Frei
Vorschulkinder 2 - 6	4,00
Schüler	5,00
Hunde	1,50
Jahreskarte – Erwachsene	35,00
Jahreskarte – Vorschulkinder	20,00
Jahreskarte – Schüler	25,00
Jahreskarte – Studenten und Senioren	30,00
Jahreskarte - Hunde	7,50
Ermäßigungen: Schüler, Studenten, Senioren, Schwerbehinderte mit Begleitperson	

Verkehrsanbindung

Auto	Ljubljana Umgehungsstraße Ausfahrt 16 Brno, dann ausgeschildert; Zoo im Westen der Stadt
Parken	Ja, kostenlos
Bus	23 vom Stadtzentrum, 5 Mal täglich
Bahnhof	Ljubljana Hbf.

Inhaber des Zoos Kommunal, 100 % Ljubljana Stadtrat

Zoofläche 20 ha

Gründungsjahr 1949

Besucherzahlen Ca. 275 000

Zoo Ljubljana

Tierbestand am 31. 12. 2009

	Anzahl	Arten
Säugetiere	157	34
Vögel	109	31
Reptilien	34	17
Amphibien	2	2
Fische	0	0

Dienstleistungen

Gastronomie (verpachtet): Cafeteria
Läden (zooeigen): Zoo-Shop
Streichelzoo: ja, mit Bauernhof — Spielplatz: ja

Hunde

An der Leine erlaubt: ja — Hundezwinger: nein

Fütterung durch Besucher

Normalerweise streng verboten. Jedoch kann ein Coupon zur beaufsichtigten Fütterung erworben werden.

Vorführungen etc.

Nein

Bildung

Keeper Talks: ja, Zooabenteuer jedes Wochenende bzw. täglich im Juli und August. Tierbegegnungen und Informationsmöglichkeiten z. B. für Umgang mit Taranteln oder Schlangen
Zooschule/Bildungszentrum: ja
Biodiversity Zentrum: nein
Zooführer: nein
Beschilderung: Slowenisch — Bewertung: *

Zoofreunde

Nein

Ehrenamtliche Helfer

Ja, ca. 18

Zoo Ljubljana

Allgemeine Beschreibung

Der hervorragende Standort, 2 km vom Stadtzentrum entfernt in einem Naturschutzgebiet in der Nähe des großen städtischen Tivoli-Freizeitparks, ist für den Zoo Ljubljana ein Pluspunkt mit Potenzial. Das Gelände, teilweise in Hanglage, bietet eine abwechslungsreiche Landschaft mit Naturwald. Es gibt eine schöne einheimische Vegetation, aber keine Blumenbeete im Zoo. Ein Nachteil des Zoos ist sein Wassermangel.
Die wenigen Tierhäuser müssen ersetzt oder renoviert werden: Dies ist im 5-Jahres-Masterplan des Zoos klar berücksichtigt und soll in Etappen umgesetzt werden.

Begehbare Häuser

Elefantenhaus, Schimpansenhaus, Giraffenhaus, Vivarium

Besonderheiten

Varis, Kleine Pandas, Kängurus, Steinböcke, Gemsen, Lechwe/Strauße, Wildziegen

Benötigte Zeit

Gesamter Zoo: 4 Stunden   Besonderheiten: 1 Stunde

ZSL London

Kontakt

Name	ZSL London Zoo
Adresse	Regent's Park, London NW1 4RY, UK
Telefon	+44(0) 207 722 3333
Fax	+44(0) 207 586 5743
E-Mail	info@zsl.org
Website	www.zsl.org

Öffnungszeiten

Ganzjährig geöffnet, außer 1. Weihnachtstag

April bis Oktober	10.00 bis 17.30 Uhr
November bis März	10.00 bis 16.00 Uhr

Eintrittspreise 2011

Preis für Tagestickets inkl. 10 % freiwilliger Spende für den Artenschutz	
Standard-, Hauptsaison- und Winter-Preise – hier Durchschnitt angegeben	
	GBP
Erwachsene	19,00
Kinder 3 - 15	15,50
Kinder unter 3	Free
Jahreskarte ZSL Mitglieder - Erwachsene	69,00
Jahreskarte ZSL Mitglieder - Kinder	45,00
Ermäßigungen: Senioren ab 60, Schüler, Studenten, Schwerbehinderte mit Begleitperson und Online-Tickets Tagestickets für Familien nur online im Voraus verfügbar	

Verkehrsanbindung

Navi	Sat Nav NW1 4RY
Auto	Regent's Park Outer Circle
Parken	Ja, am Zoo, 12,50 GBP, Gloucester Slips Parkplatz auf dem Regent's Park Outer Circle
Bus	274, C2
Fahrrad	Fahrradständer gegenüber des Haupteingangs, TfL Barclays Fahrradverleih Station gegenüber des Haupteingangs und beim Gloucester Slips Parkplatz.
U-Bahn-Stationen	Regent's Park, Baker Street, Camden Town, oder Chalk Farm
Mainline-Stationen	Euston, Kentish Town
Wasserbus auf dem Regent's Canal	London Waterbus Company von Camden Lock oder Little Venice zum Zoo

Inhaber des Zoos

Gemeinnütziger Verein, 100 % Zoological Society of London (ZSL)

Zoofläche

15 ha

ZSL London

Gründungsjahr 1828

Besucherzahlen Ca. 1 050 000

Tierbestand am 31. 12. 2009

	Anzahl	Arten
Säugetiere	315	73
Vögel	603	118
Reptilien	259	70
Amphibien	285	28
Fische	4 711	220

Dienstleistungen

Gastronomie (zooeigen):
Restaurant, Café, Kioske, Picknickplatz - Oasis Restaurant und Oasis Coffee Bar
Läden (zooeigen): Zoo-Shop - Erweiterung 2011
Streichelzoo: ja, Neueröffnung 2009, eine neue Hauptattraktion
Spielplatz: ja

Hunde An der Leine erlaubt: nein Hundezwinger: nein

Fütterung durch Besucher Streng verboten

Vorführungen etc. Ja, Animals in Action. Fütterungen, Vorführungen und Begegnungen - siehe Tagesprogramm.

Bildung

Keeper Talks: ja
Zooschule/Bildungszentrum: ja
Biodiversity Zentrum: ja, B.U.G.S.
Zooführer: ja, 4,00 GBP
Beschilderung: Englisch Bewertung: **

ZSL London

Zoofreunde

Nein, aber ZSL-Mitglieder
Ca. 45 000 Mitglieder am 31. 12. 2009

Ehrenamtliche Helfer

Ja, ca. 300

Allgemeine Beschreibung

Dieser berühmte historische Stadtzoo liegt auf einem flachen Gelände in der klassischen Oase Regent's Park; der Regent's Canal teilt die Anlage ebenso wie die Outer Circle Road. Der Zoo London hat einige architektonisch interessante, denkmalgeschützte Gebäude: Der Blackburn Bird Pavilion wurde soeben restauriert. Es gibt alte Bäume und Vogelanlagen, in denen die Wasservorkommen gut genutzt werden. In den vergangenen Jahren wurden einige fantasievolle Neuentwicklungen und Bepflanzungen vorgenommen, wie z. B. der Rainforest Lookout. Das zoopädagogische Niveau sowie das der Artenschutz-Informationen sind durchweg hoch und das Artenschutz-Zentrum B.U.G.S. ist so vorbildlich wie faszinierend. Im Jahr 2011 wird die neue Pinguin-Beach-Anlage für Humboldt- und Goldschopfpinguine eröffnet.

Begehbare Häuser

B.U.G.S., Reptilienhaus, Komodowaranhaus, Blackburn Bird Pavilion, Okapihaus, Tapirhaus, Gorillahaus, Clore Rainforest Lookout, Giraffenhaus, Casson Building, Aquarium

Besonderheiten

B.U.G.S., Komodowarane, Löwen, Gorillas, Galapagos-Riesenschildkröten, Otter, Pelikane, Streichelzoo, Greifvögel, begehbare Birds of Africa Voliere, Blackburn Bird Pavilion, Clore Rainforest Lookout, begehbare Anlage für Totenkopfaffen

Benötigte Zeit

Gesamter Zoo: 5 - 7 Stunden Besonderheiten: 3 Stunden

Zoo Madrid

Kontakt

Name	Zoo - Aquarium de Madrid
Adresse	Casa de Campo, s/n - 28011, Madrid, E
Telefon	+34(0)91 512 3770
Fax	+34(0)91 711 8163
E-Mail	comzoo@zoomadrid.com
Website	www.zoomadrid.com

Öffnungszeiten

Ganzjährig geöffnet
Öffnungszeiten variieren: Homepage für genaues Datum des Besuchs aufrufen.
Übliche Öffnungszeiten:

Sommer	10.30 bis 19.00 Uhr, feiertags und an Wochenenden länger
Winter	11.00 bis 18.00 Uhr, feiertags und an Wochenenden länger

Eintrittspreise 2011

	EUR
Erwachsene	18,80
Kinder 3 - 7	15,25
Kinder unter 3	Frei
Familie - Jeder Erwachsene zahlt	11,10
Familie - Jedes Kind zahlt	7,60
Ermäßigungen: Senioren ab 65, Online-Tickets und Karteninhaber von Parques Reunidos Attractions	

Verkehrsanbindung

Auto	Route National V Ausfahrt 5A
Parken	Ja, am Zoo, kostenlos
Bus	Linie 33
Metro	Linien 5 und 10 bis Casa de Campo

Inhaber des Zoos

Private Gesellschaft, 100 % Parques Reunidos
Kommunal lizenziert. Grundstück in städtischem Besitz

Zoofläche

22 ha

Gründungsjahr

1774

Besucherzahlen

Ca. 1 050 000

Tierbestand am 31. 12. 2009

	Anzahl	Arten
Säugetiere	525	99
Vögel	1195	117
Reptilien	350	93
Amphibien	0	0
Fische	5 860	680

Dienstleistungen

Gastronomie (zooeigen):
Restaurant, Café, Kioske - La Terraza (Plaza Central), Restaurant Bagaray
Läden (zooeigen): Zoo-Shop
Streichelzoo: ja Spielplatz: ja

Hunde

An der Leine erlaubt: nein Hundezwinger: nein

Fütterung durch Besucher

Streng verboten

Vorführungen etc.

Ja, Delfine, Greifvögel, Seelöwen, Papageien

Bildung

Keeper Talks: ja, siehe Tagesprogramm
Zooschule/Bildungszentrum: ja
Biodiversity Zentrum: nein
Zooführer: ja, 4.90 EUR
Beschilderung: Spanisch Bewertung: **

Zoofreunde

Nein

Zoo Madrid

Ehrenamtliche Helfer

Ja, ca. 70

Allgemeine Beschreibung

Der Zoo Madrid liegt in einem 100-Hektar-Stadtpark in attraktiver Hanglage mit guter Vegetation und einem kleinen Bach. Seine vielen Anlagen, die von Gräben umgeben sind, wirken sehr offen und bieten den Besuchern eine hervorragende Sicht. Ein Sanierungsprogramm zur Verbesserung der älteren Anlagen wird derzeit umgesetzt.
Madrid ist einer von zwei europäischen Zoos, die sowohl Große Pandas als auch Koalas halten und letztere erfolgreich züchten.
Zu bestimmten Zeiten sind die begehbaren Lemuren- und Wallaby-Anlagen für Besucher geöffnet. Für diese Anlagen wird ein zusätzlicher Eintrittspreis von 3,00 EUR erhoben.

Begehbare Häuser

Delfinarium, Aquarium, Gorillahaus, Koalas, Vivarium

Besonderheiten

Delfine, Koalas, Schildkröten, Große Pandas, Gorillas, begehbare Känguruanlage, Vogelsee (Flamingos, Pelikane, Sichler, Kronenkraniche)

Benötigte Zeit

Gesamter Zoo: 6 - 8 Stunden — Besonderheiten: 2 - 3 Stunden

Zoo Magdeburg

Kontakt

Name	Zoologischer Garten Magdeburg
Adresse	Zoo Allee 1, 39124 Magdeburg, D
Telefon	+49(0) 391 280 900
Fax	+49(0) 391 280 905 100
E-Mail	info@zoo-magdeburg.de
Website	www.zoo-magdeburg.de

Öffnungszeiten

Ganzjährig geöffnet

Sommerzeit	9.00 bis 19.00 Uhr
Winterzeit	9.00 Uhr bis Einbruch der Dunkelheit

Eintrittspreise 2011

	EUR
Erwachsene	8,00
Kinder 4-15	4,00
Kinder unter 4	Frei
Hunde	2,00
Jahreskarte - Erwachsene	30,00
Jahreskarte - Kinder	15,00
Jahreskarte - Familie - 1 Elternteil und Kinder	50,00
Jahreskarte - Familie - Eltern und Kinder	78,00
Ermäßigungen: Schüler, Studenten, Rentner, Schwerbehinderte mit Begleitperson, Angehörige der Streitkräfte	

Verkehrsanbindung

Auto	A2 Ausfahrt MD Zentrum nach B71, dann ausgeschildert
Parken	Ja, am Zoo. Bis Ende 2011 kostenlos.
Straßenbahn	10 bis Haltestelle Zoo
Bahnhof	Magdeburg Hbf.

Inhaber des Zoos

Kommunale Gesellschaft, Zoologischer Garten Magdeburg gGmbH
90 % Stadt Magdeburg
10 % Gemeinde Barleben

Zoofläche 20 ha

Gründungsjahr 1950

Besucherzahlen Ca. 330 000

Tierbestand am 31. 12. 2009

	Anzahl	Arten
Säugetiere	277	71
Vögel	385	65
Reptilien	71	21
Amphibien	60	10
Fische	0	0

Dienstleistungen

Gastronomie (verpachtet):
Restaurant, Café, Kioske - Bio Zoo-Bistro, Serengeti Camp
Läden (zooeigen): Zoo-Shop
Streichelzoo: ja Spielplatz: ja

Hunde

An der Leine erlaubt: ja Hundezwinger: nein

Fütterung durch Besucher

Streng verboten, außer für Ziegen im Streichelzoo

Vorführungen etc.

Ausstellungsprogramm in der Zoowelle

Bildung

Keeper Talks: ja, siehe Tagesprogramm
Zooschule/Bildungszentrum: ja
Biodiversity Zentrum: nein
Zooführer: nein
Beschilderung: Deutsch Bewertung: **

Zoofreunde

Ja, Förderverein Zoofreunde Magdeburg e. V.
Ca. 440 Mitglieder am 31. 12. 2010

Ehrenamtliche Helfer

Nein

Zoo Magdeburg

Allgemeine Beschreibung

Der Besucher betritt den Zoo Magdeburg durch die beeindruckende, architektonisch gelungene Zoowelle und durchquert eine Parklandschaft mit gut gepflegten, katalogisierten Bäumen, bevor er in den eigentlichen zoologischen Garten gelangt. Ein Zufluss zur Elbe durchfließt den Zoo; er soll nun zu einem besonderen Highlight werden. Die geräumigen Außenanlagen sind so gestaltet, dass die Besucher den Tieren sehr nahe kommen können. Die vor Kurzem fertiggestellten Tierhäuser für die Tapire und Nashörner erzeugen mit ihrer tropischen Vegetation und reichlich Rindenmulch eine angenehme, natürliche Stimmung: Diese Gebäude geben den Stil für die zukünftige Entwicklung des Zoos vor.

Begehbare Häuser

Zoowelle, Menschenaffenhaus, Giraffenhaus, Nashornhaus, Elefantenhaus; Tapirhaus

Besonderheiten

Tapirhaus (Nasenbär, Tapire, Wasserschweine), Luchse, Schneeleoparden, Zwergmungos, Flamingos, Spitzmaulnashörner, Chinesische Muntjaks, Pelikane, Ameisenbären, Krallenaffen, Rotschnabelkitta, Erdmännchen, Monameerkatzen, Uhus

Benötigte Zeit

Gesamter Zoo: 4 - 5 Stunden   Besonderheiten: 2 Stunden

MARWELL ZOO

Kontakt

Name	Marwell Wildlife Zoological Park
Adresse	Thompsons Lane, Colden Common, Winchester, Hampshire, SO21 1JH, UK
Telefon	+44(0)1962 777 407
Fax	+44(0)1962 777 511
E-Mail	marwell@marwell.org.uk
Website	www.marwell.org.uk

Öffnungszeiten

Ganzjährig geöffnet, außer 1. und 2. Weihnachtstag
Peak Days (Sommer-, Osterferien, Mai/Juni Half Term)
10.00 bis 18.00 Uhr
Hauptsaison (April bis Oktober außer Sommerferien)
10.00 bis 17.00 Uhr
Nebensaison (Januar bis März, November und Dezember, außer Half Term und Osterferien) 10.00 bis 16.00 Uhr

Eintrittspreise 2011

Preis für Tagestickets inkl. 10 % freiwilliger Spende für den Artenschutz	
Preise der Hauptsaison angegeben: Peak Days (+ 12 %), Nebensaison (- 12 %)	
	GBP
Erwachsene	16,00
Kinder 3 - 16	12,00
Kinder unter 3	Frei
Familie - 2 Erwachsene und 2 Kinder	50,00
Jahreskarte - Erwachsene	52,50
Jahreskarte - Kinder	33,50
Ermäßigungen: Schüler, Studenten, Senioren ab 60, Schwerbehinderte mit Begleitperson	
Jahreskarteninhaber erhalten Rabatt bei Partner-Zoos	

Verkehrsanbindung

Navi	Sat Nav SO21 1J H
Auto	M3 Abfahrt 11 oder M27 Abfahrt 10 W oder 5 E Marwell liegt unmittelbar an der B2177 zwischen Bishops Waltham und Colden Common. Großen braunen Touristenschildern zum Zoo folgen.
Parken	Ja, am Zoo, kostenlos
Bus	Busverbindung von Eastleigh Park and Ride
Bahnhof	Eastleigh Bahnhof - 5 Meilen zum Zoo Southampton Airport Park - 7 Meilen zum Zoo Winchester Bahnhof – 8 Meilen zum Zoo

Inhaber des Zoos Gemeinnütziger Verein, 100 % Marwell Wildlife

Zoofläche 50 ha

Marwell Zoo

Gründungsjahr 1972

Besucherzahlen ca. 505.000

Tierbestand am 31. 12. 2008

	Anzahl	Arten
Säugetiere	874	109
Vögel	410	48
Reptilien	151	33
Amphibien	47	9
Fische	154	14

Dienstleistungen

Gastronomie (zooeigen):
Restaurant, Cafeteria, Kioske, Picknickplätze - Café Graze mit Blick über das afrikanische Tal, Squirrel Snacks, afrikanisches BBQ, Bushtucker Bites and Café im Shop
Läden (zooeigen): Zoo-Shop - The Ark shop, Marwell Express Zoo Train,
2,00 GBP pro Person
Streichelzoo: ja Spielplatz: ja, mehrere

Hunde

An der Leine erlaubt: nein Hundezwinger: nein

Fütterung durch Besucher

Streng verboten, außer unter Anleitung

Vorführungen etc.

Ja

Bildung

Keeper Talks: ja, 7 Termine täglich – siehe Website oder Tagesprogramm im Zoo.
Keeper Talks oder Begegnungen mit Tieren tägl. zwischen 11.00 und 16.00 Uhr.
Geschichtenerzählen für Kinder ab 3 Jahren stündlich von 11.00 bis 15.00 Uhr.
Zooschule/Bildungszentrum: ja
Biodiversity Zentrum: nein
Zooführer: ja, 3,00 GBP
Beschilderung: Englisch Bewertung: **

Marwell Zoo

Zoofreunde Ja, geringe Mitgliederzahl
Jedoch ca. 18 000 Zahl Jahreskarteninhaber am 31. 12. 2009

Ehrenamtliche Helfer Ja, ca. 120

Allgemeine Beschreibung Ein großes, in weiten Teilen offenes Gelände, das sich ideal für Savannen-Huftiere eignet. Es gibt nur wenig Baumbestand; auch Wasser ist nur spärlich vorhanden. Das große neue Café Graze ermöglicht einen hervorragenden Blick auf die große, beeindruckende Afrikasavanne, die 2009 eröffnet wurde.
Das Dorf "Encounter" vereint mehrere reizvolle Anlagen und ein hübsches begehbares Wallaby-Gehege. In diesem Bereich hat jedes Tier einen Namen.
Die Welt der Lemuren ist eine Besucherattraktion.

Begehbare Häuser Giraffenhaus, Tropenwelt, Okapihaus, Tigerhaus, Nashornhaus, Lemurenhaus, Aridlands House, Flusspferd- und Tapirhaus

Besonderheiten Leoparden, Schneeleoparden, Kleine Pandas, Fossas, Tiger, Giraffen, Makaken, Zwergotter, Ozelote, Afrikasavanne, Zebras, begehbare Anlage für Bennetkängurus, Lemuren, Löffelhunde

Benötigte Zeit Gesamter Zoo: 5 - 6 Stunden Besonderheiten: 2 - 3 Stunden

TIERPARK HELLABRUNN

TIERPARK HELLABRUNN
Der Zoo der Stadt München

Kontakt

Name	Tierpark Hellabrunn
Adresse	Tierparkstr. 30, D-81543 München, D
Telefon	+49(0) 89 62 508-0
Fax	+49(0) 89 62 508 32
E-Mail	office@tierpark-hellabrunn.de
Website	www.tierpark-hellabrunn.de

Öffnungszeiten

Ganzjährig geöffnet

April bis September	9.00 bis 18.00 Uhr
Oktober bis März	9.00 bis 17.00 Uhr

Eintrittspreise 2011

	EUR
Erwachsene	11,00
Kinder 4 - 14	4,50
Kinder unter 4	Frei
Große Familienkarte - 2 Erwachsene & Kinder (derselben Adresse)	25,00
Kleine Familienkarte - 1 Erwachsener & Kinder (derselben Adresse)	14,00
Jahreskarte - Erwachsene	49,00
Jahreskarte - Kinder	25,00
Jahreskarte - Schüler, Studenten und Rentner	42,00
Große Familien-Jahreskarte	98,00
Kleine Familien-Jahreskarte	49,00
Ermäßigungen: Schüler, Studenten, Rentner, Schwerbehinderte, Angehörige der Streitkräfte, Inhaber der München Card und Kombitickets für Zoo und Deutsches Museum	

Verkehrsanbindung

Auto	A 8 -> Innerer Ring -> Thalkirchen
Parken	P1 Tierparkstr., P2 Siebenbrunner Str., je 3,50 EUR/Tag
Park and Ride	Mehrere U- und S-Bahn-Stationen bieten Park and Ride an Siehe www.muenchener.de/umweltzone
Bus	Linie 52 vom Marienplatz zum Tierpark
U-Bahn	U3 bis Haltestelle Thalkirchen (Tierpark)
Bahnhof	München Hbf.

Inhaber des Zoos

Kommunale AG, Münchener Tierpark Hellabrunn AG
93 % Stadt München, 7 % Privatleute

Tierpark Hellabrunn

Zoofläche 36 ha

Gründungsjahr 1911

Besucherzahlen Ca. 1 500 000

Tierbestand am 31. 12. 2009

	Anzahl	Arten
Säugetiere	1 035	99
Vögel	1 028	92
Reptilien	361	55
Amphibien	91	8
Fische	7 100	267

Dienstleistungen
Gastronomie (verpachtet):
Restaurant, Pizzeria, Kioske, Picknickplatz - Tierpark Restaurant
Läden (zooeigen): Zoo-Shop
Streichelzoo: ja, neues Meerschweinchengehege, Kamelreiten
Spielplatz: ja

Hunde
An der Leine erlaubt: ja, an der kurzen Leine und nicht in Tierhäusern
Hundezwinger: nein

Fütterung durch Besucher
Streng verboten, außer bestimmte Arten mit Futter aus Automaten.

Vorführungen etc.
Ja, von April bis Oktober, Greifvogelshow, Elefantenshow, Taubenshow, Seelöwenparade

Bildung

Keeper Talks: nein
Zooschule/Bildungszentrum: ja
Biodiversity Zentrum: ja, Artenschutz Zentrum von 10.00 bis 17.00 Uhr im Sommer und von 10.00 bis 16.00 Uhr im Winter geöffnet
Zooführer: ja, 3,00 EUR
Beschilderung: Deutsch Bewertung: **

Zoofreunde

Ja, Tierparkfreunde Hellabrunn e. V.
Ca. 7 000 Mitglieder am 31. 12. 2009

Ehrenamtliche Helfer

Ja, ca. 50

Allgemeine Beschreibung

Hellabrunn befindet sich auf einem wunderbaren Gelände, einer großräumigen Parklandschaft in der Stadt mit altem Baumbestand und Nebenflüssen der nicht weit entfernten Isar. Charakteristische ältere Tierhäuser, wie das Elefantenhaus, sind mit hervorragenden modernen Gebäuden, wie dem Affen- und Primatenhaus, und einer großartigen Vegetation kombiniert. Zweimal täglich finden Vorführungen mit Greifvögeln statt, und wenn es im Zoo ruhig ist, kann der Besucher die Totenkopfäffchen ganz aus der Nähe in den Bäumen betrachten. Die Eisbärenanlage von 2010 hat einen ausgezeichnet gestalteten Tundra-Bereich. Hellabrunn war der erste „Geozoo“: Dieses Gestaltungsprinzip wird weiter fortgeführt.

Begehbare Häuser

Villa Dracula, Urwaldhaus, Orang-Utan-Paradies, Nashorn-/Tapirhaus, Aquarium, Elefantenhaus, Dschungelzelt, Affenhaus, Schildkrötenhaus

Besonderheiten

Eisbären, Totenkopfaffen, Großvoliere, Riesenschildkröten, Orang-Utans, Schneeleoparden, Afrikasavanne, Kattas, Schimpansen, Kleine Pandas, Gorillas, Zebramangusten, Vielfraße, Elche, Asiatische Elefanten, Pinguine, Takine, Grüne Leguane, Tejus, Papageien, Steinböcke

Benötigte Zeit

Gesamter Zoo: 8 - 10 Stunden Besonderheiten: 3 Stunden

Allwetterzoo
Münster

Allwetterzoo Münster

Kontakt

Name	Allwetterzoo Münster
Adresse	Sentruperstr. 315
	48161 Münster, D
Telefon	+49(0)251/8904-0
Fax	+49(0)251/8904-130
E-Mail	info@allwetterzoo.de
Website	www.allwetterzoo.de

Öffnungszeiten

Ganzjährig geöffnet

März und Oktober	9.00 bis 17.00 Uhr
April bis September	9.00 bis 18.00 Uhr
November bis Februar	9.00 bis 16.00 Uhr

Eintrittspreise 2011

	EUR
Erwachsene	14,00
Kinder 3 - 17	7,00
Kinder unter 3	Frei
Hunde	Frei
Jahreskarte – Erwachsene	70,00
Jahreskarte – Kinder	35,00
Jahreskarte – Familie – 2 Erwachsene und ihre Kinder	145,00
Ermäßigungen: Begleitpersonen von Schwerbehinderten	
Jahreskarteninhaber erhalten Rabatt in NRW Partner-Zoos	

Verkehrsanbindung

Auto	A1/A43 Kreuz Münster, Richtung Innenstadt
Parken	Ja, am Zoo, 2,00 EUR
Bus	14
Bahnhof	Münster Hbf.

Inhaber des Zoos

Kommunale Gesellschaft, Westfälischer Zoologischer Garten Münster gGmbH
Gemeinnützig, 51 % Zoo-Verein, 49 % Stadt Münster

Zoofläche

30 ha

Gründungsjahr

1875,
aktueller Standort seit 1974

Besucherzahlen

Ca. 1 000 000

Allwetterzoo Münster

Tierbestand am 31.12.2009

	Anzahl	Arten
Säugetiere	541	61
Vögel	502	72
Reptilien	91	23
Amphibien	37	8
Fische	1068	80

Dienstleistungen

Gastronomie (verpachtet):
Restaurant, Cafeteria, Kioske
Läden (verpachtet): Zoo-Shop
Streichelzoo: ja — Spielplatz: ja

Hunde

An der Leine erlaubt: ja — Hundezwinger: nein

Fütterung durch Besucher

Normalerweise streng verboten, erlaubt im Streichelzoo und bei angeleiteten Fütterungen: Elefanten, Loris, Pinguine

Vorführungen etc.

Delfine, täglich mit saisonalen Änderungen - siehe Website
Westfälisches Pferdemuseum, Pinguinmarsch

Bildung

Keeper Talks: ja
Zooschule/Bildungszentrum: ja
Biodiversity Zentrum: ja, Biocity
Zooführer: ja, 4,50 EUR
Beschilderung: Deutsch, englisch — Bewertung: **

Zoofreunde

Ja, Zoo-Verein Münster e. V.
Ca. 8 000 Mitglieder am 31. 12. 2009

Ehrenamtliche Helfer

Nein

Allwetterzoo Münster

Allgemeine Beschreibung

Der Allwetterzoo ist ein reizvoller zoologischer Garten in Aasee-Nähe in Münsters Südwesten. Das Gelände bietet eine angenehme Mischung aus Gärten, Seen und altem Baumbestand. Rindenmulch findet ausgiebig sowohl in den Tiergehegen als auch auf den Gehwegen Verwendung. Das 2010 umgestaltete Afrikapanorama mit seinen schmalen Bächen und dem See, Felsen, Bäumen und sanften Neigungen ist schön gestaltet, mit einem Graben umgeben und ideal für den Besucher, die acht Tierarten, die in diesem Bereich leben, zu beobachten. Die begehbare Guereza-Anlage mit mehr als 10 freilaufenden Affen ist unter den Zoos dieser Studie einmalig und stellt ein wunderbares Besuchserlebnis dar.

Begehbare Häuser

Elefanten- und Nashornhaus, Menschenaffenhaus, Aquarium, Bärenhaus, Affenhaus, Tropenhaus/Reptilienhaus, Delfinarium, Raubtierhaus, Orang-Utan-Haus, Giraffenhaus

Besonderheiten

Afrikapanorama (Zebras, Antilopen, Strauße), Varis, Gundis, begehbare Guereza-Anlage, Gehaubte Kapuziner, Elefantenfütterung, begehbare Katta-Anlage, Nasenbären, Lori-Fütterung, Delfine, Wölfe, Pinguinmarsch, Gorillas und Mangaben, Malaienbären, Orang-Utans und Zwergotter, Webervögel

Benötigte Zeit

Gesamter Zoo: 6 - 8 Stunden Besonderheiten: 3 - 4 Stunden

Zoo Mulhouse

Kontakt

Name	Parc Zoologique et Botanique de Mulhouse/Zoo Mühlhausen
Adresse	51 Rue du Jardin Zoologique, 68100 Mulhouse, F
Telefon	+33(0) 3 69 77 65 65
Fax	+33(0) 3 69 77 65 80
E-Mail	zoomulhouse@mulhouse-alsace.fr
Website	www.zoo-mulhouse.com

Öffnungszeiten

Ganzjährig geöffnet

April und September	9.00 bis 18.00 Uhr
Mai bis August	9.00 bis 19.00 Uhr
Oktober, November und März	9.00 bis 17.00 Uhr
Dezember bis Februar	10.00 bis 16.00 Uhr

Eintrittspreise 2011

	EUR
Erwachsene	12,00
Kinder 6 - 16	6,50
Kinder unter 6	Frei
Jahreskarte - Erwachsene	60,00
Jahreskarte - Kinder 6 - 16	26,00
Jahreskarte - Familie - 2 Erwachsene und 2 Kinder	52,00
Ermäßigungen: Schüler, Studenten, Senioren ab 65, im Winter für alle Einwohner des Elsass	

Verkehrsanbindung

Auto	A36 Ausfahrt Mulhouse Centre, dann ausgeschildert
Parken	Ja, am Zoo, kostenlos
Bus	30 bis Haltestelle Zoo
Straßenbahn	1 bis Haltestelle Gare, dann Buslinie 30
Bahnhof	Mulhouse

Inhaber des Zoos Kommunal/regional, 100 % Mühlhausen und 32 Städte

Zoofläche 25 ha

Gründungsjahr 1868

Besucherzahlen Ca. 350 000

Tierbestand am 31. 12. 2009

	Anzahl	Arten
Säugetiere	305	69
Vögel	540	84
Reptilien	100	7
Amphibien	0	0
Fische	0	0

Dienstleistungen

Gastronomie (verpachtet):
Restaurant, Kioske, Picknickplatz - Restaurant (Auberge Alsacienne)
Läden (zooeigen): Zoo-Shop
Streichelzoo: ja Spielplatz: ja

Hunde

An der Leine erlaubt: nein Hundezwinger: nein

Fütterung durch Besucher

Streng verboten

Vorführungen etc.

Nein

Bildung

Keeper Talks: ja, mehrere Termine – siehe Tagesprogramm im Zoo
Zooschule/Bildungszentrum: ja
Biodiversity Zentrum: nein
Zooführer: nein
Beschilderung: Französisch und deutsch Bewertung: *

Zoo Mulhouse

Zoofreunde
Ja, La Société des Amis du Zoo de Mulhouse, ca. 200 Mitglieder

Ehrenamtliche Helfer
Nein

Allgemeine Beschreibung
Dies ist ein schöner, abwechslungsreicher zoologischer und botanischer Garten mit einem ungenutzten Waldgebiet. Der Zoo grenzt an den Tannenwald Waldeck und besitzt einen ungewöhnlichen Baumbestand. Das Gelände ist attraktiv und an einem Hang gelegen, aber Wasserelemente fehlen. Der Zoo hat sich auf Lemuren spezialisiert.

Begehbare Häuser
Affenhaus, Haus für südamerikanische Affen

Besonderheiten
Kattas, Mönchsgeier, Chileflamingos, Leoparden, begehbare Wasservogelanlage, Madagaskar-Hundskopfboas

Benötigte Zeit
Gesamter Zoo: 3 - 4 Stunden   Besonderheiten: 1 Stunde

Tiergarten Nürnberg

Kontakt

Name	Tiergarten Nürnberg
Adresse	Am Tiergarten 30, 90480 Nürnberg, D
Telefon	+49(0) 911 5454 - 6
Fax	+49(0) 911 5454 - 802
E-Mail	tiergarten@stadt.nuernberg.de
Website	www.tiergarten.nuernberg.de

Öffnungszeiten

Ganzjährig geöffnet

Sommer	8.00 bis 19.30 Uhr
Winter	9.00 bis 17.00 Uhr

Eintrittspreise 2011

	EUR	EUR
	Zoo	Delfinarium
Erwachsene	9,00	4,50
Kinder 4 - 13	4,50	2,00
Kinder unter 4	Frei	Frei
Familie - Erwachsene und ihre Kinder (bis 17 J.)	21,00	10,50
Jahreskarten	Zoo	Zoo & Delfinarium
Hauptkarte - Erwachsene	60,00	80,00
Begleitperson	45,00	55,00
Kinder	27,00	35,00
Ab August 2011 Kombitickets für Zoo und Delfinarium		
Ermäßigungen: Schüler, Studenten, Rentner, Schwerbehinderte, Angehörige der Streitkräfte, Arbeitslose, letzter Montag im Monat (außer Feiertage)		

Verkehrsanbindung

Auto	A3 Ausfahrt Nürnberg-Mögeldorf oder A9 Ausfahrt Nürnberg-Fischbach
Parken	Ja, am Zoo, kostenlos
Bus	Linie 65
Straßenbahn	Linie 5 von Nürnberg Hbf.
Bahnhof	Nürnberg Hbf.

Inhaber des Zoos Kommunal, 100 % Stadt Nürnberg

Zoofläche 70 ha

Gründungsjahr 1912

Besucherzahlen Ca. 1 080 000

Tierbestand am 31. 12. 2009

	Anzahl	Arten
Säugetiere	644	79
Vögel	436	51
Reptilien	69	18
Amphibien	69	5
Fische	527	57

Dienstleistungen

Gastronomie (verpachtet):
Restaurant, Café, Kioske - Café Restaurant Waldschänke, Bistro am Delfinarium, neues Restaurant in der Lagune ab August 2011
Läden (verpachtet): Zoo-Shop
Streichelzoo: ja Spielplatz: ja

Hunde

An der Leine erlaubt: nein Hundezwinger: nein

Fütterung durch Besucher

Streng verboten, außer im Streichelzoo mit Futter aus den Automaten

Vorführungen etc.

Delfinarium, Seelöwen

Bildung

Keeper Talks: ja, mehrere Termine in Verbindung mit Fütterungen - siehe Tagesprogramm im Zoo
Zooschule/Bildungszentrum: ja
Biodiversity Zentrum: ja, Naturkundehaus
Zooführer: ja, 3,00 EUR
Beschilderung: Deutsch Bewertung: **

Zoofreunde

Ja, Verein der Tiergartenfreunde Nürnberg e. V.
Ca. 2 000 Mitglieder am 31. 12. 2009

Ehrenamtliche Helfer

Nein

Tiergarten Nürnberg

Allgemeine Beschreibung

Der Tiergarten Nürnberg, Geburtsort des berühmten Eisbärenkinds Flocke, liegt im Reichswald, einer weitläufigen, attraktiven Parklandschaft. Der Zoo hat einen schönen alten Laubbaumbestand, vor allem Eichen, Buchen, Hainbuchen und Linden. Auf dem abwechslungsreichen Zoogelände finden sich neben Gebüsch- und Waldflächen sumpfige Bereiche. Das reizvolle, abwechslungsreiche Gelände bietet vielen Tieren einen besonders natürlichen, artgerechten Lebensraum. Ein Teil des Geländes ist steil mit natürlichen Sandsteinfelsen: Auch dies wurde gut für die entsprechenden Tierarten genutzt. Die Besucherwege und Perspektiven auf die Anlagen sind ausgezeichnet.
Das historische Löwen- und Tigerhaus ist schön restauriert. Eine großartige Delfin- und Manati-Lagune wird im August 2011 eröffnet; sie wird weitere Tierarten sowie ein Schmetterlingshaus beherbergen und verspricht eine Hauptattraktion des Zoos zu werden.

Begehbare Häuser

Delfinarium, Giraffenhaus, Reptilienhaus, Naturkundehaus, Nashornhaus, Tapirhaus, Löwen-/Tigerhaus, Affenhaus

Besonderheiten

Buntmarder, Zwergmungos, Totenkopfaffen, Otter, Löwen, Iberische Wölfe, Vogelsee, Kleine Pandas, Tiger, begehbare Voliere, Seelöwen, Pinguine, Delfine, Seekühe, Paviane, Takins, Steinbock-Anlage

Benötigte Zeit

Gesamter Zoo: 7 - 8 Stunden Besonderheiten: 3 Stunden

Odense Zoo

Kontakt

Name	Odense Zoo
Adresse	Sdr. Boulevard 306 5000 Odense, DK
Telefon	+45 (0) 66 11 13 60
Fax	+45(0) 65 90 82 28
E-Mail	odensezoo@odensezoo.dk
Website	www.odensezoo.dk

Öffnungszeiten

Ganzjährig geöffnet*

November bis März	10.00 bis 16.00 Uhr
April, September, Oktober	10.00 bis 17.00 Uhr
Mai, Juni	10.00 bis 18.00 Uhr
Juli, August	10.00 bis 19.00 Uhr

*Wochenenden und Feiertage

Eintrittspreise 2011

	DKK
Erwachsene	160,00
Kinder 3 - 11	85,00
Kinder unter 3	Frei
Jahreskarte - Erwachsene	340,00 (klein), 440,00 (groß)
Jahreskarte - Kinder 3 - 11	180,00 (klein), 280,00 (groß)
Ermäßigungen: Senioren ab 65, Schüler, Studenten, Schwerbehinderte mit Begleitperson Jahreskarte berechtigt zum kostenlosen Eintritt in 3 weitere dänische Zoos	

Verkehrsanbindung

Auto	E20 Ausfahrt 52, dann ausgeschildert
Parken	Ja, am Zoo
Bus	11, 12, 31
Bahnhof	Odense Hbf.

Inhaber des Zoos

Kommunale, gemeinnützige Gesellschaft

Zoofläche

8,5 ha

Gründungsjahr

1930

Besucherzahlen

Ca. 450 000

Tierbestand am 31. 12. 2009

	Anzahl	Arten
Säugetiere	479	45
Vögel	370	56
Reptilien	117	19
Amphibien	17	2
Fische	975	28

Dienstleistungen

Gastronomie (zooeigen):
Restaurant, Café, Kioske, Picknickplatz - Restaurant Kathmandu, Café Darwin
Im Juli: donnerstags Grillabend und Zoo bis 22:.00 Uhr geöffnet
Läden (zooeigen): Zoo-Shop, Zoo Train an Wochenenden und während der Schulferien, 10,00 DKK
Streichelzoo: ja Spielplatz: ja

Hunde

An der Leine erlaubt: nein Hundezwinger: nein

Fütterung durch Besucher

Streng verboten

Vorführungen etc.

Ja, Seelöwen, Tiger Training, Löwen Training
Täglich bis zu 9 Fütterungen und Trainings. Zwischen 11.00 und 15.00 Uhr – siehe Tagesprogramm

Bildung

Zooschule/Bildungszentrum: ja
Biodiversity Zentrum: nein
Zooführer: ja
Beschilderung: Dänisch, etwas englisch und deutsch Bewertung: *

Zoofreunde Ja, ca. 1 500 Mitglieder am 31. 12. 2009

Ehrenamtliche Helfer Nein

Allgemeine Beschreibung Der Zoo Odense ist gut mit Wasser versorgt: Ein Fluss fließt durch den Zoo und es gibt einen großen Bereich mit Seen. Auf dem relativ flachen Gelände stehen Laubbäume. Die begrenzte Anzahl an Tierarten soll in naher Zukunft erweitert werden; ebenso das Zoogelände, das zusätzliches Land vom angrenzenden städtischen Eigentümer erhalten wird.
Das beeindruckende Oceanium mit seinen Manatis und antarktischen Pinguinen bildet den wichtigsten Teil des neuen Südamerika-Bereichs. Eine neue Savannenanlage, Kiwara, soll im Juni 2011 fertiggestellt sein.
Für einen so kleinen Zoo gibt es eine große Zahl an Attraktionen. Der Zauber von Hans Christian Andersen ist in diesem Zoo spürbar.

Begehbare Häuser Schimpansenhaus, Afrikahaus, Tropenhaus, Giraffenhaus, Südamerikahaus, Pinguinhaus, Riesenschildkrötenhaus

Besonderheiten Schimpansen, Zwergmungos, Krallenaffen, Amurtiger, Seekühe, begehbare Voliere, Aldabra-Riesenschildkröten, Flamingos, Pelikane, Kiwara Complex (inkl. größter Voliere Europas mit freifliegenden Pelikanen und Flamingos)

Benötigte Zeit Gesamter Zoo: 4 - 6 Stunden Besonderheiten: 2 - 3 Stunden

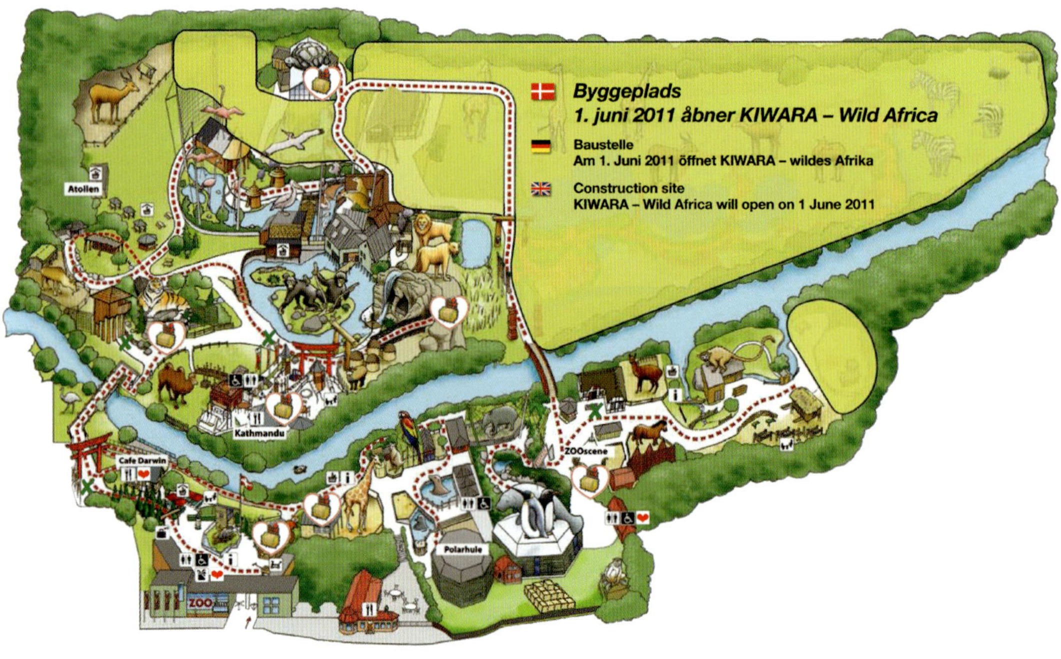

Zoo Osnabrück

Kontakt

Name	Zoo Osnabrück
Adresse	Klaus-Strick-Weg 12, 49082 Osnabrück, D
Telefon	+49 (0)541 951 050
Fax	+49 (0)541 951 0522
E-Mail	zoo@zoo-osnabrueck.de
Website	www.zoo-osnabrueck.de

Öffnungszeiten

Ganzjährig geöffnet

Sommerzeit	8.00 bis 18.30 Uhr
Winterzeit	9.00 bis 17.00 Uhr
Heiligabend und Silvester	9.00 bis 14.00 Uhr
Weihnachten und Neujahr	9.00 bis 17.00 Uhr

Eintrittspreise 2011

	EUR
Erwachsene	13,50
Kinder 3-14	8,50
Jahreskarte - Einzelpersonen	45,00
Jahreskarte - Familie	89,00
Ermäßigungen: Schüler, Studenten, Schwerbehinderte mit Begleitperson, Angehörige der Streitkräfte und Arbeitslose	

Verkehrsanbindung

Auto	A30 Ausfahrt 18, dann ausgeschildert
Parken	Ja, am Zoo, kostenlos
Bus	Linie 21 bis Kreishaus/Zoo
Bahnhof	Osnabrück Hbf.

Inhaber des Zoos

Gemeinnütziger Verein, Zoogesellschaft Osnabrück e. V.
100 % private Anteilseigner, darunter auch Sponsoren

Zoofläche

25 ha

Gründungsjahr

1936

Besucherzahlen

Ca. 850 000

Zoo Osnabrück

Tierbestand am 31. 12. 2009

	Anzahl	Arten
Säugetiere	468	72
Vögel	417	77
Reptilien	175	38
Amphibien	14	3
Fische	1 120	78

Dienstleistungen

Gastronomie (verpachtet):
Restaurant, Café, Kioske, Picknickplatz - Restaurant in Makatanda Village, Zoo Gaststätte mit Sonnenterrasse, Samburu Restaurant mit Blick auf die Giraffenanlage, Restaurant Tigerhütte
Läden (verpachtet): Zoo-Shop
Streichelzoo: ja, zusätzlich auch afrikanischer Streichelzoo
Spielplatz: ja, Makatanda ist ein wundervoll gestalteter Spielplatz, der afrikanischen Baumhäusern nachempfunden ist und zum Klettern, Spielen und Entdecken einlädt.
Zusätzlich: Kinderland and Giraffe Spielplatz.

Hunde

An der Leine erlaubt: ja, aber nicht in allen Häusern Hundezwinger: nein

Fütterung durch Besucher

Streng verboten, außer bei Zooführungen.

Vorführungen etc.

Klimawandel
Unterirdischer Zoo mit interaktiven Terminals

Bildung

Keeper Talks: ja
Zooschule/Bildungszentrum: ja
Biodiversity Zentrum: nein
Zooführer: nein, aber digitales Zoobuch für Ihr Handy (PDA) kostenlos verfügbar
Beschilderung: Deutsch Bewertung: **

Zoofreunde

Ja, Zoogesellschaft Osnabrück e. V.
Ca. 1 0000 Mitglieder am 31. 12. 2009

Zoo Osnabrück

Ehrenamtliche Helfer

Nein

Allgemeine Beschreibung

Ein schönes, vielseitiges und teilweise hügeliges Gelände mit ausgezeichnetem Baumbestand und natürlicher Vegetation. Im neu hinzugekommenen Teil des Zoos, in dem der afrikanische Themenbereich TAKAMANDA liegt, gibt es einen schönen, höher gelegenen Weg, der interessante Perspektiven aus den Baumwipfeln bietet. Die vor Ort gefertigten, themenbezogenen Abfallbehälter aus Holz sind ein interessanter Aspekt dieses gut geführten, sauberen Zoos. Er hat sich in letzter Zeit vergrößert und weiterentwickelt. Die neue TAIGA mit einer verbesserten Bärenanlage wird 2011 eröffnet.

Begehbare Häuser

Schimpansenhaus, Unterirdischer Zoo, Klammeraffen, Elefantenhaus, Orang-Utan-Haus, Südamerikahaus, Affenhaus, Tigerhaus, Tetra Aquarium, Giraffenhaus

Besonderheiten

Takamanda-Anlage (Schimpansen, Tüpfelhyänen, Servale, Schakale und Mangaben), Samburu Savanne (Giraffen und Zebras), Nasenbären, Klammeraffen, Sichler und Storchenvoliere, Rothunde, Zwergotter, Unterirdischer Zoo, Wölfe, Krallenaffen, Webervögel

Benötigte Zeit

Gesamter Zoo: 6 - 8 Stunden Besonderheiten: 2 - 3 Stunden

Paignton Zoo

Kontakt

Name	Paignton Zoo Environmental Park
Adresse	Totnes Road, Paignton, Devon TQ4 7EU, UK
Telefon	+44(0)1803 697 500 0844 474 2222
Fax	+44(0)1803 523 457
E-Mail	info@paigntonzoo.org.uk
Website	www.paigntonzoo.org.uk

Öffnungszeiten

Ganzjährig geöffnet, außer 1. Weihnachtstag

Frühling und Sommer	10.00 bis 17.00 Uhr
Winter	10.00 bis 16.30 Uhr

Eintrittspreise 2011

Preis für Tagestickets inkl. 10 % freiwilliger Spende für den Artenschutz	
	GBP
Erwachsene	13,10
Kinder 3 - 15	9,25
Kinder unter 3 und Begleitpersonen von Schwerbehinderten	Frei
Familie - 2 Erwachsene und 2 Kinder	41,25
Jahreskarte - Erwachsene	45,00
Jahreskarte - Kinder	30,00
Jahreskarte - 2 Erwachsene	80,00
Jahreskarte - Familie	125,00
Ermäßigungen: Schüler, Studenten, Senioren ab 60 und Schwerbehinderte	
Jahreskarteninhaber erhalten Rabatt bei Partner-Zoos	

Verkehrsanbindung

Navi	Sat Nav TQ4 7EU
Auto	Paignton Zoo liegt an der A3022 Totnes Road, 1 Meile von Paignton entfernt
Parken	Ja, am Zoo, kostenlos
Bus	First Western National Bus 66 von Brixham nach Torquay hält am Zoo
Bahnhof	Paignton, 1 Meile
Fahrrad	Bewachte Fahrradständer am Zoo

Inhaber des Zoos Gemeinnütziger Verein, 100 % The Whitley Wildlife Conservation Trust

Zoofläche 34 ha

Gründungsjahr 1923

Besucherzahlen Ca. 530 000

Paignton Zoo

Tierbestand am 31. 12. 2009

	Anzahl	Arten
Säugetiere	442	68
Vögel	964	151
Reptilien	262	51
Amphibien	120	21
Fische	23	4

Dienstleistungen

Gastronomie (zooeigen):
Restaurant, Café, Kioske, Picknickplatz - Insel Restaurant, Snack Shack
Läden (zooeigen): Zoo-Shop - Living World Souvenir Shop
Streichelzoo: ja Spielplatz: ja

Hunde

An der Leine erlaubt: nein Hundezwinger: nein

Fütterung durch Besucher

Streng verboten

Vorführungen etc.

Ja, Feathered Feats Vogelshows im Sommer

Bildung

Keeper Talks: ja, 7 Termine täglich zwischen 10.45 bis 15.15 Uhr - siehe Tagesprogramm im Zoo
Zooschule/Bildungszentrum: ja, mit Discovery Center
Biodiversity Zentrum: nein
Zooführer: ja, 2,50 GBP
Beschilderung: Englisch Bewertung: **

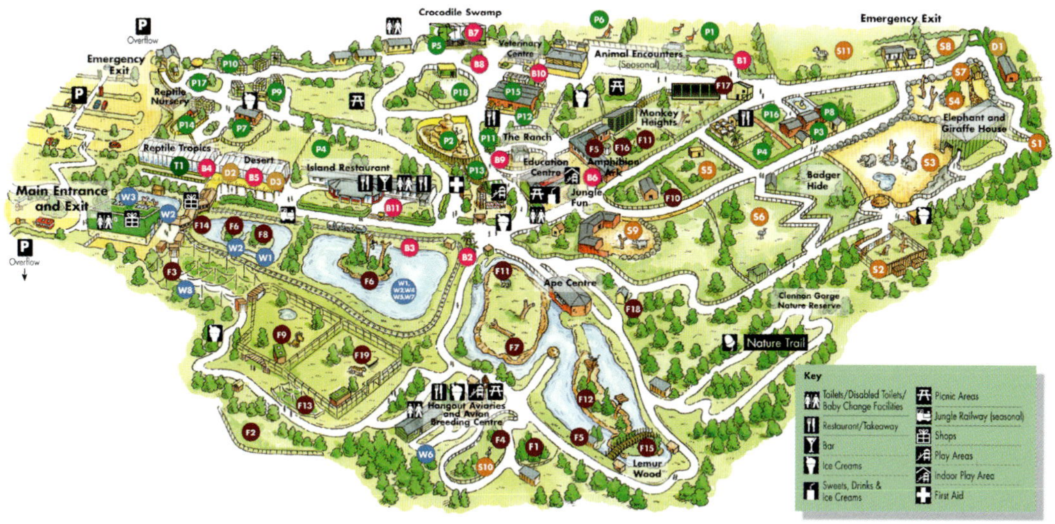

Zoofreunde

Nein, stattdessen Angebote für die ca. 13 000 Jahreskarteninhaber
Stand: 31. 12. 2009

Ehrenamtliche Helfer

Ja, ca. 115

Allgemeine Beschreibung

Dieses schöne Zoogelände liegt nicht weit von der Südküste Devons entfernt und grenzt an ein Naturschutzgebiet. Es gibt viele Hänge, gute Gehwege und einen schönen Baumbestand mit einem breiten Artenspektrum alter Laubbäume. Die botanischen Gärten mit einheimischen, spektakulären, gefährdeten und z.T. medizinischen Pflanzen und Küchenkräutern sind eine besondere Attraktion.
Der Zoo ist in 6 Zonen unterteilt: Savanne, Wald, Sumpfgebiet, Tropenwald, Wüste und "Primley" - dies ist die historische Bezeichnung für den ältesten Teil des Zoos.
Paignton ist mit seinen zoologischen und botanischen Anlagen ein reizvoller Zoo, der die wechselseitige Abhängigkeit der Tier- und Pflanzenarten bewusst macht sowie die Notwendigkeit, den Tieren einen natürlichen Lebensraum zu schaffen.

Begehbare Häuser

Monkey Heights, Menschenaffenhaus, Wüstenhaus, Krokodilsumpf, Nashornhaus, Elefanten- und Giraffenhaus, Reptilienhaus

Besonderheiten

Monkey Heights, Krallenaffen, Varis, Kasuare, Kleine Pandas, Mähnenwölfe, Gibbons, Pelikane, Pinselohrschweine, Graue Riesenkängurus, Riesenschildkröten

Benötigte Zeit

Gesamter Zoo: 6 - 8 Stunden Besonderheiten: 2 - 3 Stunden

Kontakt

Name	Pairi Daiza (früher Parc Paradisio)
Adresse	Domaine de Cambron 7940 Brugelette, B
Telefon	+32(0) 68 250 850
Fax	+32(0) 68 455 405
E-Mail	info@pairidaiza.eu
Website	www.pairidaiza.eu

Öffnungszeiten

Von Anfang April bis Anfang November geöffnet

April, Mai, Juni	10.00 bis 18.00 Uhr
Juli und August	10.00 bis 19.00 Uhr
September und Oktober	10.00 bis 18.00 Uhr

Öffnungstage variieren jährlich – siehe Website für Details

Eintrittspreise 2011

	EUR
Erwachsene	22,00
Kinder 3-11	17,00
Kinder unter 3	Frei
Jahreskarte - Erwachsene	45,00
Jahreskarte - Kinder	35,00
Ermäßigungen: Senioren ab 60 und Schwerbehinderte	

Verkehrsanbindung

Auto	Sat Nav Le Domaine 1 à 7940 Brugelette
Parken	Ja, am Zoo, 4,00 EUR
Bahnhof	Cambron-Casteau, 10 Minuten Fußweg

Inhaber des Zoos

Private Gesellschaft, 100 % Parc Paradisio SA
Mehrheitlicher Anteilseigner – Eric Domb

Zoofläche 55 ha

Gründungsjahr 1994

Besucherzahlen Ca. 900 000

Tierbestand am 31. 12. 2009

	Anzahl	Arten
Säugetiere	310	40
Vögel	2 800	320
Reptilien	1 600	100
Amphibien	50	10
Fische	950	150

Dienstleistungen

Gastronomie (zooeigen):
Restaurant, Café, Kioske, Picknickplatz - Restaurant Karibuni, Café Orangerie, Brasserie Mersus, L'Oasis, L'Orangerie
Läden (zooeigen): Zoo-Shop, Miniatureisenbahn
Streichelzoo: ja, Kinderbauernhof — Spielplatz: ja

Hunde

An der Leine erlaubt: nein — Hundezwinger: nein

Fütterung durch Besucher

Normalerweise nicht erlaubt, aber beaufsichtigte Fütterungen möglich.

Vorführungen etc.

Ja, Greifvögel

Bildung

Keeper Talks: nein
Zooschule/Bildungszentrum: nein
Biodiversity Zentrum: nein
Zooführer: ja
Beschilderung: Französisch und flämisch — Bewertung: *

Zoofreunde

Nein

Ehrenamtliche Helfer

Nein

Pairi Daiza

Allgemeine Beschreibung

Pairi Daiza ist ein faszinierender Zoo mit mehreren Dimensionen. Er liegt in einer alten Klosteranlage aus dem 13. Jahrhundert mit denkmalgeschützten, charaktervollen Gebäuden und interessanten Ruinen. Pairi Daiza hat schöne Gärten und einen riesigen See, der fantasievoll genutzt wird. Als ehemaliger Vogelpark, damals mit dem Namen Parc Paradisio, hat Pairi Daiza den größten Vogelbestand aller 80 Zoos, die in dieser Studie Beachtung finden. Die begehbaren Vogelhäuser sind einfach ein Genuss.
Der große See bietet einen idealen Lebensraum für Meeressäuger wie die Flusspferde. Besonders schön sind die alten Trauerweiden.
Der Zoo vermittelt dem Besucher eine faszinierende kulturelle Erfahrung: Ein Chinesischer Garten und ein indonesischer Archipel mit dem Namen „Ganesha" erlauben es ihm, andere Kulturen, Gebäude, Artefakte und Pflanzen zu erleben und die Tierarten in ihrem natürlichen Lebensraum zu sehen.
Der Zoo plant derzeit eine Erweiterung seines Säugetierbestands und zusätzliche Innenanlagen im Hinblick auf ganzjährige Öffnungszeiten.

Begehbare Häuser

Oasis Tropical House, Nautilus, Mersus Emergo

Besonderheiten

Totenkopfaffen, Bisons, Schreiseeadler, begehbare Greifvogelvoliere, Kattas, Wasserschweine/Nandus, Schuhschnäbel, Vogelvoliere, Varis, Pelikane, Saruskraniche, Wellensittiche, Bürstenschwanz-Kängurus, Flamingos, Papageien

Benötigte Zeit

Gesamter Zoo: 6 - 8 Stunden   Besonderheiten: 3 - 4 Stunden

Paris Ménagerie

Kontakt

Name: Ménagerie du Jardin des Plantes/ Paris Ménagerie
Adresse: 57 rue Cuvier, 75005 Paris, F
Telefon: +33(0) 1 40 79 37 94
Fax: +33(0) 1 40 79 37 93
E-Mail: valhuber@mnhn.fr
Website: www.mnhn.fr

Öffnungszeiten

Ganzjährig geöffnet
Sommer 9.00 bis 18.00 Uhr
Winter 9.00 bis 17.00 Uhr

Eintrittspreise 2011

	EUR
Erwachsene	8,00
Kinder und Jugendliche 4 - 25	6,00
Kinder unter 4	Frei
Ermäßigungen: Schüler, Studenten	

Verkehrsanbindung

Auto: Beschilderung Jardin des Plantes/MNHN
Parken: Am Zoo nicht möglich
Bus: 24, 57, 61, 63, 67, 89, 91
Métro und RER: Jussieu oder Austerlitz und RER-C
Bahnhof: SNCF Austerlitz oder Gare de Lyon

Inhaber des Zoos

Staatlich, 100 % Regierung
Muséum National d'Histoire naturelle (MNHN)

Zoofläche

5,5 ha

Gründungsjahr

1794

Besucherzahlen

Ca. 720 000

Tierbestand am 31. 12. 2009

	Anzahl	Arten
Säugetiere	221	48
Vögel	357	81
Reptilien	206	53
Amphibien	126	8
Fische	0	0

Dienstleistungen

Gastronomie (verpachtet):
Snack Bar und Picknickplatz
Läden: nein
Streichelzoo: ja Spielplatz: nein

Hunde

An der Leine erlaubt: nein Hundezwinger: nein

Fütterung durch Besucher

Streng verboten

Vorführungen etc.

Nein

Bildung

Keeper Talks: Ja, Orang-Utans, Kleine Pandas und Riesenschildkröten
Zooschule/Bildungszentrum: ja
Biodiversity Zentrum: nein
Zooführer: ja, 6,00 EUR
Beschilderung: Französisch Bewertung: **

Paris Ménagerie

Zoofreunde

Ja, Société d' Encouragement pour la Conservation des Animaux Sauvages - SECAS, ca. 1 500 Mitglieder

Ehrenamtliche Helfer

Nein

Allgemeine Beschreibung

Dieser berühmte historische Stadtzoo auf sehr kleinem Raum hat seinen ehemals großen Säugetierbestand verloren und zeigt heute kleinere und seltene Tierarten. Die historischen Gebäude wurden instand gehalten, aber in neue Anlagen wurde nur wenig investiert.

Das Gelände mit seiner schönen Vegetation hat eine angenehme Atmosphäre. Vorübergehend sind einige Tiere des anderen Pariser Zoos, des Parc Zoologique de Paris, der im Bois de Vincennes liegt und wegen Renovierungsarbeiten bis 2014 geschlossen ist, hier untergebracht.

Begehbare Häuser

Affenhaus, Reptilienhaus, Afrikanische Voliere, Wildkatzenhaus, Vivarium

Besonderheiten

Kleine Pandas, Vikunjas, Waldhunde, Flamingos, Maras, Kasuare, Pudus, Gabunvipern, Aras, Anoas, Takins, Gaure

Benötigte Zeit

Gesamter Zoo: 3 - 4 Stunden   Besonderheiten: 1 Stunde

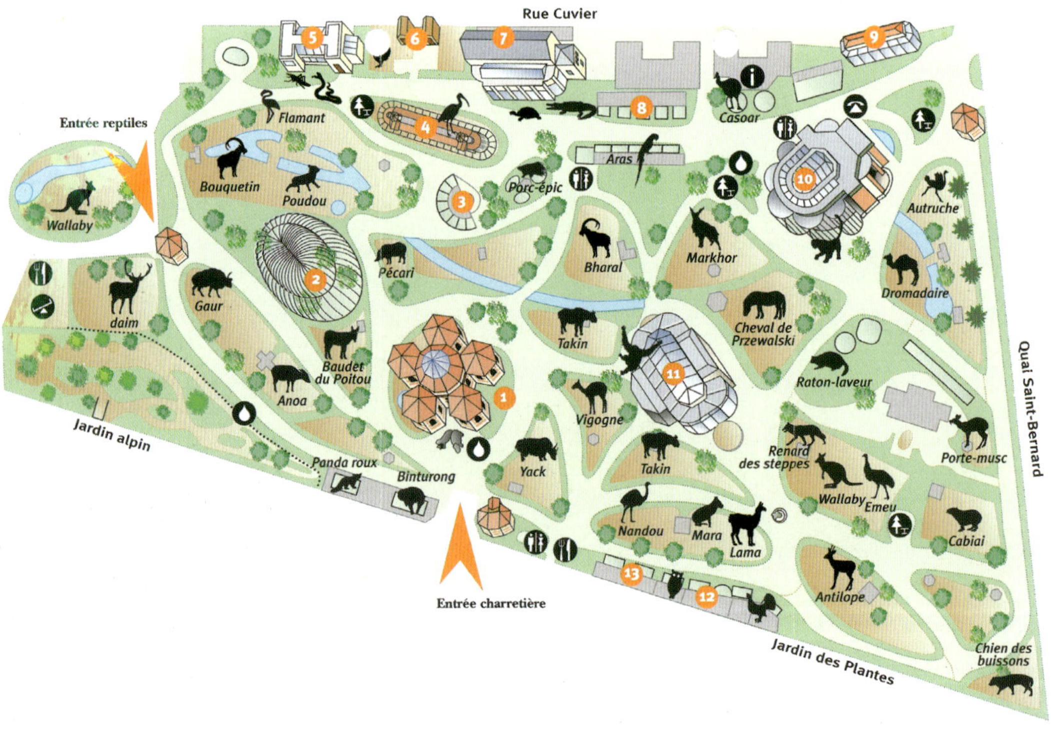

Zoo Pilsen

Kontakt

Name	Zoologická a Botanická zahrada Mesta Plzne
Adresse	Pod Vinicemi 9, 30116 Plzen, CZ
Telefon	+420(0) 378 038 325
Fax	+420(0) 378 038 302
E-Mail	zoo@plzen.eu
Website	www.zooplzen.cz

Öffnungszeiten

Ganzjährig geöffnet

April bis Oktober	8.00 bis 19.00 Uhr
November bis März	9.00 bis 18.00 Uhr

Eintrittspreise 2011

	CZK	
	Sommer	Winter
Erwachsene	75,00	50,00
Kinder 4 - 15	45,00	30,00
Kinder unter 4	Frei	Frei
Jahreskarte - Erwachsene	300,00	
Jahreskarte - Kinder 4 - 15	200,00	
Jahreskarte - Familie - 2 Erwachsene und 3 Kinder	600,00	
Ermäßigungen: Schüler, Studenten, Senioren ab 65, Schwerbehinderte		

Verkehrsanbindung

Auto	Vom Stadtzentrum Pilsen über Rooseveltova Ul.
Parken	Ja, am Zoo
Bus	41
Straßenbahn	1, 4
Bahnhof	Pilsen Hbf.

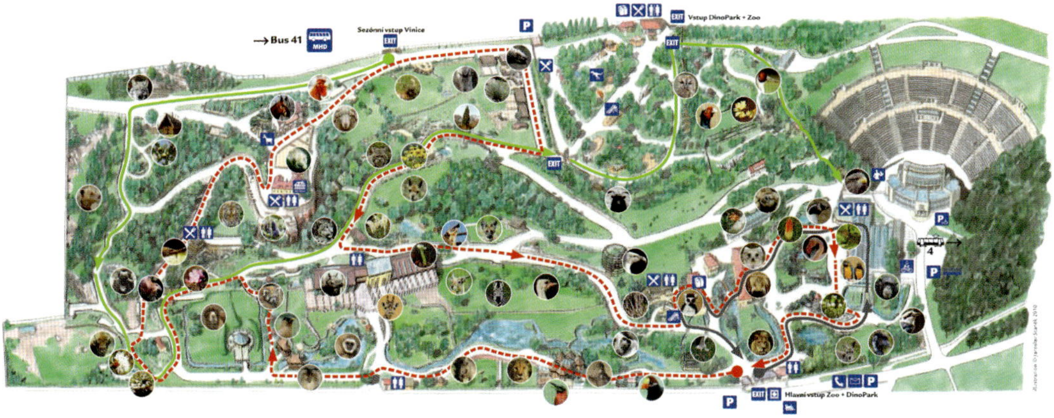

Zoo Pilsen

Inhaber des Zoos Kommunal, 100 % Stadtverwaltung Pilsen

Zoofläche 21 ha

Gründungsjahr 1926, Umzug zu aktuellem Standort 1963

Besucherzahlen Ca. 460 000

Tierbestand am 31. 12. 2009

	Anzahl	Arten
Säugetiere	1 514	241
Vögel	1 845	505
Reptilien	1 325	248
Amphibien	472	59
Fische	692	90

Dienstleistungen

Gastronomie (verpachtet):
Restaurant, Cafeteria, Kioske - Restaurant Kiboko, Restaurant at Lemur, Siberian Log House
Läden (verpachtet): Zoo-Shop
Streichelzoo: ja, bei gutem Wetter Kamelreiten
Spielplatz: ja

Hunde An der Leine erlaubt: nein Hundezwinger: nein

Fütterung durch Besucher Streng verboten

Vorführungen etc. Greifvogelshow im Amphitheater, Luftnerka Bauernhof, Dino Park

Bildung

Keeper Talks: ja, zu den Fütterungszeiten. Täglich 3 Termine im Winter bzw. 5 Termine im Sommer - siehe Tagesprogramm im Zoo
Zooschule/Bildungszentrum: ja
Biodiversity Zentrum: nein
Zooführer: ja, 75,00 CZK
Beschilderung: Tschechisch Bewertung: *

Zoofreunde Ja, circa 30 Mitglieder

Ehrenamtliche Helfer Nein

Zoo Pilsen

Allgemeine Beschreibung

Die einzige Kombination eines zoologischen mit einem botanischen Garten in der Tschechischen Republik befindet sich in Pilsen. Mit der Mies im Süden des Zoos und hohen Felsen im Norden wurde der Zoo als Geozoo organisiert. Wichtige neue Anlagen wurden 2010 eröffnet. Die Mehrheit der Tierarten, die hier zu finden sind, kann man in keinem anderen Zoo der Tschechischen Republik sehen. Es gibt einen schönen japanischen Garten, Showa-en, und ein Gewächshaus mit Sukkulenten.

Begehbare Häuser

Giraffenhaus, Madagaskarhaus, Haus für nachtaktive Tiere Afrikas, Nashornhaus, Tropenpavillon, Löwenhaus, Haus für Zwergflusspferde, Afrika-Tierhaus, Menschenaffenhaus

Besonderheiten

Afrikasavanne, Schildkröten, südamerikanische Pampa, Zwergflusspferde, Rote Springaffen, Wanderus, Braunbären, Zwergmungos, Schneeleoparden

Benötigte Zeit

Gesamter Zoo: 6 - 7 Stunden   Besonderheiten: 1 - 2 Stunden

Dierenpark Planckendael

Planckendael

Kontakt

Name	Dierenpark Planckendael
Adresse	Leuvensesteenweg 582 2812 Muizen- Mechelen, B
Telefon	+32(0) 1541 4921
Fax	+32(0) 1542 2935
E-Mail	info@planckendael.be
Website	www.planckendael.be

Öffnungszeiten

Ganzjährig geöffnet

Mai, Juni und September	10.00 bis 18.00 Uhr
Juli und August	10.00 bis 19.00 Uhr
Oktober, März und April	10.00 bis 17.30 Uhr
November bis Februar	10.00 bis 16.45 Uhr

Eintrittspreise 2011

	EUR
Erwachsene	21,00
Kinder 3 - 17	17,00
Kinder unter 3	Frei
Jahreskarte - Erwachsene	93,00
Jahreskarte - 2 Erwachsene und Kinder unter 18	164,00
Ermäßigungen: Senioren ab 60, Schwerbehinderte mit Begleitperson, Antwerpen Kombiticket	

Verkehrsanbindung

Auto	E19 Ausfahrt 11 Zemst, dann ausgeschildert
Parken	Ja, am Zoo, 15,00 EUR
Bus	284, 285 vom Bahnhof Mechelen
Straßenbahn	1 bis Haltestelle Gare, dann Bus 30
Bahnhof	Muizen und Mechelen
Boot	Vom Bahnhof Mechelen (nur in der Hochsaison)

Inhaber des Zoos

Private, gemeinnützige Stiftung, 100 % KMDA, Royal Zoological Society of Antwerp mit finanzieller Unterstützung durch die Stadtverwaltung Antwerpen und die Regionalverwaltung Flandern

Zoofläche

40 ha

Gründungsjahr

1956

Besucherzahlen

Ca. 850 000

Tierbestand am 31. 12. 2009

	Anzahl	Arten
Säugetiere	321	62
Vögel	667	110
Reptilien	54	10
Amphibien	8	3
Fische	25	3
Unter „Vögel“ nicht berücksichtigt: ca. 400 Weißstörche		

Dienstleistungen

Gastronomie (zooeigen):
Restaurant, Café, Kioske - De Ooievaar, Toepaja, Restaurant Wapiti
Läden (zooeigen): Zoo-Shop
Streichelzoo: ja, Kinderbauernhof
Spielplatz: ja, 5 versch. Spielplätze einschließlich Trampolin Park

Hunde

An der Leine erlaubt: nein Hundezwinger: nein

Fütterung durch Besucher

Streng verboten

Vorführungen etc.

Nein

Bildung

Keeper Talks: nein
Zooschule/Bildungszentrum: nein
Biodiversity Zentrum: nein
Zooführer: nein
Beschilderung: Flämisch, französisch und englisch Bewertung: *

Zoofreunde

Nein, aber Mitglieder des KMDA-Programms
Antwerpen und Planckendael zusammen ca. 200 000 Mitglieder

Ehrenamtliche Helfer

Ja, 1

Dierenpark Planckendael

Allgemeine Beschreibung

Über eine gemeinsame Eigentümerschaft mit dem Zoo Antwerpen verbunden, wurde der Zoo Planckendael für Tiere entwickelt, die viel Raum benötigen. Die neuesten Anlagen sind die Giraffen- und Gepardengehege; ihnen wird eine 3-Hektar-Elefantenanlage mit Elefantenhaus folgen. Der Zoopark liegt auf dem flachen Gelände eines Herrenhauses und hat einen alten Baumbestand und ausgezeichnete Wasserelemente. Als großes Umweltprojekt ist die Wiederaufbereitung und Reinigung von Wasser durch Pflanzen und Schilf erwähnenswert.

Begehbare Häuser

Giraffenhaus, Bienenhaus, Bonobohaus, asiatisches Gewächshaus, Koala-Haus

Besonderheiten

Bonobos, Afrikasavanne, Weißwangengibbons, Koalas, Geparden, Waldhunde, Zwergotter, Tüpfelhyänen, Goldkopf-Löwenaffen, Krallenaffen

Benötigte Zeit

Gesamter Zoo: 5 - 7 Stunden — Besonderheiten: 2 - 3 Stunden

Zoo Prag

Kontakt

Name	Zoologická zahrada Praha
Adresse	U Trojského Zámku 3/120, Troja 171 00 Praha 7, CZ
Telefon	+420(0) 296 112 230
Fax	+420(0) 233 540 287
E-Mail	pr@zoopraha.cz
Website	www.zoopraha.cz

Öffnungszeiten

Ganzjährig geöffnet

April, Mai, September, Oktober	9.00 bis 18.00 Uhr
Juni bis August	9.00:bis 19.00 Uhr
März	9.00 bis 17.00 Uhr
November, Dezember, Januar, Februar	9.00 bis 16.00 Uhr

Eintrittspreise 2011

	CZK
Erwachsene	150,00
Kinder 3 - 15	100,00
Kinder unter 3	Frei
Familie - 2 Erwachsene und 2 Kinder	450,00
Hunde	20,00
Jahreskarte - Familie	1.200,00
Jahreskarte - Erwachsene	500,00
Jahreskarte - Kinder 3 - 15	300,00
Jahreskarte - Hunde	100,00
Ermäßigungen: Senioren ab 65, Schwerbehinderte, Schüler, Studenten Kombiticket für Zoo, Botanischen Garten und Schloss erhältlich	

Verkehrsanbindung

Auto	Beschilderung Zoo/Troja folgen
Parken	Ja, am Zoo, 100,00 CZK
Bus	112
Straßenbahn	14, 17 nach Trojská, dann Bus 112
Metro	Nadrazi Holesovice, dann Bus 112
Boot	Nach Troja auf Vlatava im Sommer

Inhaber des Zoos

Kommunal,
100 % Stadtverwaltung Prag

Zoofläche

60 ha

Gründungsjahr

1931

Besucherzahlen

Ca. 1 300 000

Tierbestand am 31. 12. 2009

	Anzahl	Arten
Säugetiere	1 200	169
Vögel	1 428	270
Reptilien	851	120
Amphibien	52	10
Fische	1 009	52

Dienstleistungen

Gastronomie (verpachtet):
2 Restaurants, Café, Kioske, Picknickplätze
Läden (verpachtet): Zoo-Shop, Seilbahn 20,00 CZK
Streichelzoo: ja — Spielplatz: ja, mehrere

Hunde

An der Leine erlaubt: ja — Hundezwinger: nein

Fütterung durch Besucher

Streng verboten, außer im Streichelzoo

Vorführungen etc.

Ja, Ausstellungen im Bildungszentrum

Bildung

Keeper Talks: ja, bei gutem Wetter 16 - 21 Termine täglich - siehe Tagesprogramm im Zoo
Zooschule/Bildungszentrum: ja
Biodiversity Zentrum: nein
Zooführer: ja, 159,00 CZK
Beschilderung: Tschechisch mit englischen, deutschen und russischen Zusammenfassungen — Bewertung: **

Zoofreunde

Ja, Zoo-Fanclub, ca. 500 Mitglieder

Ehrenamtliche Helfer

Nein

Allgemeine Beschreibung

An einem schönen Felshang hoch über der Moldau, fantasievoll genutzt für viele Anlagen und mit natürlichen Lebensräumen für viele Tierarten ausgestattet, liegt der Prager Zoo. Ein Teil dieses reizvollen Zoos hat sehr unter dem Hoch-

wasser von 2002 gelitten, das die Hälfte des Zoos überschwemmte. Viele Tiere waren davon betroffen und einige sind ertrunken; doch die Bergungsarbeiten waren beeindruckend und Slávek, das im Zoo geborene Flusspferd, hat überlebt. Große Investitionen folgten und heute ist der Prager Zoo ein wahrer Genuss. Das indonesische Tropenhaus ist eine schöne Anlage mit einer guten Einführungsausstellung. Die gute Versorgung mit Wasser hat es ermöglicht, viele Affeninseln anzulegen. Wunderbar ist die begehbare Lemurenanlage; verschiedene Entenarten teilen sie mit den unterschiedlichen Lemurenarten. Der Zoo hat eine weitläufige Atmosphäre mit schöner Vegetation, mehreren begehbaren Anlagen und gutem Blick auf die Gehege. Der Zoo Prag besitzt den besten Tierbestand in Osteuropa.

Begehbare Häuser

Indonesischer Dschungel, Chambal Gharial, Vogelhaus Sichuan, Giraffenhaus, Gorillahaus, Elefanten-/Flusspferdhaus, Großkatzen und Terrarium, Afrikahaus, Pinguinhaus, Riesenschildkrötenhaus

Besonderheiten

Orang-Utans, Schweinsaffen, begehbare Katta-Anlage, Kubanische und Blaue Wirtelschwanzleguane, Weißhandgibbons, Berberaffen, begehbare Wasservogelanlage, Kleine Pandas, Gaviale, Zwergotter, Binturongs, Greifvogelvoliere, Seebären, Nordamerikanische Otter, Giraffen, Pelikane, Gorillas

Benötigte Zeit

Gesamter Zoo: 8 - 10 Stunden

Besonderheiten: 3 Stunden

Ouwehands Dierenpark

Kontakt

Name	Ouwehands Dierenpark B.V., Rhenen
Adresse	Grebbeweg 111, 3911 AV Rhenen, NL
Telefon	+31 (0) 317 650 200
Fax	+31 (0) 317 613 727
E-Mail	info@ouwehand.nl
Website	www.ouwehand.nl

Öffnungszeiten

Ganzjährig geöffnet

Sommer	9.00 bis 18.00 Uhr
Winter	10.00 bis 17.00 Uhr

Öffnungszeiten variieren, siehe Website

Eintrittspreise 2011

	EUR
Erwachsene	19,00
Kinder 3 - 9	16,00
Kinder unter 3	Frei
Jahreskarte - Erwachsene	48,50
Jahreskarte - Kinder	48,50
Jahreskarte - 2 Erwachsene und Kinder	194,00

Ermäßigungen: Senioren ab 65, Schwerbehinderte
Jahreskartenbesitz inkl. Magazin und reduziertem Eintritt in andere niederländische NVD-Zoos

Ouwehands Dierenpark

Verkehrsanbindung

Auto	A12 Ausfahrt Veenendaal oder A15 Ausfahrt Ochten
Parken	Ja, am Zoo, 5,00 EUR pro Tag
Bus	45, 50, 87
Straßenbahn	Linie 1 Haltestelle Gare, dann Bus 30
Bahnhof	Rhenen, 800 m bis zum Zoo

Inhaber des Zoos

Private, gemeinnützige Gesellschaft, 100 % Van Ouwehands Dierenpark B.V.

Zoofläche

22 ha

Gründungsjahr

1932

Besucherzahlen

Ca. 910 000

Tierbestand am 31. 12. 2009

	Anzahl	Arten
Säugetiere	345	44
Vögel	466	77
Reptilien	95	15
Amphibien	16	5
Fische	0	0

Dienstleistungen

Gastronomie (zooeigen):
Restaurants, Café, Kioske - Jungle Restaurant, RavotAapia Restaurant, Café Passaro
Läden (zooeigen): Zoo-Shop
Streichelzoo: ja
Spielplatz: ja, inkl. RavotAapia, Europas größter überdachter Dschungelspielplatz auf 0,4 ha; beherbergt sowohl Themenspielplatz als auch einige Tiergehege.

Hunde

An der Leine erlaubt: ja
Hundezwinger: nein

Fütterung durch Besucher

Streng verboten

Vorführungen etc.

Ja, Seelöwen

Bildung

Keeper Talks: ja, im Sommer
3 Termine täglich – siehe Tagesprogramm im Zoo
Zooschule/Bildungszentrum: ja
Biodiversity Zentrum: nein
Zooführer: ja, 3,50 EUR
Beschilderung: Niederländisch
Bewertung: **

Zoofreunde Nein

Ehrenamtliche Helfer Ja, ca. 45

Allgemeine Beschreibung Dieser interessante Zoo liegt auf einem flachen, aber bewaldeten Gelände mit altem Laubbaumbestand. Besonderheiten des Ouwehands Dierenpark sind sein riesiger Indoor-Spielplatz und ein 2 Hektar großer Bärenwald, der von Alertis, einer Stiftung für misshandelte Bären und Naturschutz, gefördert wird. Die Besucher können die Bären und Wölfe von einem höher gelegenen Fußweg aus in einer natürlichen Umgebung sehen und viele weitere Tiere - z. B. Eisbären, eine der Attraktionen des Zoos - aus der Nähe betrachten.

Begehbare Häuser Elefantenhaus, Umkhosi (afrikanische Säugetiere), Giraffenhaus, Urucu (südamerikanischer Dschungel), Orang-Utan-Haus, Aquarium, Passaro (tropische Vögel)

Besonderheiten Seehunde, Zwergotter, Pinguine, Eisbären, Warzenschweine, Hornvögel, Weißhandgibonns, Zebras, Voliere für tropische Vögel, Bärenwald Alertis (Braunbären und Wölfe), Sattelstörche, Kaffernadler, Pfaue, Fasane

Benötigte Zeit Gesamter Zoo: 4 - 6 Stunden Besonderheiten: 2 - 3 Stunden

Riga Zoo

RĪGAS NACIONĀLAIS ZOOLOĢISKAIS DĀRZS

Kontakt

Name	Riga´s Zooloiskais Darzs
Adresse	Meza Prospekts 1, Riga LV 1014, LV
Telefon	+371 (0) 6751 84 09
Fax	+371 (0) 6754 00 11
E-Mail	info@rigazoo.lv
Website	www.rigazoo.lv

Öffnungszeiten

Ganzjährig geöffnet

Mitte April bis Mitte Oktober	10.00 bis 19.00 Uhr
Mitte Oktober bis Mitte April	10.00 bis 17.00 Uhr

Eintrittspreise 2011

	LS
Erwachsene	4,00
Kinder 4 - 18	3,00
Kinder unter 4	Frei
Familie - 2 Erwachsene und Kinder	12,00
Jahreskarte - Erwachsene	40,00
Jahreskarte - Familie	60,00
Jahreskarte - 1 Erwachsener und 1 Kind	50,00
Ermäßigungen: Schüler, Studenten, Senioren ab 62, Schwerbehinderte mit Begleitperson	

Verkehrsanbindung

Auto	Zoo liegt im Stadtteil Mežaparks (Kaiserwald)
Parken	Ja, am Zoo, 2,00 LS
Bus	48 von Plavnieki oder Sarkandaugava
Straßenbahn	11 vom Stadtzentrum

Riga Zoo

Inhaber des Zoos Kommunal, 100 %
Stadtverwaltung Riga

Zoofläche 22 ha

Gründungsjahr 1912, ursprünglich deutschsprachige Gesellschaft

Besucherzahlen Ca. 375 000

Tierbestand am 31. 12. 2010

	Anzahl	Arten
Säugetiere	490	88
Vögel	377	74
Reptilien	241	61
Amphibien	1 265	54
Fische	634	63

Dienstleistungen Gastronomie (verpachtet):
Cafés, Kioske und Picknickplätze
Läden (zooeigen): Zoo-Shop
Streichelzoo: ja Spielplatz: ja

Hunde An der Leine erlaubt: nein Hundezwinger: nein

Fütterung durch Besucher Streng verboten

Vorführungen etc. Kegelrobben-Show, Nachtzoo im Winter

Bildung Keeper Talks: ja, 8 Termine – siehe Tagesprogramm im Zoo
Zooschule/Bildungszentrum: ja
Biodiversity Zentrum: nein
Zooführer: nein
Beschilderung: Lettisch und russisch Bewertung: **

Zoofreunde Nein

Ehrenamtliche Helfer Ja, ca. 10

Allgemeine Beschreibung Ein abwechslungsreiches, relativ ebenes Gelände im großen Mežaspark, nahe bei den attraktiven baltischen Küstengewässern im Nordosten der Stadt. Nichtsdestotrotz fehlt es im Zoo an natürlichen Wasservorkommen; es gibt jedoch einen natürlichen Baumbestand.
Einige Plätze und Anlagen sollten vergrößert werden. Viele Gebäude sind modernisierungs- oder renovierungsbedürftig. Im Jahr 2008 hat der Zoo in ein hervorragendes neues Giraffenhaus investiert; weitere Verbesserungen sind geplant.

Begehbare Häuser	Giraffenhaus, Nachttierhaus, Aquarium, Flusspferdhaus, Tropenhaus
Besonderheiten	Giraffen, Krallenaffen, Wasseragamen, Nasenbären, Waldrentiere, Frösche, Springtamarine, Schraubenziegen, Kröten, Afrikasavanne
Benötigte Zeit	Gesamter Zoo: 4 - 6 Stunden Besonderheiten: 1 - 2 Stunden

Bioparco di Roma

Kontakt

Name	Bioparco di Roma
Adresse	Viale Giardino Zoologico 20 00197 Rome, I
Telefon	+39 06 360 82 11
Fax	+39 06 320 73 89
E-Mail	info@bioparco.it
Website	www.bioparco.it

Öffnungszeiten

Ganzjährig geöffnet, außer 1. Weihnachtstag

Sommerzeit: April bis Oktober	9.30 bis 18.00 Uhr
Sommerzeit: Wochenenden und Feiertage	9.30 bis 19.00 Uhr
Winterzeit: Oktober bis März	9.30 bis 17.00 Uhr
Dezember bis Februar	10.00 bis 16.00 Uhr

Eintrittspreise 2011

	EUR
Erwachsene	12,50
Kinder unter 1 m	Frei
Kinder unter 13	10,50
Jahreskarte - Erwachsene	100,00
Jahreskarte - 1 Erwachsener und 1 Kind	120,00
Jahreskarte - 2 Erwachsene und 1 Kind	150,00
Jahreskarte - 2 Erwachsene und 2 Kinder	175,00
Ermäßigungen: Schüler, Studenten, Senioren ab 60, Schwerbehinderte mit Begleitperson, Angehörige der Streitkräfte	

Verkehrsanbindung

Auto	Ausfahrt Salaria Centro – Parioli'del GRA
Parken	In Zoonähe, Villa Borghese, 18,00 EUR pro Tag
Bus	3, 52, 53, 217, 360, 910 und 926
Straßenbahn	19 bis Bioparco
Metro	Rote Linie bis Flaminio und Spagna

Inhaber des Zoos

Kommunal,
100 % Stadt Rom

Zoofläche

18 ha

Gründungsjahr

1911

Besucherzahlen

Ca. 540 000

Bioparco di Roma

Tierbestand am 31. 12. 2009

	Anzahl	Arten
Säugetiere	319	45
Vögel	380	65
Reptilien	316	64
Amphibien	98	12
Fische	0	0

Dienstleistungen

Gastronomie (verpachtet):
Restaurant Mascagni, Cafè del Parco und Cafè del Ninfeo
Läden (zooeigen): Zoo-Shop – Bioparco Shop
Zoo Train, 1,00 EUR pro Person
Streichelzoo: ja, inkl. 5 Arten italienischer Esel, kleiner Bauernhof mit italienischen Bauernhoftieren
Spielplatz: ja, mehrere Spieplätze und weitere Räume
An der Leine erlaubt: nein   Hundezwinger: nein

Hunde

Streng verboten

Fütterung durch Besucher

Nein

Vorführungen etc.

Keeper Talks: ja, 8 Termine an Wochenenden und Feiertagen - siehe Programm im Zoo

Bildung

Zooschule/Bildungszentrum: nein
Biodiversity Zentrum: nein, aber Biodiversitalia für einheimische Arten Italiens
Zooführer: ja, 8,00 EUR
Beschilderung: Italienisch und englisch   Bewertung: **

Zoofreunde

Nein

BIOPARCO DI ROMA

Ehrenamtliche Helfer Nein

Allgemeine Beschreibung Der Zoo ist Teil des berühmten Villa Borghese Parks. Leider wurde er in den vergangenen Jahren verkleinert. Er ist ein echter Stadtzoo, der zoologische mit botanischen Aspekten verbindet: Es gibt über 1 000 Bäume, von denen einige sehr selten und sehr alt sind. Subtropische Vegetation mit viel Bambus verleiht dem Zoo eine üppige Atmosphäre. Pfauen sind allgegenwärtig!

Begehbare Häuser Reptilienhaus, Biodiversitalia

Besonderheiten Vogelvoliere, Wölfe, Löffler, Braunbären, Wasservögel, Schimpansen, Heilige Ibisse

Benötigte Zeit Gesamter Zoo: 5 - 6 Stunden Besonderheiten: 2 Stunden

Zoo Rostock

Kontakt

Name	Zoologischer Garten Rostock gGmbH
Adresse	Rennbahnalle 21, 18059 Rostock, D
Telefon	+49(0)381 20 820
Fax	+49(0)381 493 4400
E-Mail	office@zoo-rostock.de
Website	www.zoo-rostock.de

Öffnungszeiten

Ganzjährig geöffnet

April bis Oktober	9.00 bis 19.00 Uhr
November bis März	09.00 bis 17.00 Uhr
24. 12. und 31. 12.	09.00 bis 14.00 Uhr

Eintrittspreise 2011

	EUR
Erwachsene	11,50
Kinder 3 - 16	6,00
Kinder unter 3	Frei
Hunde	6,00
Familie - 1 Erwachsener und bis zu 3 Kinder	21,00
Familie - 2 Erwachsene und bis zu 3 Kinder	31,00
Jahreskarte - Erwachsene	35,00
Jahreskarte - Kinder 3 - 16	16,00
Jahreskarte - Familie - 2 Erwachsene, 3 und mehr Kinder	102,00
Jahreskarte - Hunde	16,00
Ermäßigungen: Schüler, Studenten, Auszubildende und Schwerbehinderte	

Verkehrsanbindung

Auto	A19 Ausfahrt Rostock Ost, dann B105 A20 Ausfahrt Rostock West, dann B103 B105 von Ost oder West
Parken	Ja, am Zoo
Bus	28
Straßenbahn	3, 6
Bahnhof	Rostock Hbf.

Inhaber des Zoos

Kommunale Gesellschaft, Zoologischer Garten Rostock gGmbH
99,56 % Stadt Rostock, 0,44 % Rostocker Zooförderverein e. V.

Zoofläche

42 ha

Gründungsjahr

1899

Besucherzahlen

Ca. 555 000

Zoo Rostock

Tierbestand am 31. 12. 2009

	Anzahl	Arten
Säugetiere	329	64
Vögel	455	82
Reptilien	51	15
Amphibien	28	6
Fische	386	51

Dienstleistungen

Gastronomie (zooeigen und verpachtet):
Restaurant, Café, Kioske - Restaurant Elefantenlodge, Café Käfer, Café Toralk
Läden (zooeigen): 2 Zoo-Shops
Streichelzoo: ja
Spielplatz: ja, besonders interessant. Mit Bezügen zur Bionik, Umwelt und Zootieren

Hunde

An der Leine erlaubt: ja   Hundezwinger: ja, kostenlos

Fütterung durch Besucher

Streng verboten

Vorführungen etc.

Edutainment (Darwin-Box), Das grüne Ei

Bildung

Keeper Talks: ja
Zooschule/Bildungszentrum: ja
Biodiversity Zentrum: ja, Bionikzentrum
Zooführer: ja
Beschilderung: Deutsch   Bewertung: **

Zoofreunde

Ja, Rostocker Zooförderverein e. V.
Ca. 150 Mitglieder am 31. 12. 2009

Ehrenamtliche Helfer

Ja, ca. 10

Zoo Rostock

Allgemeine Beschreibung

Der Zoo Rostock liegt in einem ausgedehnten Park mit hervorragendem, altem Baumbestand und vielseitiger Vegetation – darunter die berühmten Dahlienbeete und Rhododendron.
Das Gelände ist zum größten Teil eben, die attraktive Landschaft fantasievoll genutzt; es gibt schöne Wasserelemente.
Der Zoo wurde durch den Bau des zukünftigen DARWINEUM-Projekts vergrößert, das die Menschenaffen- und die Affenanlagen verwandeln und Raum für neue Tierarten schaffen wird.

Begehbare Häuser

Elefantenhaus, Regenwaldpavillon, Vogel- und Reptilienhaus, Löwenhaus, Südamerikahaus, Krokodilhalle, Affenhaus, Aquarium, Darwineum (im Bau; Eröffnung 2012)

Besonderheiten

Jaguare, Otter und Waschbären, Husarenaffen, Erdmännchen, Polarfüchse, Kamele, Kapuzineraffen, Pelikane, Krallenaffen, Seevogelvoliere, Seebären und Seelöwen, Falken, Huftieranlage (Antilopen), Muntjaks und Kraniche

Benötigte Zeit

Gesamter Zoo: 8 Stunden Besonderheiten: 2 - 3 Stunden

Diergaarde Blijdorp

Kontakt

Name	Diergaarde Blijdorp/ Rotterdam Zoo
Adresse	Blijdorplaan 8, 3041 JG Rotterdam, NL
Telefon	+31(0) 10 443 1431
Fax	+31(0) 10 467 7811
E-Mail	info@rotterdamzoo.nl
Website	www.rotterdamzoo.nl

Öffnungszeiten

Ganzjährig geöffnet

Sommer	9.00 bis 18.00 Uhr
Winter	9.00 bis 17.00 Uhr

Eintrittspreise 2011

	EUR
Erwachsene	19,50
Kinder 3 - 9	16,50
Kinder unter 3	Frei
Jahreskarte - Erwachsene	71,00
Jahreskarte - Kinder	50,00
Jahreskarte - 2 Erwachsene und Kinder	179,00
Ermäßigungen: Senioren ab 64 und Schwerbehinderte	

Verkehrsanbindung

Auto	A20 Ausfahrt 13 Blijdorp ausgeschildert
Parken	Ja, am Zoo, 7,00 EUR pro Tag
Bus	32, 33 zum Haupteingang; 44, 49 zum Eingang Rivierahal
Straßenbahn	3 bis Eingang Rivierahal
Bahnhof	Rotterdam Hbf., 12 Minuten Fußweg

Inhaber des Zoos

Private, gemeinnützige Stiftung,
100 % Royal Rotterdam Zoological Society mit finanzieller Unterstützung durch die Stadtverwaltung Rotterdam

Zoofläche 28 ha

Gründungsjahr 1857

Besucherzahlen Ca. 1 600 000

Tierbestand am 31. 12. 2009

	Anzahl	Arten
Säugetiere	1 235	84
Vögel	1 287	148
Reptilien	595	88
Amphibien	151	14
Fische	6 828	257

Dienstleistungen

Gastronomie (zooeigen):
Restaurants, Café, Kioske, Picknickplatz - Restaurant Terraszaal, Restaurant de Lepelaar, karibisches Café
Läden (zooeigen): Zoo-Shop, Zoo Train
Streichelzoo: ja Spielplatz: ja

Hunde

An der Leine erlaubt: nein Hundezwinger: nein

Fütterung durch Besucher

Streng verboten

Vorführungen etc.

Ja, Vogelflugshow von Mai bis Oktober

Bildung

Keeper Talks: ja, min. 6 Termine täglich – siehe Tagesprogramm im Zoo
Zooschule/Bildungszentrum: ja
Biodiversity Zentrum: nein
Zooführer: ja, 3,50 EUR
Beschilderung: Niederländisch und englisch Bewertung: **

Zoofreunde

Ja, Vereinigung der Freunde von Blijdorp mit ca. 6 500 Mitgliedern
Zakenkring (Geschäftskreis) mit 160 Mitgliedern

Ehrenamtliche Helfer

Ja, ca. 400

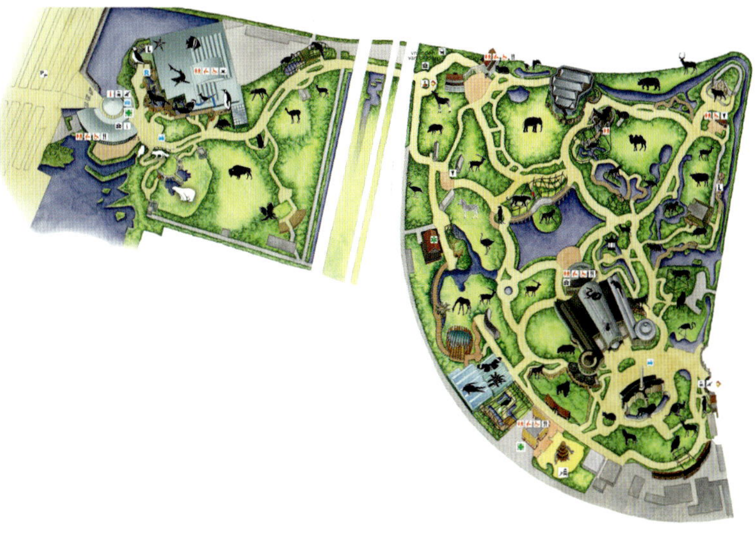

Diergaarde Blijdorp

Allgemeine Beschreibung

Der Tiergarten Blijdorp liegt auf einem flachen Gelände mit schöner Bepflanzung – es gibt hier zum Beispiel sieben Bambusarten - und einem Chinesischen Garten.
Der traditionsreiche Stadtzoo befindet sich im Wandel. Beeindruckende neue Gebäude sind in den vergangenen zehn Jahren eröffnet worden und die Außenanlagen wurden dahin gehend saniert, dass sie eher den natürlichen Lebensräumen der Tiere ähneln. Der Zoo wird als Geozoo umstrukturiert.
Die ungemein beeindruckenden Oceanium-Anlagen liegen in einem neuen Bereich, der vom historischen Zoo durch eine Bahnlinie getrennt ist, die über den Zoo führt: Mit Erstaunen sehen die Besucher Störche in ihren Nestern auf den Pfeilern.

Begehbare Häuser

Ozeanium, Elefantenhaus, Löwenhaus, Krokodilhaus, Rivierahalle, Giraffenhaus, Tigerhaus, Komodowaranhaus, Tropenhaus, Menschenaffenhaus, Okapihaus, Eisbärhaus

Besonderheiten

Ozeanium, Amurleoparden, Nilkrokodile, begehbare Vogelanlage am See, Elefanten, Manule, Kaimane, begehbare Sichlervoliere, Giraffen, Fischkatzen, Komodowarane, begehbare Greifvogelanlage, Eisbären, Guerezas, Pinselohrschweine, Mandschurenkraniche, Seelöwen, Weißhandgibbons, Kamele, Papageitaucher/Trottellummen, Königspinguine

Benötigte Zeit

Gesamter Zoo: 6 - 8 Stunden   Besonderheiten: 3 - 4 Stunden

Sóstó Zoo

Kontakt

Name	Sóstó Zoo
Adresse	Nyíregyházi Állatpark Nonprofit Kft.4431 Sóstófürdo, Sóstói út, H
Telefon	+36 20 297 68 62 +36 20 297 89 38
Fax	+36 42 402 031
E-Mail	info@sostozoo.hu office@sostozoo.hu
Website	www.sostozoo.hu

Öffnungszeiten

Ganzjährig geöffnet

Sommer: April bis Oktober	9.00 bis 19.00 Uhr
Winter: November bis März	9.00 bis 16.00 Uhr

Eintrittspreise 2011

	HUF
Erwachsene	2.200
Kinder 3 - 17	100
Familie - 2 Erwachsene und 1 Kind	5.800
Familie - 2 Erwachsene und 2 Kinder	7.200
Familie - 2 Erwachsene und 3 Kinder	8.400
Ermäßigungen: Schüler, Studenten, Rentner	

Verkehrsanbindung

Auto	M3 Ausfahrt Nyiregyhaza Zentrum, dann ausgeschildert
Parken	Ja, am Zoo, kostenlos
Bus	8 von Nyiregyhaza Bahnhof zum Zoo
Bahnhof	Nyiregyhaza

Inhaber des Zoos

Kommunal,
100 % Stadtverwaltung
Nyiregyhaza

Zoofläche

40 ha

Gründungsjahr

1996

Besucherzahlen

Ca. 500 000

Sóstó Zoo

Tierbestand am 31. 12. 2009

	Anzahl	Arten
Säugetiere	531	98
Vögel	524	96
Reptilien und Amphibien	275	33
Fische und Weichtiere	1 361	112

Dienstleistungen

Gastronomie (zooeigenes Hotel und verpachtete Gastronomie):
Hotel, Restaurant, Café, Kioske, Picknickplatz - Jungle Hotel, Restaurant Bamboo in der grünen Pyramide
Läden (verpachtet): Zoo-Shop
Streichelzoo: ja Spielplatz: ja

Hunde

An der Leine erlaubt: nein Hundezwinger: ja

Fütterung durch Besucher

Streng verboten

Vorführungen etc.

Ja, Seelöwen, Greifvögel, Aras

Bildung

Keeper Talks: ja
Zooschule/Bildungszentrum: ja
Biodiversity Zentrum: nein
Zooführer: ja, 200 HUF
Beschilderung: Ungarisch
Zusammenfassungen und neue Beschilderung auch auf Englisch, Deutsch, Slowakisch und Ukrainisch Bewertung: *

Zoofreunde

Ja, ca. 60 Mitglieder am 31. 12. 2009

Ehrenamtliche Helfer

Ja, ca. 20

Allgemeine Beschreibung

Im 700 Hektar großen Sóstó-Eichenwald in Ungarns Osten belegt der Zoo ein relativ flaches Gelände mit teilweise offenen, teilweise bewaldeten Flächen. 2004 begann man, botanische Gärten anzulegen; diese werden systematisch erweitert.

Der Zoo Sóstó ist ein relativ neuer Zoo mit einem beeindruckenden Tierbestand. Unter den Meilenstein-Entwicklungen von 2010 sind die imposante Grüne Pyramide mit einem Blick von vier Ebenen auf einen indonesischen Regenwald sowie der Tarzan Trail und die Afrikasavanne zu erwähnen. Die Besucher können große Tiere in natürlicher Umgebung aus der Nähe betrachten.

Begehbare Häuser

Die grüne Pyramide (Indonesienhaus und Ozeanarium), Südamerikahaus, Elefantenhaus, Tropenhaus

Besonderheiten

Die grüne Pyramide (Orang-Utans, Komodowarane, Gibbons, Haie und Stachelrochen), Afrikasavanne (Giraffen, Zebras, Antilopen, Pelikane), Elefanten, Seelöwen, Papageien, Gorillas, Loris, Ozeanarium

Benötigte Zeit

Gesamter Zoo: 6 - 8 Stunden
Besonderheiten: 2 - 3 Stunden

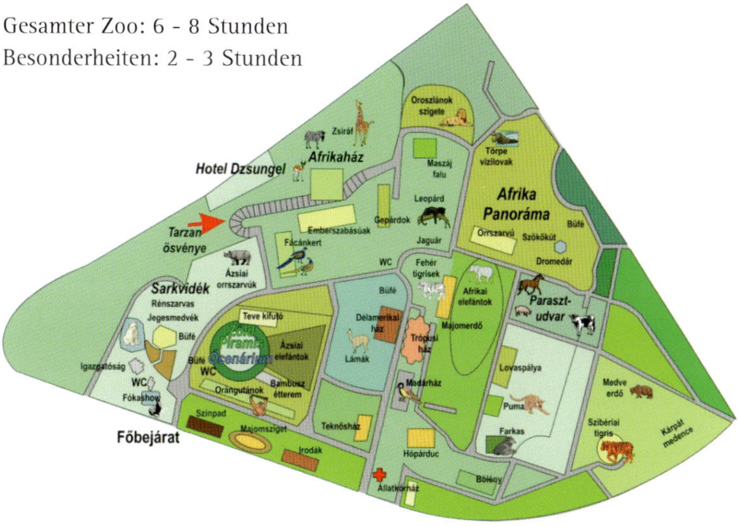

Wilhelma Stuttgart

Wilhelma
Zoologisch-Botanischer Garten Stuttgart

Kontakt

Name	Wilhelma - Zoologisch-Botanischer Garten Stuttgart
Adresse	Wilhelma 13, 70376 Stuttgart, D
Telefon	+49(0) 711 540 20
Fax	+49(0) 711 540 2222
E-Mail	info@wilhelma.de
Website	www.wilhelma.de

Öffnungszeiten

Ganzjährig geöffnet

Mai bis August	8.15 bis 18.00 Uhr
April und September	8.15 bis 17.30 Uhr
März und Oktober	8.15 bis 17.00 Uhr
November bis Februar	8.15 bis 16.00 Uhr

Kassenschluss angegeben. Zoo bis Einbruch der Dunkelheit und max. bis 20.00 Uhr geöffnet

Eintrittspreise 2011

	EUR	
	Sommer Mär bis Okt	Winter Nov bis Feb
Erwachsene	12,00	8,00
Kinder 6 - 17	6,00	4,00
Kinder unter 6	Frei	Frei
Familie - 1 Elternteil mit eigenen Kindern	18,00	12,00
Familie - Eltern mit eigenen Kindern	30,00	20,00
Jahreskarte - Erwachsene	52,00	
Jahreskarte - Kinder 6 - 17	36,00	
Jahreskarte - Familie - 1 Elternteil mit eigenen Kindern	67,00	
Jahreskarte - Familie - Eltern mit eigenen Kindern	99,00	
Ermäßigungen: Schüler, Studenten, Schwerbehinderte mit Begleitperson, Angehörige der Streitkräfte Im Sommer zahlen Besucher nach 16.00 Uhr den Wintertarif.		

Verkehrsanbindung

Auto	A81 oder A8 Ausfahrt Zentrum, dann ausgeschildert
Parken	Ja, Parkhaus am Zoo, 1,00 EUR/Stunde, 5,00 EUR/Tag
Bus	52, 55, 56 bis Rosensteinbrücke
S-Bahn	1, 2, 3 bis Bahnhof Bad Canstatt und 4, 5, 6 bis Nordbahnhof
Stadtbahn	U14 bis Haltestelle Wilhelma
Bahnhof	Stuttgart Hbf., dann Stadtbahn U14

Inhaber des Zoos Regional, 100 % Land Baden-Württemberg

Wilhelma Stuttgart

Zoofläche 30 ha

Gründungsjahr 1837 Gärten
1949 Zoo

Besucherzahlen Ca. 2 400 000

Tierbestand am 31. 12. 2009

	Anzahl	Arten
Säugetiere	655	114
Vögel	1023	199
Reptilien	370	87
Amphibien	318	32
Fische	4923	503

Dienstleistungen

Gastronomie (verpachtet):
Restaurant, Café, Kioske - Wilhelma Restaurant, Restaurant am Schaubauernhof, Bistro Belvedere
Läden (verpachtet): Zoo-Shop (Neueröffnung 2010)
Streichelzoo: ja, Ponyreiten im Sommer
Spielplatz: ja, neuer Abenteuerspielplatz 2011

Hunde An der Leine erlaubt: nein Hundezwinger: ja

Fütterung durch Besucher Streng verboten

Vorführungen etc. Ja, Damaszenerhalle

Bildung

Keeper Talks: ja, tägliche Termine – siehe Tagesprogramm im Zoo
Zooschule/Bildungszentrum: ja, neues Zentrum eröffnet 2011
Biodiversity Zentrum: nein
Zooführer: ja, 3,50 EUR
Beschilderung: Deutsch
Bewertung: *

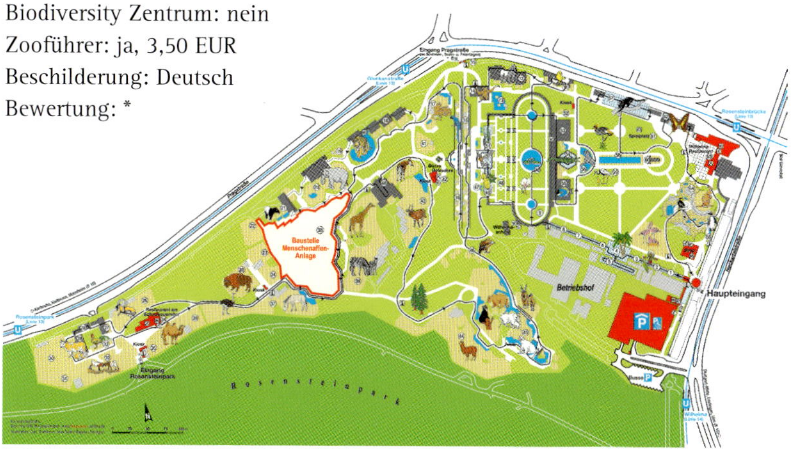

Wilhelma Stuttgart

Zoofreunde

Ja, Verein der Freunde und Förderer der Wilhelma e. V.
Ca. 24 000 Mitglieder am 31. 12. 2009

Ehrenamtliche Helfer

Ja, ca. 50

Allgemeine Beschreibung

Dieser berühmte zoologische und botanische Garten liegt auf dem Gelände des maurischen Palasts, den der schwäbische König Wilhelm I von Württemberg erbauen ließ. Der Zoo profitiert von den wunderschönen, gut instand gehaltenen Palmenhäusern des ehemals königlichen Parks und Gartens aus dem 19. Jahrhundert. Zu den Gärten gehören ein Belvedere und Terracotta-Terrassen: Diese sind einwandfrei unterhalten und machen den Zoo zu einem Genuss – auch für Botaniker und Fotografen.
Ein weniger glückliches Erbe sind einige Betonbauwerke aus den 60er Jahren, die nun systematisch durch Anlagen ersetzt werden, die auf dem neuesten Stand sind. Das abfallende, bewaldete Gelände eignet sich für die Außenanlagen vieler Tierarten, ebenso die vielen schönen Wasserspiele aus dem unteren Bereich. Die Wilhelma kombiniert ein berühmtes botanisches Kompetenzzentrum mit einem extrem umfangreichen Tierbestand. Viele andere Zoos, die in dieser Studie Erwähnung finden, profitieren von Wilhelmas botanischer Kompetenz, sie beziehen ihre tropischen Pflanzen von ihr. Verständlicherweise ist die Wilhelma Baden-Württembergs meist besuchte kostenpflichtige Besucherattraktion.

Begehbare Häuser

Amazonienhaus, Flusspferd- und Tapirhaus, Aquarium, Raubtierhaus, Giraffen- und Okapihaus, Terrarium und Krokodilhalle, Menschenaffenhaus, Affenhaus, Schmetterlingshaus und Insektarium, Elefanten- und Nashornhaus, Palmenhaus mit tropischen Vögeln, Tropenhaus

Besonderheiten

Amazonienhaus, Okapis, Waldhunde, Kasuare, Krokodilhalle, Brillenbären, Fenneks, Kongopfaue, begehbare Vogelvoliere, Krallenaffen, Springtamarine, Störche, Palmenhaus, Weißkopfsakis, Kaimane, Wasseragamen

Benötigte Zeit

Gesamter Zoo: 6 - 8 Stunden — Besonderheiten: 2 - 3 Stunden

Tallinn Zoo

Kontakt

Name	Tallinn Zoo
Adresse	Eingang Nord: Paldiski Mnt 145, Eingang West: Ehitajate tee 150, 13522 Tallinn, EST
Telefon	+372 (0) 694 33 00
Fax	+373 (0) 657 89 90
E-Mail	zoo@tallinnzoo.ee
Website	www.tallinnzoo.ec

Öffnungszeiten

Ganzjährig geöffnet

Mai bis August	9.00 bis 19.00 Uhr
September, Oktober, März und April	9.30 bis 17.00 Uhr
November bis Februar	9.30 bis 15.00 Uhr

Kassenschluss angegeben. Zoo schließt 2 Stunden später.

Eintrittspreise 2011

	EUR	
	Sommer 1. 5. bis 30. 9.	Winter 1. 10. bis 30. 4.
Erwachsene	5,80	3,20
Kinder 3 - 17	2,90	2,00
Kinder unter 3	Frei	Frei
Familie - 2 Erwachsene und Kinder	11,20	6,00
Jahreskarte - Erwachsene	35,00	
Jahreskarte - Familie	63,60	
Ermäßigungen: Senioren ab 70, Schwerbehinderte, Schüler, Studenten		

Verkehrsanbindung

Auto	Paldiski Mnt auf der Westseite von Tallin, ausgeschildert
Parken	Ja, 2 Parkplätze am Zoo, am Nordeingang kostenlos, am Westeingang kostenpflichtig
Bus	22 und Trolleybus 6 vom Stadtzentrum zum Zoo
Bahnhof	Baltic Station, Bus 21 und Trolleybus 7 zum Zoo

Inhaber des Zoos

Kommunal,
100 % Stadtverwaltung Tallinn

Zoofläche

89 ha

Gründungsjahr

1939, aktueller Standort seit 1983

Besucherzahlen

Ca. 330 000

Tallinn Zoo

Tierbestand am 31. 12. 2009

	Anzahl	Arten
Säugetiere	984	95
Vögel	601	120
Reptilien	145	47
Amphibien	148	17
Fische	2 575	133

Dienstleistungen

Gastronomie (zooeigen):
Cafés, Kioske, Picknickplatz
Läden: nein
Streichelzoo: ja
Spielplatz: ja

Hunde

An der Leine erlaubt: nein
Hundezwinger: nein

Fütterung durch Besucher

Normalerweise streng verboten, Besucher dürfen jedoch Fische, Wasservögel und Hausziegen mit Futter aus Automaten im Zoo füttern.

Vorführungen etc.

Nein

Bildung

Keeper Talks: nein
Zooschule/Bildungszentrum: ja
Biodiversity Zentrum: nein
Zooführer: nein
Beschilderung:
Estnisch und russisch
Bewertung: **

Zoofreunde

Ja, Freunde des Tallinn Zoo mit ca. 360 Mitgliedern am 31. 12. 2009

Ehrenamtliche Helfer

Nein

Allgemeine Beschreibung

Der Zoo liegt außerhalb der Stadt auf einem großen, flachen, teilweise bewaldeten Gelände. Es gibt einen großen Seenbereich, der vielen Vogelarten ein Zuhause bietet. Die Außenanlagen sind im Allgemeinen groß, aber die meisten

Innenanlagen müssen vergrößert, renoviert und verbessert werden.
Der Tierbestand ist ungewöhnlich groß und interessant mit einem Schwerpunkt auf Bergziegen und Schafen, Adlern und Kranichen aus gemäßigten und nördlichen Breiten. Es ist geplant, dass Tallinn in Zukunft als Geozoo umgestaltet wird.

Begehbare Häuser Elefantenhaus, Tropenhaus

Besonderheiten Elefanten, Löwen, Ziegenartige (Steinböcke, Blauschafe), Schneeleoparden, Landschildkröten, Kraniche, Amurleoparden, Streifenhyäne, Wasservögel auf Seen

Benötigte Zeit Gesamter Zoo: 6 - 8 Stunden Besonderheiten: 1 - 2 Stunden

Twycross Zoo

Kontakt

Name	Twycross Zoo
Adresse	Burton Road, Atherstone, Warwickshire CV9 3PX, UK
Telefon	+44 0844 474 1777
Fax	+44 0844 474 1888
E-Mail	info@twycrosszoo.org
Website	www.twycrosszoo.org

Öffnungszeiten

Ganzjährig geöffnet, außer 1. Weihnachtstag

Sommerzeit: Ende März bis Ende Oktober	10.00 bis 17.30 Uhr
Winterzeit: Ende Oktober bis Ende März	10.00 bis 16.00 Uhr

Eintrittspreise 2011

Preis für Tagestickets inkl. 10 % freiwilliger Spende für den Artenschutz	
	GBP
Erwachsene	13,00
Kinder 3 - 16	9,00
Kinder unter 3 und Begleitpersonen von Schwerbehinderten	Frei
Familie - 2 Erwachsene und 2 Kinder	40,00
Familie - 1 Erwachsener und 2 Kinder	28,00
Jahreskarte (Silber) - Erwachsene	46,80
Jahreskarte (Silber) - Kinder	32,40
Jahreskarte (Silber) - Familie - 2 Erwachsene und 2 Kinder	140,00
Goldene Jahreskarte: + ca. 10 %	
Ermäßigungen: Schüler, Studenten, Senioren ab 60, Schwerbehinderte Jahreskarteninhaber (Gold) erhalten freien Eintritt in Partnerzoos	

Verkehrsanbindung

Auto	A5 oder M42 auf A444 und braunen Touristenschildern folgen
Parken	Ja, am Zoo, kostenlos
Bus	Busse von Nuneaton und Ashby de la Zouch
Bahnhof	Nuneaton
Fahrrad	Fahrradständer am Zoo

Inhaber des Zoos Gemeinnütziger Verein, 100 % East Midlands Zoological Society

Zoofläche 18 ha

Gründungsjahr 1963

Besucherzahlen Ca. 550 000

Tierbestand am 31. 12. 2009

	Anzahl	Arten
Säugetiere	536	78
Vögel	371	86
Reptilien	63	19
Amphibien	8	3
Fische	73	5

Dienstleistungen

Gastronomie (zooeigen):
Restaurant, Café, Kioske, Picknickplatz - Himalaya Restaurant, Café Tibet, Gorilla Outpost, Anty's Kitchen, The Dome Café
Läden (zooeigen): 2 Zoo-Shops - Bazaar und Gallery
Streichelzoo: ja Spielplatz: ja

Hunde

An der Leine erlaubt: nein, Verbleib der Tiere im Auto ebenfalls verboten.
Hundezwinger: nein

Fütterung durch Besucher

Streng verboten

Vorführungen etc.

Ja

Bildung

Keeper Talks: ja
Zooschule/Bildungszentrum: ja
Biodiversity Zentrum: nein
Zooführer: ja, 2,99 GBP
Beschilderung: Englisch Bewertung: *

Zoofreunde

Nein, aber 1 000 Jahreskarteninhaber/Mitglieder der Twycross Zoo Association

Twycross Zoo

Ehrenamtliche Helfer
Ja, ca. 10

Allgemeine Beschreibung
Der Zoo Twycross liegt auf einem relativ flachen, offenen Gelände. Dennoch haben die jüngsten spektakulären Neuerungen viel dazu beigetragen, diesen Standort interessanter zu machen. Dazu gehören ein Naturgarten und ein Wildblumenwall hinter *Himalaya*, ein hervorragender Einsatz von Schilfgürteln in der Nähe des Borneo Langhauses und vergrößerte Elefanten-Außenanlagen, deren Sichtfeld natürlich, höchst fantasievoll und der Tierart angemessen gestaltet wurde und nun interessante Blickwinkel auf die Anlage bietet. Twycross wurde von Molly Banham und Nathalie Evans gegründet, die sich auf sämtliche Arten von Affen und Menschenaffen spezialisiert haben. Die Anfänge des Zoos sind in ihrem Buch *Molly's Zoo* nachzulesen. Der Zoo Twycross besitzt einen einmaligen und umfangreichen Bestand an Affen und wird angemessen als *The World Primate Centre* vermarktet.

Begehbare Häuser
Himalaya, Tropenhaus, 2 Schimpansenhäuser, Elefantenhaus, Borneo Langhaus, Orang-Utan-Haus, Giraffenhaus, 2 Gorillahäuser, Bonobohaus, versch. kleine Affenhäuser mit Durchgang

Besonderheiten
Elefanten/Ude Walwe, Vogelvolieren, Pelikane, Borneo Langhaus, Krallenaffen, Erdmännchen, Schneeleoparden, Löffelhunde, umfangreicher Primaten-Bestand

Benötigte Zeit
Gesamter Zoo: 6 Stunden Besonderheiten: 2 Stunden

Bioparc Valencia

Kontakt

Name	Bioparc Valencia
Adresse	Avenida Pio Baroja 3 46015 Valencia, E
Telefon	+34(0) 902 250 340
Fax	+34(0) 902 875 350
E-Mail	info@bioparcvalencia.es
Website	www.bioparcvalencia.es

Öffnungszeiten

Ganzjährig geöffnet

April bis Juni	10.00 bis 20.00 Uhr
Juli and August	10.00 bis 21.00 Uhr
September bis Mitte Oktober	10.00 bis 19.00 Uhr
Mitte Oktober bis März	10.00 bis 18.00 Uhr

Eintrittspreise 2011

	EUR
Erwachsene	21,50
Kinder 4 - 12	16,00
Kinder unter 4	Frei
Jahreskarte - Erwachsene	51,00
Jahreskarte - Kinder	39,00
Ermäßigungen: Schüler, Studenten, Großfamilien, Senioren ab 64, Schwerbehinderte	

Verkehrsanbindung

Auto	A7/N340 oder A3 (von Madrid) oder N234
Parken	Ja, am Zoo, 5,00 EUR pro Tag
Bus	95 von Valencia Nord oder Bus Station
Metro	Linien 3 und 5 bis Neu'd'Octobre
Bahnhof	Valencia Nord

Inhaber des Zoos

Private Gesellschaft,
100 % Rain Forest S.L.

Zoofläche

16 ha

Gründungsjahr

2008

Besucherzahlen

Ca. 575 000

Bioparc Valencia

Tierbestand am 31. 12. 2009

	Anzahl	Arten
Säugetiere	326	55
Vögel	263	48
Reptilien	28	12
Amphibien	0	0
Fische	2 626	36

Dienstleistungen

Gastronomie (zooeigen):
Restaurants, Café, Kioske, Picknickplatz - Restaurante Samburu, Parrilla Ndoki
Läden (zooeigen): 2 Zoo-Shops
Streichelzoo: nein Spielplatz: ja

Hunde

An der Leine erlaubt: nein Hundezwinger: nein

Fütterung durch Besucher

Streng verboten

Vorführungen etc.

Ja, Präsentation von Beutegreifern und Beutetieren der afrikanischen Savanne – Greifvögel und Schakale

Bildung

Keeper Talks: ja, versch. Termine – siehe Programm im Zoo
Zooschule/Bildungszentrum: ja
Biodiversity Zentrum: ja
Zooführer: nein
Beschilderung: Spanisch, valencianisch und englisch Bewertung: **

Zoofreunde

Nein

Ehrenamtliche Helfer

Ja

Allgemeine Beschreibung

Bioparc Valencia, der neueste Zoo dieser Studie, befindet sich noch in einem Stadium der Weiterentwicklung. Der Zoo ist als „Eintauch-Besuchserlebnis" konzipiert, mit der Philosophie, Tiere in einer Umgebung zu halten, die ihren natürlichen Lebensräumen entsprechen. Tiere, die in sozialen Gruppen zusammenleben, werden ebenso gezeigt wie Tierarten, die denselben Lebensraum teilen. Versteckte Barrieren vermitteln ein Gefühl von Kontinuität zwischen dem Raum, den die Tiere, und dem, den die Besucher einnehmen. Gegenwärtig werden nur afrikanische Tierarten in vier getrennten Zonen gehalten: einer Savanne, einem Äquatorialafrika-Bereich, einem Madagaskar-Bereich und Tierarten der Kitum-Höhle. Der Zoo wurde ausgehend von einem flachen, unattraktiven Gelände in ein prächtiges und spektakuläres verwandelt: Es vereint eine ausgezeichnete Vegetation mit attraktiver Landschaftsgestaltung, riesigen Felsen und Hügeln, einigen Wasserfällen und Seen. Der Zoo ist in allen Bereichen sehr sauber und zeugt von Umweltbewusstsein.

Begehbare Häuser Gorillas, Schimpansen, Reptilien, Termitenhügel, Kitum Cave (Flusspferde, Krokodile und Schildkröten)

Besonderheiten Afrikanische Elefanten, Zebras, Dromedare, Giraffen, Flusspferde, Rotbüffel, Breitmaulnashörner, Zwergflusspferde, Zebramangusten, Angola-Löwen, begehbare Lemurenanlage, Klippschliefer/Klippspringer, Gorillas/Mangaben/Meerkatzen, Pinselohrschweine, begehbare Voliere, Nilkrokodile, Erdferkel, Thomsongazellen, Drills/Zwergmeerkatzen, Rotducker

Benötigte Zeit Gesamter Zoo: 4 - 6 Stunden Besonderheiten: 2 - 3 Stunden

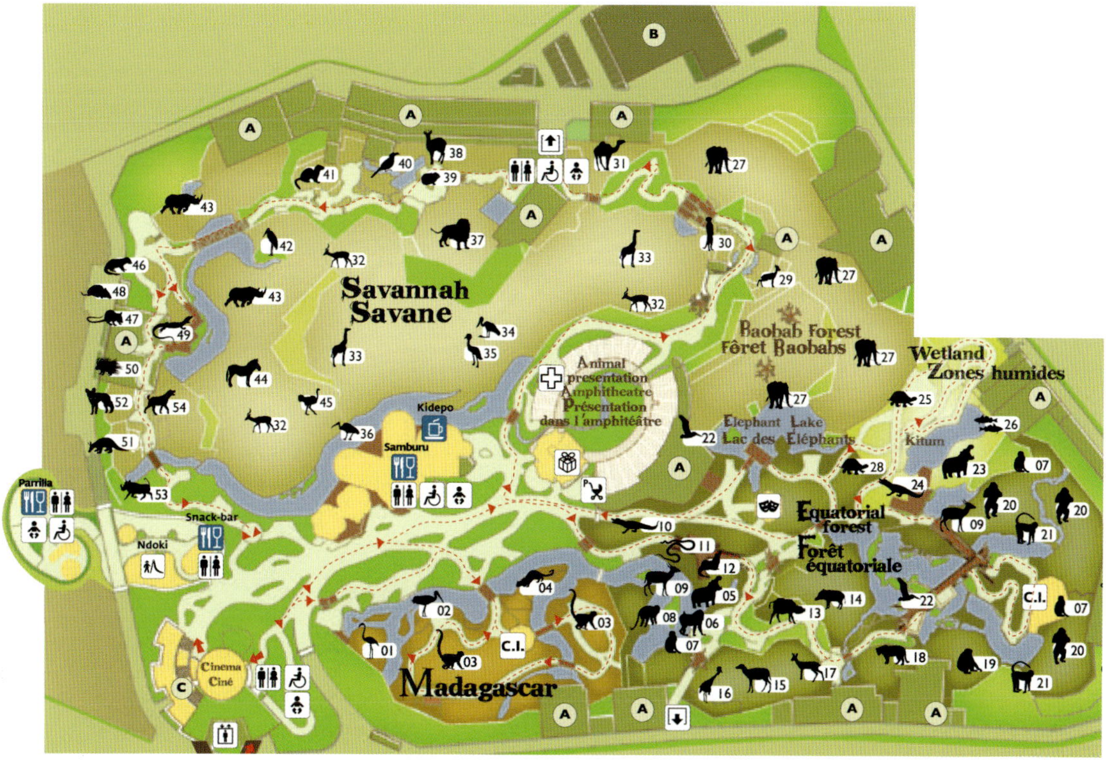

Zoo Warschau

Kontakt

Name	Miejski Ogród Zoologiczny w Warszawie
Adresse	Ul. Ratuszowa 1/3 03-461 Warszawa, PL
Telefon	+48(0) 22 619 4041
Fax	+48(0) 22 619 5898
E-Mail	zoo@zoo.waw.pl
Website	www.zoo.waw.pl

Öffnungszeiten

Sommer	9.00 bis 19.00 Uhr
Winter	9.00 bis Einbruch der Dunkelheit

Eintrittspreise 2011

	PLN
Erwachsene	16,00
Kinder 3 - 12	11,00
Kinder unter 3	Frei
Familie - 2 Erwachsene und 3 Kinder	55,00
Jahreskarte - 2 Personen	100,00
Ermäßigungen: Senioren ab 60, Schwerbehinderte mit Begleitperson	

Verkehrsanbindung

Parken	Ja, am Zoo
Bus	101, 127, 135, 160, 162, 170, 174, 190, 509, 527
Straßenbahn	4, 13, 23, 26, 46
Bahnhof	Warschau Hbf., Bus 444 zum Zoo (Mai bis September)

Inhaber des Zoos Kommunal, 100 % Stadt Warschau

Zoofläche 40 ha

Gründungsjahr 1928

Besucherzahlen Ca. 720 000

Zoo Warschau

Tierbestand am 31. 12. 2010

	Anzahl	Arten
Säugetiere	434	67
Vögel	1 016	194
Reptilien	239	72
Amphibien	385	24
Fische	715	71

Dienstleistungen

Gastronomie (verpachtet):
Restaurant, Café, Kioske und Picknickplatz - Belwederek Restaurant, Zeppelin Café, Gibon
Läden (verpachtet): Zoo-Shop
Streichelzoo: ja, der Fantasy-Zoo ist ein einfallsreiches, story-basiertes Konzept, das den Kindern den Kontakt zu Tieren und ihre Fütterung erlaubt.
Spielplatz: ja

Hunde

An der Leine erlaubt: nein   Hundezwinger: nein

Fütterung durch Besucher

Streng verboten

Vorführungen etc.

Ja, „Federn und Eier" im Vogelhaus, Elefantenskulpturen

Bildung

Keeper Talks: ja, 4 Termine (nur im Sommer)
Zooschule/Bildungszentrum: ja
Biodiversity Zentrum: nein
Zooführer: ja, 10,00 PLN, besonders gute englische Ausgabe
Beschilderung: Polnisch   Bewertung: **

Zoo Warschau

Zoofreunde	Ja, Freunde des Warschau Zoo mit ca. 150 Mitgliedern Panda Stiftung (Spendenorganisation)
Ehrenamtliche Helfer	Ja, ca. 50
Allgemeine Beschreibung	Ein herrlicher zoologischer Garten, der seit 1995 sehr verbessert wurde, mit altem Baumbestand und schönen Außenanlagen. Dieser mitten in der Stadt gelegene Zoo ist mit seinen gepflegten Rasenflächen und farbenfrohen Blumenbeeten eine wahre Oase. Ein vor Kurzem eröffnetes Menschenaffenhaus (2008) und ein Flusspferdhaus (2009) machen dem Zoo alle Ehre. Ihnen war 2003 ein Elefantenhaus mit einer herrlichen Bepflanzung und einem Blick von zwei Ebenen vorausgegangen; von der oberen Ebene aus hat man einen Blick auf den Elefantenwald.
Begehbare Häuser	Menschenaffenhaus, Giraffenhaus, Vogelhaus, Haus der Wirbellosen, Flusspferdhaus, Nashornhaus, Reptilienhaus, Elefantenhaus, Affenhaus, Aquarium
Besonderheiten	Schimpansen, Flusspferde, Ziegenartige, Gorillas, Przewalskipferde, Marabus, Kleine Pandas, Lamas, Weißstörche, Totenkopfaffen, Klippschliefer, Elefanten
Benötigte Zeit	Gesamter Zoo: 6 - 8 Stunden Besonderheiten: 3 - 4 Stunden

ZSL Whipsnade

Kontakt

Name	ZSL Whipsnade Zoo
Adresse	Dunstable, Bedfordshire LU6 2LF, UK
Telefon	+44(0) 1582 872 171
Fax	+44(0) 1582 872 649
Website	www.zsl.org

Öffnungszeiten

Ganzjährig geöffnet, außer 1. Weihnachtstag

April bis Oktober	10.00 bis 17.00 Uhr
November bis März	10.00 bis 16.00 Uhr

Eintrittspreise 2011

Preis für Tagestickets inkl. 10 % freiwilliger Spende für den Artenschutz	
Preise variieren saisonal; Preisspanne ist angegeben	
	GBP
Erwachsene	17,00 bis 19,50
Kinder 3-15	14,00 bis 15,00
Kinder unter 3	Frei
Jahreskarte ZSL Mitglieder - Erwachsene	69,00
Jahreskarte ZSL Mitglieder - Kinder	45,00
Ermäßigungen: Schüler, Studenten, Senioren ab 60, Schwerbehinderte und bei Kauf eines Online-Tickets im Voraus	

Verkehrsanbindung

Auto	M1 Ausfahrt 9 von Süden, Ausfahrt 12 von Norden und den Elefantenschildern folgen
Parken	Ja,, 4,00 GBP, Einfahrt in den Zoo 16,00 GBP
Bus	X31 vom Bahnhof Luton
Bahnhof	Luton

Inhaber des Zoos Gemeinnütziger Verein, 100 % Zoological Society of London (ZSL)

Zoofläche 260 ha

Gründungsjahr 1931

Besucherzahlen Ca. 475 000

Tierbestand am 31. 12. 2009

	Anzahl	Arten
Säugetiere	1 847	79
Vögel	339	66
Reptilien	108	30
Amphibien	25	3
Fische	721	19

Dienstleistungen	Gastronomie (zooeigen): Restaurant, Cafeteria, Kioske, Picknickplätze - Wild Bite Café/Restaurant Läden (zooeigen): Zoo-Shop, Jumbo Express (Zoo Train) Streichelzoo: ja Spielplatz: ja
Hunde	An der Leine erlaubt: nein Hundezwinger: nein
Fütterung durch Besucher	Streng verboten
Vorführungen etc.	Ja, „Birds of the World" in der Vogelarena, „Sea Lion Splash", Entdeckerzentrum, Elefantenmarsch

ZSL Whipsnade

Bildung

Keeper Talks: ja
Zooschule/Bildungszentrum: ja
Biodiversity Zentrum: nein
Zooführer: ja, 4,00 GBP
Beschilderung: Englisch   Bewertung: **

Zoofreunde

Nein, stattdessen ZSL-Mitglieder
Ca. 45 000 Mitglieder am 31. 12. 2009

Ehrenamtliche Helfer

Ja

Allgemeine Beschreibung

Der größte unter den Zoos, die in diesem Buch Beachtung finden, unterhält auf seinem weitläufigen, offenen Gelände am Rande der Chiltern Hills mit spektakulären Ausblicken über die Dunstable Downs große Außenanlagen, die sich gut für Huftierherden eignen.
Der Zoo hat viele fantasievolle Außengehege; im zuletzt angelegten werden große Säugetierarten gehalten, die früher in Großbritannien heimisch waren und heute nur noch in Zoos anzutreffen sind. Das Gelände hat wenig Baumbestand und kaum Gewässer. Es gibt einen ausgezeichneten Spielbereich für Kinder; außerdem besteht die Möglichkeit, in einer Mini-Dampfbahn über das Gelände zu fahren. Auch Autos sind gegen eine zusätzliche Gebühr im Zoo erlaubt; auf dem Rundweg stehen viele Parkplätze zur Verfügung.

Begehbare Häuser

Elefantenhaus, Discovery Center, Schimpansenhaus, Nashornhaus, Giraffenhaus, Flusspferdhaus

Besonderheiten

Gepardenfelsen, Löwen, Braunbären, Elefanten, Tiger, Panzernashörner, Schimpansen, Luchse, begehbare Katta-Anlage

Benötigte Zeit

Gesamter Zoo: 8 Stunden   Besonderheiten: 2 - 3 Stunden

Tiergarten Schönbrunn

Kontakt

Name	Tiergarten Schönbrunn, Wien
Adresse	Maxingstr. 13b, 1130 Wien, A
Telefon	+43(0) 1 877 9294-0
Fax	+43(0) 1 877 9641
E-Mail	info@zoovienna.at
Website	www.zoovienna.at

Öffnungszeiten

Ganzjährig geöffnet

April bis September	9.00 bis 18.30 Uhr
Oktober und März	9.00 bis 17.30 Uhr
November, Dezember, Januar	9.00 bis 16.30 Uhr
Februar	9.00 bis 17.00 Uhr

Eintrittspreise 2011

	EUR
Erwachsene	14,00
Kinder & Jugendliche 6 - 19	6,00
Kinder unter 6	Frei
Jahreskarte - Erwachsene	35,00
Jahreskarte - Kinder & Jugendliche 6 - 19	18,00
Familie - 4 Karten für Erwachsene und 6 für Kinder & Jugendliche	60,00
Ermäßigungen: Schwerbehinderte mit Begleitperson	
Verschiedene Kombinationsangebote mit Palmenhaus, Wüstenhaus und Schloss Schönbrunn	

Verkehrsanbindung

Auto	Park and Ride U6 Hütteldorf und U6 Siebenhirten
Parken	In der Elisabeth Allee
Bus	15A, 51A, 56B und 156B
Straßenbahn	10, 58, 60
Bahnhof	U4 Hietzing

Inhaber des Zoos

Nationale Gesellschaft,
100 % Schönbrunner Tiergarten-Gesellschaft mbH

Zoofläche

17 ha

Gründungsjahr

1752

Besucherzahlen

Ca. 2 500 000

Tiergarten Schönbrunn

Tierbestand am 31. 12. 2009

	Anzahl	Arten
Säugetiere	651	94
Vögel	1 186	116
Reptilien	326	59
Amphibien	453	34
Fische	2 412	186

Dienstleistungen

Gastronomie (zooeigen):
Restaurant, Café, Kioske - Gasthaus Tirolergarten, Kaiser Pavillon, Café Atelier Nonja in der ORANG.erie, Café Hietzing, Jumbo Buffet
Läden (verpachtet): Zoo-Shop, Panorama Train, Erwachsene 2,00 EUR, Kinder 1,00 EUR
Streichelzoo: ja, mit Tirolerhof   Spielplatz: ja, mehrere

Hunde

An der Leine erlaubt: nein   Hundezwinger: nein

Fütterung durch Besucher

Streng verboten

Vorführungen etc.

Ja

Bildung

Keeper Talks: 18 versch. Termine – siehe Programm im Zoo
Zooschule/Bildungszentrum: ja, neue Haupteinrichtung in der ORANG.erie
Biodiversity Zentrum: nein
Zooführer: ja, 3,00 EUR
Beschilderung: Deutsch und englisch   Bewertung: ***

TIERGARTEN SCHÖNBRUNN

Zoofreunde

Ja, Verein der Freunde des Tiergarten Schönbrunn
Ca. 10 000 Mitglieder am 31. 12. 2009

Ehrenamtliche Helfer

Ja, ca. 50

Allgemeine Beschreibung

Im Südosten der ehemaligen Habsburger Sommerresidenz besitzt der Tiergarten Schönbrunn die großartige Kombination aus Tierhäusern und Anlagen von hoher Qualität mit einer wunderbaren Umgebung aus Gärten, Wäldern und Parklandschaft auf einem zum Teil hügeligen Gelände. Restaurierte Häuser aus der Habsburger Zeit des 18. Jahrhunderts im Park, der zusammen mit dem Schloss Schönbrunn Teil des UNESCO-Weltkulturerbes ist, verleihen diesem zoologischen Gartens von Weltrang seine einzigartige Atmosphäre. Die Schließzeiten des Zoos werden wie in den vergangenen 240 Jahren durch das Kaiserglöckerl angekündigt; es wird immer noch per Hand geläutet und kündigte früher das Eintreffen des Kaisers und der Erzherzöge an.
Eine jahrhundertealte Geschichte verbindet sich mit diesem Zoo, der durch und durch auf dem neuesten Stand ist. Das macht einen Besuch zu einem unvergesslichen Erlebnis. Es gibt so viele hervorragende Anlagen, dass es schwierig ist, besondere Highlights auszuwählen: Die Anlage der Großen Pandas und das Regenwaldhaus sind jedoch beispielhaft. So überrascht es nicht, dass der Tiergarten Schönbrunn den ersten Platz meiner Rangliste einnimmt.
Der Wiener Zoo entwickelt sich kontinuierlich weiter: Das renovierte Affenhaus soll im Jahr 2011 fertiggestellt werden.

Begehbare Häuser

Regenwaldhaus, Nashornhaus, Vivarium, Affenhaus, ORANG.erie, Flusspferdhaus, Terrarium, Australienhaus, Elefantenhaus, Haus für die Großen Pandas, Krokodilhaus, Insektenhaus, Südamerikahaus, Koala-Haus, Vogelhaus, Tirolerhof, Giraffenhaus, Löwenhaus, Wüstenhaus (kostet extra)

Besonderheiten

Große Pandas, Pinguine, Regenwaldhaus, Bienenfresser, Säbelschnäbler, Orang-Utans, Kattas, Kleine Pandas, Nashornleguane, Koalas, Weißhandgibbons, Parmakängurus, Anakondas, Afrikanische Elefanten, Brillenbären, Riesenschildkröten, Mandschurenkraniche und Serau, Nashörner, Nasenbären, Nilkrokodile, Pekaris, Südamerikapark (Ameisenbären, Tapire, Vikunjas, Wasserschweine, Nandus, Seriemas)

Benötigte Zeit

Gesamter Zoo: 6 - 8 Stunden　　Besonderheiten: 4 - 5 Stunden

Zoo Wroclaw

Kontakt

Name Zoo Wroclaw
Adresse Ul. Wróblewskiego 1 – 5
51-618 Wroclaw, PL
Telefon +48 71 348 30 24, -25 oder -26
Fax +48 71 348 37 68
E-Mail lutra@zoo.wroc.pl
Website www.zoo.wroclaw.pl

Öffnungszeiten

Ganzjährig geöffnet

April bis September	9.00 bis 18.00 Uhr
November bis Februar	9.00 bis 16.00 Uhr
März und Oktober	9.00 bis 17.00 Uhr

Eintrittspreise 2011

	PLN
Erwachsene	25,00
Schüler 7 - 18	20,00
Kinder 3 - 7	15,00
Kinder unter 3	Frei
Familie	70,00
Jahreskarte - Erwachsene	120,00
Jahreskarte - Kinder und Ermäßigungsberechtigte	70,00
Ermäßigungen: Senioren ab 75, Schwerbehinderte, alle Besucher an Donnerstagen	

Verkehrsanbindung

Auto	A4/E40 dann Straße Nr. 455, dann ausgeschildert
Parken	Gegenüber der Jahrhunderthalle (Hala Stulecia)
Bus	Linie E 145, 146 bis Haltestelle Hala Stulecia
Straßenbahn	1, 2, 4, 10 und 19
Bahnhof	Wroclaw Glowny

Inhaber des Zoos

GmbH, Zoo Wroclaw LLC
100 % Stadt Wroclaw

Zoofläche

33 ha

Gründungsjahr

1865 (Breslau)

Besucherzahlen

Ca. 650 000

Tierbestand am 31. 12. 2009

	Anzahl	Arten
Säugetiere	551	105
Vögel	624	149
Reptilien	806	161
Amphibien	652	47
Fische	2 069	168

Dienstleistungen

Gastronomie (verpachtet):
Restaurant, Café, Kioske - Zoo Restaurant Przystanek, Restaurant Letney, Koala Grill
Läden (verpachtet): Zoo-Shop
Streichelzoo: ja Spielplatz: ja

Hunde

An der Leine erlaubt: nein Hundezwinger: nein

Fütterung durch Besucher

Streng verboten, außer im Streichelzoo und am Paviangehege und nur mit Futter aus den Automaten im Zoo

Vorführungen etc.

Ja, Seebären, Elefantentraining

Bildung

Keeper Talks: ja, versch. Termine im Sommer - siehe Programm im Zoo
Zooschule/Bildungszentrum: ja
Biodiversity Zentrum: nein
Zooführer: ja, 10,00 PLN
Beschilderung: Polnisch Bewertung: *

Zoo Wroclaw

Zoofreunde
Ja, ca. 25

Ehrenamtliche Helfer
Ja, ca. 50

Allgemeine Beschreibung
Polens ältester Zoo liegt auf einem flachen Gelände am östlichen Rand der Stadt Wroclaw. Ein Verbesserungsprogramm für einige recht mangelhafte alte Gebäude wurde zum Teil umgesetzt: Viele der bereits sanierten sind sehr gut. Ein ausgedehntes Waldgebiet wurde für eine interessante Braunbärenanlage genutzt. Der Zoo Wroclaw, als erster Zoo Polens mit eigener Betreibergesellschaft, startet sein ehrgeiziges Africarum-Großprojekt, eine Tropenhalle, die in Polen die erste großräumige Innenanlage für mehrere Tierarten sein wird. Das AFRICARUM wird ein Komplex aus Anlagen sein, der unterschiedliche Ökosysteme vom Roten Meer bis Namibia und dem Kongobecken repräsentiert.

Begehbare Häuser
Dickhäuterhaus, Madagaskarhaus, Terrarium und Schmetterlingshaus, Menschenaffenhaus, Affenhaus, Vogelhaus, Sahara (Wüstentiere), Primatenhaus

Besonderheiten
Gibbons, Braunbären, Seebären, Kattas, Schwarzweiße Varis, Seeadler, Madagaskarhaus, Terrarium

Benötigte Zeit
Gesamter Zoo: 6 - 8 Stunden　　Besonderheiten: 2 Stunden

ZOO WUPPERTAL

Kontakt

Name	Zoo Wuppertal
Adresse	Hubertusallee 30 42117 Wuppertal, D
Telefon	+49(0) 202 563 3600
Fax	+49(0) 202 741 888
E-Mail	kontakt@zoo-wuppertal.de
Website	www.zoo-wuppertal.de

Öffnungszeiten

Ganzjährig geöffnet, außer 1. Weihnachtstag

Sommerzeit: April bis Oktober	8.30 bis 18.00 Uhr
Winterzeit: November bis März	8.30 bis 17.00 Uhr

Eintrittspreise 2011

	EUR
Erwachsene	10,00
Kinder 4 - 16	5,00
Kinder unter 4	Frei
Familie - 1 Erwachsener und bis zu 3 Kinder	18,00
Familie - 2 Erwachsene und bis zu 3 Kinder	27,00
Jahreskarte - Erwachsene	40,00
Jahreskarte - Kinder	20,00
Jahreskarte - Familie - 2 Erwachsene und 2 Kinder	105,00
Ermäßigungen: Schüler, Studenten, VRR Kombiticket Jahreskarteninhaber erhalten Rabatt in NRW Partner-Zoos	

Verkehrsanbindung

Auto	A46, L74 oder B224 Ausfahrt Kreuz Sonnborn, Beschilderung Zoo/Stadion
Parken	Ja, am Zoo/Stadion, kostenlos
Schwebebahn	Haltestelle Zoo/Stadion
S-Bahn	8 oder 9 bis Wuppertal Zoologischer Garten
Bahnhof	Wuppertal Zoologischer Garten

Inhaber des Zoos

Kommunal,
100 % Stadt Wuppertal

Zoofläche

24 ha

Gründungsjahr

1881

Besucherzahlen

Ca. 630 000

Tierbestand am 31. 12. 2009

	Anzahl	Arten
Säugetiere	410	67
Vögel	1 050	166
Reptilien	133	33
Amphibien	18	4
Fische	1 033	109

Dienstleistungen

Gastronomie (verpachtet):
Restaurant, Café, Kioske - Restaurant Zoogaststätte, Waldschänke (nur im Sommer)
Läden (Zoo-Verein Wuppertal e. V.): Zoo-Shop - Zoo-Truhe
Streichelzoo: nein	Spielplatz: ja

Hunde

An der Leine erlaubt: nein	Hundezwinger: nein

Fütterung durch Besucher

Streng verboten

Vorführungen etc.

Ja, Seelöwenfütterung mit Kommentar

Bildung

Keeper Talks: ja, Elefanten
Zooschule/Bildungszentrum: ja
Biodiversity Zentrum: nein
Zooführer: ja, 3,00 EUR
Beschilderung: Deutsch	Bewertung: **

Zoofreunde

Ja, Zoo-Verein Wuppertal e. V.
Ca. 1 200 Mitglieder am 31. 12. 2010

Ehrenamtliche Helfer

Ja, ca. 30

Zoo Wuppertal

Allgemeine Beschreibung

Ein reizvoller zoologischer Garten in einer hügeligen Parklandschaft mit seltenen alten Bäumen und guten Fußwegen. Der Zoo stellt eine innerstädtische Oase im westlichen Teil Wuppertals dar. Eine Vielfalt an Lebensräumen wurde hier geschaffen, darunter einige große neue Investitionen, wie die sehr weitläufige Löwenanlage und die gut gestalteten Tigeranlagen. Ein schönes neues Pinguinhaus (2009) beherbergt Königs- und Eselspinguine. Die Besucher haben von einem 15 m langen Acrylglastunnel aus einen spektakulären Blick auf diese charismatischen Vögel, die neben und über ihnen schwimmen und tauchen. Diese großartige Anlage rechtfertigt voll und ganz das Pinguinlogo des Zoos. Unter den Neuentwicklungen ist die verbesserte Okapi-Anlage erwähnenswert.

Begehbare Häuser

Elefantenhaus, Löwenhaus, Aquarium/Terrarium, Tapirhaus, Pinguinhaus, Kleinkatzenhaus, Menschenaffenhaus, Affenhaus, Vogelhaus

Besonderheiten

Pinguine (4 Arten), Löwen, Amurtiger, Klunkerkraniche, Orang-Utans, Gorillas, Elefanten, Weißhandgibbons, Mittelamerikanische Tapire, Kodiakbären, Drills, südamerikanische Pampas

Benötigte Zeit

Gesamter Zoo: 5 - 7 Stunden | Besonderheiten. 2 - 3 Stunden

Zoo Zlin

Kontakt

Name	ZOO a zámek Zlin - Lešná/ Zoo Zlin
Adresse	Lukovská 112, 76314 Zlin 12, CZ
Telefon	+420(0) 577 914 180
Fax	+420(0) 577 914 053
E-Mail	office@zoozlin.eu
Website	www.zoozlin.eu

Öffnungszeiten

Ganzjährig geöffnet

April bis September	8.30 bis 18.00 Uhr
Oktober	8.30 bis 17.00 Uhr
Dezember bis März	8.30 bis 16.00 Uhr

Eintrittspreise 2011

	CZK
Erwachsene	120,00
Kinder 3-15	80,00
Kinder unter 3	Frei
Familie - 2 Erwachsene und bis zu 3 Kinder	360,00
Jahreskarte - Erwachsene	600,00
Jahreskarte - Familie - 2 Erwachsene und bis zu 3 Kinder	1300,00
Ermäßigungen: Schüler, Studenten , Senioren	

Verkehrsanbindung

Auto	4 km vom Stadtzentrum Zlin Richtung Holesov
Parken	Ja, am Zoo, 60,00 oder 80,00 CZK
Bus	34 und 36 bis Namesti Prace
Bahnhof	Zlin

Inhaber des Zoos Kommunal 100 % Stadt Zlin

Zoofläche 52 ha

Gründungsjahr 1948

Besucherzahlen Ca. 525 000

Tierbestand am 31. 12. 2009

	Anzahl	Arten
Säugetiere	229	46
Vögel	737	133
Reptilien	111	18
Amphibien	9	2
Fische	71	11

Zoo Zlin

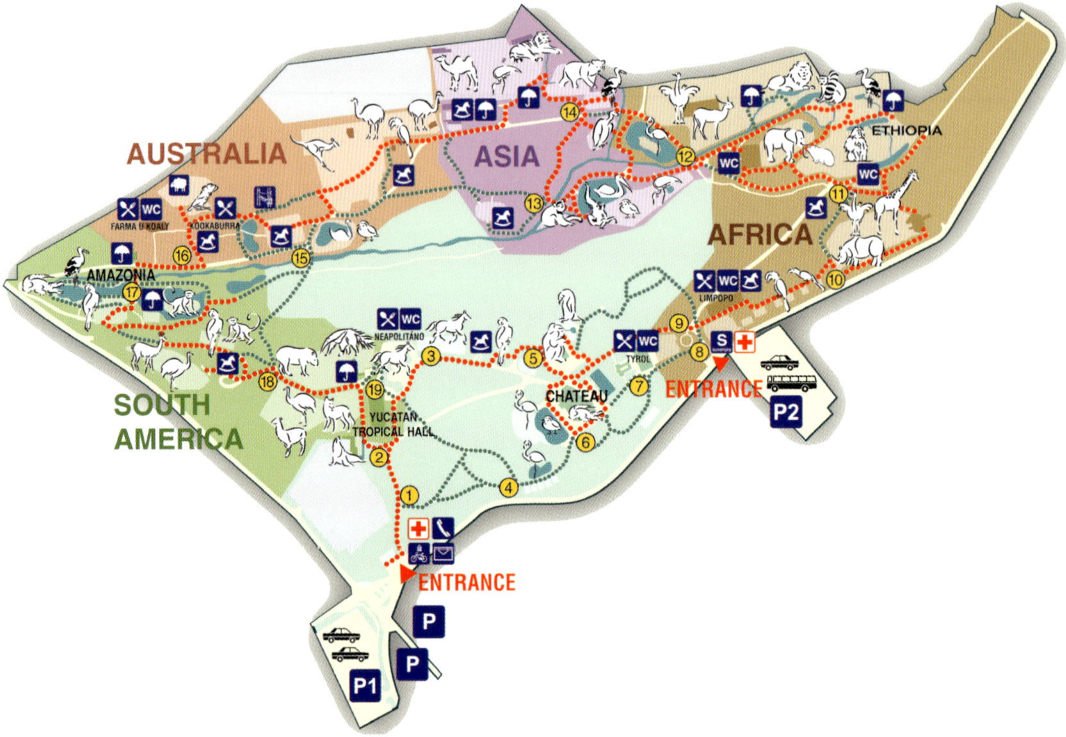

Dienstleistungen

Gastronomie (zooeigen):
Restaurant, Café, Kioske, Picknickplätze - Restaurant Tyrol, Restaurant Limpopo, Restaurant Neopolitano, Restaurant Koala, Café Bar Kookaburra
Läden (zooeigen): 2 Zoo-Shops
Streichelzoo: ja Spielplatz: ja

Hunde

An der Leine erlaubt: nein Hundezwinger: nein

Zoo Zlin

Fütterung durch Besucher	Streng verboten, außer Flamingos, Nandus und Fische mit Futter aus einem der 6 Automaten im Zoo.
Vorführungen etc.	Greifvögel – im Juli und August
Bildung	Keeper Talks: ja – siehe Programm im Zoo Zooschule/Bildungszentrum: ja Biodiversity Zentrum: ja, CENTRE CAUDATA Zooführer: ja, 10,00 CZK Beschilderung: Tschechisch Bewertung: **
Zoofreunde	Nein
Ehrenamtliche Helfer	Nein
Allgemeine Beschreibung	Der Zoo Zlin besitzt ein schönes Ambiente: Er liegt im Englischen Garten des Jugendstil-Schlosses Lešná, das im 19. Jahrhundert auf dem Gelände eines ehemals mährischen Schlosses gebaut wurde. Der Zoo profitiert von den schönen Schlossgärten mit über 1 000 alten Bäumen, Sträuchern und exotischen Pflanzen; er ist sowohl ein echter zoologischer als auch botanischer Garten. Das Gelände fällt zu einem kleinen Fluss hin ab; hier gibt es mehrere große Seen und Waldflächen. Vor Kurzem wurden einige neue Anlagen gebaut, aber das Gelände hat Kapazitäten für weitere Entwicklungen.
Begehbare Häuser	Yucatan Tropenhaus, Elefantenhaus, Vivarium, Gorillahaus, Affenhaus, Giraffenhaus
Besonderheiten	Yucatan Tropenhaus, Zebramangusten, Saruskraniche, begehbare Katta-Anlage, Totenkopfaffen, Aras, begehbare Känguru- und Emuanlage, Seelöwen, Flamingos, Addax/Lechwe/Strauße, Alligatoren, Wasservögel, Äthiopien 1 (Dscheladas), begehbare Geiervoliere, Karakaras
Benötigte Zeit	Gesamter Zoo: 6 - 8 Stunden Besonderheiten: 2 - 3 Stunden

Zoo Zürich

Kontakt

Name	Zoo Zürich
Adresse	Zürichbergstraße 221, 8044 Zürich, CH
Telefon	+41 (0) 44 254 2500
Fax	+41 (0) 44 254 2510
E-Mail	zoo@zoo.ch
Website	www.zoo.ch

Öffnungszeiten

Ganzjährig geöffnet

März bis Oktober	9.00 bis 18.00 Uhr
November bis Februar	9.00 bis 17.00 Uhr

Eintrittspreise 2011

	CHF
Erwachsene	22,00
Kinder unter 6	Frei
Schüler 6-16	11,00
Jugendliche 16-25	16,00
Familie - Lebenspartner mit eigenen Kindern	60,00
Jahreskarte – Erwachsene	120,00
Jahreskarte – Lebenspartner mit eigenen Kindern	180,00
Jahreskarte – Schüler 6-16	60,00
Jahreskarte – Jugendliche 16-25	80,00
Ermäßigungen: Senioren, Schwerbehinderte mit Begleitperson	

Verkehrsanbindung

Auto	A1 Ausfahrt 65 Richtung Dübendorf, vom Stadtzentrum aus ausgeschildert
Parken	Ja, am Zoo 0,50 CHF pro Stunde, Park and Ride möglich
Bus	751 und 39
Straßenbahn	6 ab Bahnhofstraße
Bahnhof	Zürich Hbf., ab dort Straßenbahn 6 Richtung Zoo

Inhaber des Zoos

Öffentlicher, gemeinnütziger Betrieb,
Gemeinnützige Aktiengesellschaft Zoo Zürich AG
75 % 5 500 private Anteilseigner,
12,5 % Stadt Zürich,
12,5 % Kanton Zürich

Zoofläche

27 ha

Gründungsjahr

1929

Besucherzahlen

Ca. 1 800 000

Tierbestand am 31. 12. 2009

	Anzahl	Arten
Säugetiere	464	65
Vögel	808	113
Reptilien	380	39
Amphibien	401	20
Fische	23	79

Dienstleistungen

Gastronomie (zooeigen):
Restaurant, Café, Kioske, Picknickplätze - Siesta Restaurant, Outpost Restaurant, Altes Klösterli Restaurant, Masoala Restaurant
Läden (zooeigen): 2 Zoo-Shops - Südamerika Shop und Masoala Shop
Streichelzoo: Zoolino, Naturwerkstatt Spielplatz: ja

Hunde

An der Leine erlaubt: nein Hundezwinger: ja

Fütterung durch Besucher

Streng verboten, außer im Streichelzoo mit dem Futter aus den Automaten.

Vorführungen etc.

Darwin Evolution - Wie der Fisch zum Vogel wurde, Masoala Regenwald, Shopping für den Regenwald, Wo Steinbock und Affe sich gute Nacht sagen, Fledermäuse der Schweiz

Bildung

Keeper Talks: ja, 10 Termine pro Tag von 10.30 bis 16.00 Uhr - siehe Tagesprogramm im Zoo
Zooschule/Bildungszentrum: ja
Biodiversity Zentrum: ja, Masoala Haus
Zooführer: ja, 19,80 CHF
Beschilderung: Deutsch, französisch, italienisch und englisch
Bewertung: ***

Zoofreunde

Tiergarten-Gesellschaft Zürich (TGZ)
Ca. 35 000 Mitglieder am 31. 12. 2009

Ehrenamtliche Helfer

Ja, ca. 300

Allgemeine Beschreibung

Auf dem Zürichberg mit Blick auf die Stadt gelegen, ist das Zoogelände hügelig, abwechslungsreich und gut gepflegt. Eine ausgezeichnete Bepflanzung mit viel Bambus verleiht diesem interessanten zoologischen Garten, der in Bezug auf seine Anlagen und Beschilderungen einen hohen Standard aufweist, eine üppige Atmosphäre. Der Zoo Zürich hält seine Tiere in einer Umgebung, die ihrem natürlichen Lebensraum ähnelt: Die unterschiedlichen Lebensräume sind farblich markiert und finden sich auf den Beschilderungen wieder. Das Masoala-Tropenhaus repräsentiert das größte zusammenhängende Waldgebiet auf Madagaskar und entspricht dem Masoala Regenwald tatsächlich. Es ist sowohl ein Genuss für den Besucher als auch eine wunderbare Artenschutz- und zoopädagogische Anlage.
Das Südamerikahaus soll 2011 fertiggestellt sein; der Zoo wird durch den Bau eines neuen Elefantenparks erweitert.

Begehbare Häuser

Masaola Regenwaldhaus, Galapagos-Riesenschildkrötenhaus, Löwenhaus, Elefantenhaus, Affenhaus, Antilopenhaus, Exotarium (Aquarium/Terrarium), Infopavillon, Afrikahaus.

Besonderheiten

Masaola Regenwaldhaus, Brillenbären, Dscheladas, Asiatische Löwen, Nasenbären, Mongolische Wölfe, Amurtiger, Fischotter, Sumpfwallabies, Schneeleoparden, Kleine Pandas, Galapagos Schildkröten, Voliere (Ibisse und Löffler), begehbare Voliere für Wasservögel, Kappengibbons.

Benötigte Zeit

Gesamter Zoo: 6 - 8 Stunden Besonderheiten: 3 - 4 Stunden

KAPITEL 18

Fazit

Mein erstes Buch ist nun vollendet. Es war viel Arbeit, aber zugleich außerordentlich erfreulich, drei Jahre lang in das breite Aktivitäten-Spektrum von Europas führenden zoologischen Gärten einzutauchen. Ich habe eine Menge über diese Unternehmen gelernt und war stets beeindruckt von ihrem Tätigkeitsfeld und dem Engagement, der Inspiration und der Einsatzbereitschaft der Menschen, die in und für Zoos arbeiten. Ich hoffe, dass dieses Buch ein größeres Bewusstsein für ihre vielfältigen Aufgaben schafft.

Ja, es ist ganz offen ein Pro-Zoo-Buch, aber es ist nicht unkritisch. Es wird beim Vergleich von Zoos helfen, durch Informationen, die Sie sonst nicht finden werden. Es unterstützt durch das Setzen von Maßstäben (Benchmarks) die Verhandlungen über die wesentlichen Investitionen. In vielen Fällen müssen unzeitgemäße Anlagen verbessert und neue Anziehungspunkte geschaffen werden.

Zugleich ist es Anregung für Zoobesucher, ihr Wissen zu vertiefen, selbst zu vergleichen, also unterschiedliche Zoos zu besuchen. Gewollt ist auch der Anstoß, die zunehmende Bedeutung der zoologischen Gärten in der Artenschutz-Thematik zu unterstützen. Besuchen Sie Zoos! Zusätzlich können Sie die neuen spannenden Besuchermagnete und Umgestaltungsprozesse wahrnehmen. Zoos sind von den Besucherzahlen abhängig.

Ich bedanke mich bei allen, die dieses Buch kaufen und lesen werden. Alle Erlöse gehen an die Stiftung Artenschutz, die von mehr als 20 Zoos aus dieser Studie unterstützt wird. Diese Spende wird gezielt ein Projekt für Gibbons in Vietnam fördern, eine der meistbedrohten Primatenarten in dieser Region Südostasiens.

Anthony Sheridan
01. 03. 2011

Duisburg

Colchester

Die Stiftung Artenschutz und mein Projekt zum Schutz der Gibbons

Die Stiftung Artenschutz, deren Geschäftsstelle sich auf dem Gelände des Allwetterzoo Münster befindet, ist eine kooperative in-situ Artenschutzorganisation, welche von über 40 europäischen Zoos in ihrer Arbeit unterstützt wird und sich hauptsächlich für spezifische Artenschutzprojekte einsetzt. Die Stiftung agiert mit geringen Verwaltungskosten und bezieht Vertreter verschiedener führender Artenschutz- und Zooorganisationen, wie WWF, VDZ und Conservation International in ihre Arbeit mit ein.

Das Gibbon Artenschutzprojekt. Alle Erträge dieses Buches werden direkt an die Stiftung Artenschutz zur Verwirklichung des neuen Projektes „Schutz des Gelbwangen-Schopfgibbons (*Nomascus gabriellae*) im Nam Nung Naturreservat in der Nông Provinz, Vietnam" gehen. Das Reservat befindet sich im zentralen Hochland Vietnams und besteht aus einem Gebiet von nahezu 11.000 ha. Die erste Phase des Projektes, deren Beginn für Mitte des Jahres 2011 geplant ist, wird daraus bestehen eine Bestandsaufnahme der Art und ihres Verbreitungsgebiets durchzuführen. Des Weiteren sollen sowohl mögliche Bedrohungen als auch besonders schützenswerte Gebiete innerhalb des Reservats identifiziert werden. Die gesammelten Daten sollen als Basis dienen, um Empfehlungen zum langfristigen Schutz der Gibbons entwickeln zu können. Ein weiterer Aspekt des Projektes wird die Zusammenarbeit mit den vietnamesischen Partnern sein, die sich innerhalb des Schutzgebietes für den Artenschutz einsetzen.

Wien

Köln

KAPITEL 19

Danksagung

Viele Menschen haben mich während der vergangenen drei Jahre bei meinem Projekt, das zu diesem Buch führte, unterstützt. Ich danke allen Beteiligten für ihre Hilfe, Unterstützung und Ermutigung. In Zusammenhang mit diesem Buch bin ich insbesondere den folgenden Personen für ihre Hilfe zu Dank verpflichtet. Die Ansichten, die in diesem Buch zum Ausdruck kommen, sind meine eigenen und stimmen nicht zwangsläufig mit denen der unten genannten Personen überein.

Dr. Clemens Becker, stellv. Direktor, Zoo Karlsruhe

Dr. Bernhard Blaszkiewitz, Direktor, Berlin Zoo und Tierpark Berlin

Dipl.-Kfm. Andreas Busemann, Direktor, Zoo Osnabrück

Dr. Peter Dollinger, Direktor VDZ und ehem. Direktor WAZA

Dr. Iain Douglas-Hamilton, Save the Elephants

Herr John Edwards, Council Member, ZSL

Herr Lyndon Estes, EAWLS

Frau Fiona Fisken, Herausgeberin, International Zoo Yearbook, ZSL

Herr Daniel Gehring, Direktor, El Remanso Lodge, Costa Rica

Dr. Stephan Hering-Hagenbeck, Geschäftsführer, Tierpark Hagenbeck Hamburg

Dr. Alex van Hooff, Direktor, Burgers' Zoo Arnheim

Dr. Jörg Junhold, Direktor, Zoo Leipzig

Frau Ulrike Kölsch, blue! advancing european projects

Herr Dino Martins, EAWLS

Dr. Mike Norton-Griffiths, Council Member, EAWLS

Prof. h. c. Dr. Helmut Pechlaner, ehem. Direktor, Tiergarten Schönbrunn

Prof. Gordon McGregor Reid, ehem. Direktor, Chester Zoo

Herr Herman Reichenbach, Gruner + Jahr AG

Herr Alan Roocroft, Elephant Consultant

Dr. Kees Rookmaaker, Rhino Resource Center

Herr Tim Rowlands, Kurator, Chester Zoo

Dr. Alex Rübel, Direktor, Zoo Zürich

Herr Harry Schram, ehem. Direktor, EAZA

Dr. Dagmar Schratter, Direktorin, Tiergarten Schönbrunn

Dr. Harald Schwammer, stellv. Direktor, Tiergarten Schönbrunn

Dr. Miranda Stevenson, Direktorin, BIAZA

Herr Erik Van Vliet, Dierenpark Amersfoort

Dr. Paul Vogt, ehem. Direktor, Zoo Krefeld

Bildnachweis

Falls nicht anders angegeben, Rechte beim jeweiligen Zoo

Titelbild - Yang Yang (Mutter) mit Fu Long (Wien; Jane Sheridan)
Einband vorn - Karte von www.stepmap.de
Einband hinten - Fu Hu (Wien; Jane Sheridan)
Kapitel 1 – S. 6 (Hamburg), Kapitel 2 - S. 8 (La Palmyre), S. 12 (Nürnberg; Jane Sheridan)
Kapitel 3 - S. 15 (Arnheim; Photo: Burgers' Zoo), S. 16 (Dresden; Jane Sheridan), Kapitel 4 - S. 18 (Lissabon; Jane Sheridan), S. 21 & 22 (Basel; Jane Sheridan), S. 23 (Hamburg; Götz Berlik), Kapitel 5 – S. 26 (Lissabon; Jane Sheridan), S. 29 (Bussolengo; Jane Sheridan), S. 30 (Wien), Kapitel 6 – S. 31 (Beauval; Jane Sheridan), S. 34 (Warschau), S. 39 (Dresden), S. 41 (Hamburg; Lutz Schnier), Kapitel 7 – S. 43 & 44 (Kenia; Rachel Sheridan), S. 46 & 50 (El Remanso Lodge, Costa Rica; Daniel Gehring), S. 51 (Kenia; Rachel Sheridan), Kapitel 8 - S. 57 (Basel; Jane Sheridan), S. 59 (Dresden; Jane Sheridan), S. 61 (Kopenhagen; Jane Sheridan), S. 62 (Twycross; Jane Sheridan), Kapitel 9 - S. 63 (Gelsenkirchen), S. 64 (Osnabrück), S. 67 (Chester), S. 69 (Münster; Peter Grewer), S. 70 (La Flèche), Kapitel 10 – S. 71, 72, 73 & 75 (Wien; Jane Sheridan), S. 76, 78 & 80 (Leipzig), S. 82 (Arnheim; Photos: Burgers' Zoo), S. 84 (Colchester; Jane Sheridan), Kapitel 11 – S. 94 (Bussolengo), Kapitel 13 – S. 102 (Wien), S. 112 oben (Odense), unten (Rhenen), Kapitel 14 – S. 114 (Berlin; Jane Sheridan), S. 116 (Münster; Tilmann Roßmöller), S. 119 (Emmen), S. 120 (Zürich), S. 123 (Odense), S. 124 (Dortmund; Karl-Rainer Ledvina), S. 127 (Wuppertal; Barbara Scheer), S. 129 (Warschau), S. 131 (Pilsen), Kapitel 15 – S. 136 oben (Beauval; Jane Sheridan), unten (Beauval; Gérard Lacz), Kapitel 17 – S. 145 (Dublin), S. 146 (Köln; Rolf Schlosser), S. 388 oben (Duisburg; Foto: Zoo Duisburg, Kuster/www.zoo-foto.de), unten (Colchester), S. 389 links (Stiftung Artenschutz; Jörg Adler), rechts (Stiftung Artenschutz; Sven P. Peter), S. 390 oben (Wien; Foto: Tiergarten Schönbrunn/ Norbert Potensky), unten (Köln; Jane Sheridan), S. 395 (Anthony D. Sheridan; Jane Sheridan)

Zoo Steckbriefe:
Amsterdam: Eingang (Jonne Niesing), übrige Fotos (Roonald van Weeren), Arnheim: alle Fotos (Burgers' Zoo), Basel: alle Fotos (Torben Weber), Beauval: Zoo Parc de Beauval, Berlin Tierpark: alle Fotos (Klaus Rudloff), Berlin Zoo: Fotos von Eingang & Bisonhaus (Klaus Rudloff), Fotos von Eisbär und Flusspferd (Peter Griesbach), Bojnice: Bongo (Zuzana Mihalovova), übrige Fotos (Peter Luptak), Budapest: Nashörner (Bagosi Zoltan), Doué-la-Fontaine: alle Fotos (Bioparc: P. Chabot), Duisburg: alle Fotos (Foto: Zoo Duisburg, Kuster/www.zoo-foto.de), Frankfurt: Eingang (Jürgen Kircher), Stachelschwein und Tiger (Anna Schmitz), Gorilla (Jens Hoffmann), Heidelberg: alle Fotos (Heidrun Knigge & Rose von Selasinsky), Helsinki: alle Fotos (Markku Bussman), Karlsruhe: alle Fotos (Archiv Zoo Karlsruhe), Köln: alle Fotos (Ralf Schlosser), Kronberg: alle Fotos (Archiv Opel-Zoo), La Palmyre: Elefanten (D. Narbeburu), übrige Fotos (F. Perroux/Zoo de La Palmyre), Madrid: Pandas (Jeroen Jacobs), übrige Fotos (Zoo Madrid), Mulhouse: alle Fotos (Zoo Mulhouse), Münster: Eingang (Allwetterzoo), Guereza (Daniel Morsey), Pinguine (Peter Grewer), Malaienbären (Christoph Matzke), Osnabrück: Unterirdischer Zoo (Stephan Schulte), Paignton: Eingang (Paignton Zoo), übrige Fotos (Ray Wiltshire), Rom: alle Fotos (Massimiliano Di Giovanni, Bioparco's Photo), Rostock: alle Fotos (Joachim Kloock, Zoo), Tallinn: Ziegenartige (Maaja Kitsing), übrige Fotos (Inari Leiman), Wien: Panda und ORANG.erie (Tiergarten Schönbrunn/Norbert Potensky), Eingang und Pavillon (Daniel Zupanc), Wuppertal: Restaurant (Birgit Klee), übrige Fotos (Diedrich Kranz)

Kapitel 20

Abkürzungen

AIZA	Asociación Ibérica de Zoos y Acuarios (spanische & portugiesische Zoos & Aquarien)
ANPZ	Association Nationale de Parcs et Jardins Zoologiques Privés
BIAZA	British and Irish Association of Zoos and Aquariums
CBSG	Conservation Breeding Specialist Group
CEAF	Central European Association of Zoo Friends
CEO	Chief Executive Officer (Geschäftsführer)
CITES	Convention on International Trade in Endangered Species
DAZA	Danish Association of Zoos and Aquaria
DEFRA	Department for Environment, Food and Rural Affairs (Regierung UK)
DTG	Deutsche Tierpark Gesellschaft e. V.
DWV	Deutscher Wildgehegeverband e. V.
EAWLS	East African Wildlife Society
EAZA	European Association of Zoos and Aquaria
EEA	European Economic Area
EEP	European Endangered Species Programme (Europäisches Erhaltungszuchtprogramm)
ESB	European Regional Studbook
EU	Europäische Union
FHZ	Federation of Hungarian Zoos
IFAW	International Fund for Animal Welfare
IRF	International Rhino Foundation
ISIS	International Species Information System
IUCN	International Union for the Conservation of Nature
KWS	Kenya Wildlife Service (Regierung Kenia)
MPI	Max-Planck-Institut
NGO	Non-Governmental Organisation (Nichtregierungsorganisation)
NP	Nationalpark
NR	National Reserve
NRW	Nordrhein-Westfalen
NVD	Nederlandse Vereniging van Dierentuinen (Verband niederländischer Zoos)
NWDA	North West Regional Development Authority
OZO	Österreichische Zoo Organisation
PZS-SZG	Polish Zoological Society + Directors of Polish Zoological Gardens + Aquariums
SAZA	Swedish Association of Zoos and Aquaria
SDF	Svenska Djurparksföreningen (Vereinigung schwedischer Zoos)
SNDPZ	Syndicat National des Directeurs de Parcs Zoologiques Français
TAG	Taxon Advisory Group
UCSZ	Union of Czech and Slovakian Zoos
UIZA	Unione Italiana degli Zoo ed Acquari (Verband italienischer Zoos & Aquarien)
UK	United Kingdom (Vereinigtes Königreich Großbritannien und Nordirland)
VDZ	Verband Deutscher Zoodirektoren e. V.
WAZA	World Association of Zoos and Aquaria
WKZPF	Wolfgang Köhler Zentrum für Primatenforschung
WWF	World Wildlife Fund for Nature
ZIMS	Zoological Information Management System
ZSL	Zoological Society of London

Zoo-Verein Wuppertal e.V.

Der Verein und seine Ziele

Der Zoo-Verein Wuppertal e.V. wurde als eingetragener Förderverein des Zoologischen Gartens Wuppertal am 27. Oktober 1955 gegründet. Er hat über 1.000 Mitglieder und ist seit 2001 Mitglied in der Gemeinschaft Deutscher Zooförderer GDZ.

Der Zoo-Verein bemüht sich um die Erhaltung und Erweiterung des Wuppertaler Zoos, seiner Einrichtungen und seiner Anlagen. Daneben fördert er Forschungsprogramme und unterstützt Naturschutzprojekte vor Ort zur Erhaltung bedrohter Tierarten.

Zahlreiche Gebäude und Anlagen im Wuppertaler Zoo sind mit Hilfe des Zoo-Verein Wuppertal e.V. bereits entstanden, z. B.:

Gibbonhaus (1966 & 1981)

Freiflughalle (1993)

Brillenpinguinanlage (2006)

- 1962 Ponystall (heute Zebustall)
- 1966 Gibbonhaus
- 1971 Pinguinanlage (inzwischen durch die neue Pinguinanlage ersetzt)
- 1981 Erweiterung Gibbonhaus, Hirschhaus, Biberanlage
- 1985 Erweiterung Affenhaus (Außenanlage für Lemuren), Zooschule
- 1993 Freiflughalle für tropische Vögel
- 2003 Orang Utan-Freianlage
- 2006 Brillenpinguinanlage
- 2007 Übergangsanlage für Königspinguine
- 2009 Neue Pinguinanlage für Königs- und Eselspinguine

Mit der Hilfe des Zoo-Vereins sind bislang Gebäude und Anlagen im Wert von über 7 Mio. € im Zoo entstanden. Diese Mittel stammen aus Mitgliedsbeiträgen, Spenden, Erbschaften, Nachlässen, Stiftungen und von Sponsoren.

Zooschule (1985)

Orang Utan-Freianlage (2003)

Neue Pinguinanlage (2009)

Und in Zukunft?

Der Zoo-Verein hat noch viele Ideen, wie er den Zoo zum Wohle seiner Bewohner und Besucher weiter fördern kann. Dazu benötigt er Ihre Unterstützung. Helfen Sie mit Ihrer Spende und werden Sie Mitglied im Zoo-Verein Wuppertal e.V.!

Was bietet der Verein?

- Zooführungen unter fachkundiger Leitung
- Vorträge, Film- und Diavorführungen
- Tagesausflüge in Nachbarzoos
- Mehrtägige Reisen zu Zoos im In- und Ausland
- Kostenlose Zusendung des Vereinsmagazins „Pinguinal" zweimal pro Jahr

Wie wird man Mitglied?

Den Infoprospekt mit Beitrittsformular gibt es in der Zoo-Truhe am Zooeingang.

Der Mitgliedsbeitrag beträgt:

20 € / Jahr für Einzelpersonen
25 € / Jahr für Eheleute
40 € / Jahr für Firmen

Ein gutes Beispiel für die Arbeit von Zoo-Vereinen.

Anthony D. Sheridan, B.Sc (Econ), FZS

Anthony Sheridan ist Zeit seines Lebens Wildlife-Enthusiast, Mitglied der East African Wildlife Society seit 1965 und der Zoological Society of London seit 1976. Seit er im Jahr 2007 in den Ruhestand ging – zuvor er war in der Elektronikindustrie tätig –, hat er die vergangenen drei Jahre mit dem Besuch, der Analyse und dem Kennenlernen 80 führender zoologischer Gärten in 21 europäischen Ländern verbracht. Er spricht Deutsch und etwas Französisch.
Als Absolvent der LSE (London School of Economics) in Wirtschaft, Politik und Statistik war er die ersten Jahre nach der Studienzeit politisch und pädagogisch als Vorsitzender des Hertfordshire County Council Education Committee tätig, er war Landrat und Direktor zahlreicher Schulen, Colleges und Universitäten.
Seine wirtschaftliche Laufbahn begann in der Elektronikfirma seines Vaters, für die er u. a. eine Produktionsanlage in Indien aufbaute, bevor er seine eigene Produktions- und Vertriebsgesellschaft in der Elektronikbranche gründete und bis zu 250 Angestellte in Großbritannien und anderen europäischen Ländern beschäftigte; er ist weiterhin Non-Executive Director in einem mittelständischen deutschen Unternehmen bei Dresden. Während seiner beruflichen Laufbahn hat er weite Teile Europas bereist.
Von Beginn an war er Mitglied der Europäischen Bewegung in London und seit seinem Studium begeisterter Europäer. Anthony ist Ehrenbürger der City of London.